电场-温度场耦合制备
低碳无机材料

赵　鹏　著

西北工业大学出版社

西安

【内容简介】 本书分为5篇共22章,以冶金行业氮化钒合成、有色工业金属镁还原、环境领域的垃圾焚烧飞灰固化处理、建材工业硅酸盐水泥熟料烧成为研究对象,系统阐述了电场-温度场耦合条件下无机材料的合成制备技术。研究表明,电场-温度场耦合可以使传统工业装置温度大幅度降低,合成时间大幅度缩短,在实现传统无机材料相关工业节能减排目标的同时,还可以延长装置寿命,为传统无机材料相关工业的低碳与洁净生产开辟新的途径。

本书可作为低碳无机材料领域研究人员的参考用书。

图书在版编目(CIP)数据

电场-温度场耦合制备低碳无机材料 / 赵鹏著. —
西安:西北工业大学出版社,2023.7
ISBN 978 - 7 - 5612 - 9025 - 5

Ⅰ. ①电⋯ Ⅱ. ①赵⋯ Ⅲ. ①无机材料-应用-工业
企业-节能减排-研究-中国 Ⅳ. ①TB321 ②TK018

中国国家版本馆 CIP 数据核字(2023)第 179406 号

DIANCHANG-WENDUCHANG OUHE ZHIBEI DITAN WUJI CAILIAO

电 场 - 温 度 场 耦 合 制 备 低 碳 无 机 材 料

赵鹏 著

责任编辑:王玉玲		策划编辑:倪瑞娜	
责任校对:胡莉巾		装帧设计:董晓伟	

出版发行:西北工业大学出版社
通信地址:西安市友谊西路 127 号　　　　邮编:710072
电　　话:(029)88493844,88491757
网　　址:www.nwpup.com
印 刷 者:西安五星印刷有限公司
开　　本:787 mm×1 092 mm　　　　1/16
印　　张:19.5
字　　数:475 千字
版　　次:2023 年 7 月第 1 版　　　　2023 年 7 月第 1 次印刷
书　　号:ISBN 978 - 7 - 5612 - 9025 - 5
定　　价:98.00 元

前　言

无机材料泛指由无机物单独或混合其他物质制成的材料,通常指由硅酸盐、铝酸盐、硼酸盐、磷酸盐、锗酸盐等原料和/或氧化物、氮化物、碳化物、硼化物、硫化物、硅化物、卤化物等原料经一定的工艺制备而成的材料。

无机材料包括无机金属材料、无机非金属材料和无机复合材料等。无机材料涉及范围十分广阔,其可分为传统无机材料和先进无机材料两大类,是人类赖以生存和发展的最重要的物质基础。

传统无机材料相关工业,大都是以化石燃料为能源动力的高能耗、高污染工业。随着人们环保意识的不断增强,许多落后工艺和落后产能被逐步淘汰,无机材料相关工业在节能环保方面取得了巨大进步。随着世界各国"碳达峰"和"碳中和"(简称"双碳")等相关政策的实施,使用化石燃料的传统无机材料工业面临着巨大的降碳压力,生产和使用低碳材料成了材料工业革命的必由之路。

要获得低碳无机材料,离不开使用低碳原材料和低碳清洁燃料。对于使用化石燃料的传统无机材料工业,目前使用低碳清洁燃料不仅经济上不一定可行,技术上也存在研究不充分的问题。

直接利用电力生产无机材料并不是新鲜技术,除了电熔玻璃、电炉炼钢等个别领域和金属材料领域的"电火花"烧结外,更加广泛地利用电能直接替代化石燃料生产制备无机材料的相关研究并不受重视。

在十多年前,笔者所在团队开始进行电场辅助陶瓷烧结研究,随着闪烧技术的出现,本团队在陶瓷闪烧领域紧跟国际前沿,进行相关研究和技术突破,取得了一定进展。

近五年来,受陶瓷闪烧技术的启发,结合"双碳"战略的要求,本团队广泛开展了在常温下不导电无机材料的电场-温度场耦合制备研究,把电场辅助物理烧结技术推广应用到电场辅助反应合成领域,开辟出新的研究方向。电场-温度场耦合制备技术能够通过可再生电力实现传统无机材料低碳洁净生产,同时还可解决可再生电力利用难题。

本书是在参考笔者指导的硕士研究生朱建明、武航进、张煜坤和博士研究生景明海的学位论文和国内外相关综述的基础上整理撰写的,对电场-温度场耦合制备无机材料技术进行系统的介绍和初步总结,博士生陈彤丹对书中的公式、图、表进行了处理,本书相关的研究工作也得到了长安大学材料学学科建设项目(项目编号:CHD300102311405)的支持,在此一并表示感谢。

云动天不动,河流岸不流。希望本书能够抛砖引玉,为全球实现"碳达峰"和"碳中和"做出些许贡献。

由于专门从事该领域的研究者较少,国内外可参考、借鉴的成果不多,加上笔者水平有限,不足之处在所难免,敬请读者批评指正。

著　者

2022 年 12 月

目　录

第三篇 电场-温度场耦合还原金属镁

第四篇　电场-温度场耦合垃圾焚烧飞灰固化及资源

第一篇

电场-温度场耦合制备无机材料原理与计算模拟

【摘要】电场-温度场耦合材料制备技术起源于材料电场辅助烧结技术,最常用的是放电等离子烧结技术和近年出现的陶瓷闪烧技术等。电场-温度场耦合制备低碳无机材料涉及电场与传质、电场对晶界移动的影响、焦耳热效应、缺陷生成与消除、电迁移、电化学反应、介电极化等基本物理化学问题,在本篇第 1 章中对这些材料制备的相关原理作简要叙述。有关电场-温度场耦合过程材料样品中的电场和温度场分布、样品实际温度和装置温度等的模拟计算在本篇第 2 章中讨论,这些"三传一反"相关的初步计算模拟结果对于指导实验具有重要意义。对于原子、电子尺度的第一性原理计算,以硅酸盐水泥熟料烧成为例,在本篇第 3 章中进行讨论,计算结果表明,电场对原子核外电子态密度、固相反应活化能具有明显影响。随着电场强度增大,晶体中能隙呈线性减小,为温度场-电场耦合提供了条件。

【关键词】放电等离子;闪烧;焦耳热;电迁移,电场-温度场模拟;第一性原理计算

第1章 电场-温度场耦合制备无机材料原理

1.1 材料电场辅助烧结技术

电流辅助烧结(Electric Current-Assisted Sintering,ECAS)技术是采用交流或直流脉冲大电流(上千甚至上万安培电流)通过粉体实现快速烧结和致密化的工艺。相比于粉末激光烧结等新工艺,ECAS产品(例如陶瓷件)具有更好的力学性能,烧结时间可缩短到十几分钟,显示出诱人的工业应用前景。

到目前为止,许多特殊的高性能材料已经能够利用电流辅助烧结技术制造。尽管电流辅助烧结技术在材料制备方面已经取得了诸多令人备受鼓舞的进展,但对烧结过程中作用机制更深入的理解和定量化描述还远远不够。

一般将电流辅助烧结技术的影响机制归纳为机械效应、热效应和电场效应。它涉及应力(应变)场、温度场、电场和物质浓度场之间的相互作用。整个烧结过程被看作是一个多物理场相互作用的耦合过程。许多科研人员用多物理场耦合方法来研究烧结机理,建立多物理场作用下的热-力-扩散耦合体系,并扩展到热-力-电-扩散强耦合体系,结合相场方法对烧结过程中的微结构演化进行模拟研究。

关于电场辅助烧结过程中电流的作用,主要考虑局部的焦耳热效应、电迁移作用以及电流对活化能的影响三个方面。在传统的烧结理论中,活化能在烧结过程中总是作为常数存在。但值得注意的是,已有不少的研究表明,电流活化烧结中,电流会大幅降低材料烧结活化能,极大地促进烧结的进行。因此,在焦耳热效应和电迁移作用的基础上,还需要考虑电流对材料烧结活化能的影响。

粉体烧结以在较低温度和小晶粒尺寸条件下实现高密度为目标,促使人们寻找能够实现活化烧结过程的各种方法。目前已经尝试过的各种增强烧结过程的方法,包括粉体机械活化、添加烧结助剂和使用电磁场。近年来,电磁方法受到关注,主要是由于广泛利用电流和压力来烧结粉体[如放电等离子烧结(Spark Plasma Sintering,SPS)]的设备在过去20年中的使用率显著提高,特别是与烧结纳米结构材料密切相关。

放电等离子烧结是一种在电流和单轴压力作用下的粉末烧结工艺。电流提供焦耳加热以达到烧结条件,是该工艺与热压工艺的本质区别。图1.1所示为SPS设备结构示意图。在典型的烧结实验中,样品(粉末)被装入石墨模具中,并放置在SPS室中,其中电极迫使电流通过石墨模具(如果样品导电,则通过样品)产生高加热速率和压力组合效应。

这个工艺的优点和最吸引人的特征是烧结时间短,并且能够抑制晶粒生长,尤其适合在制备致密纳米结构材料时使用。

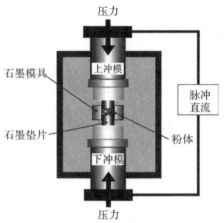

图 1.1 放电等离子烧结装置结构示意图

电场(或电流)在材料烧结过程中的使用并不新鲜,已有一个多世纪的历史。然而,近年来人们才投入了大量精力来理解电场在烧结中的作用。在施加电场的情况下观察烧结强化,发现不同的材料系统有不同的作用机制,包括焦耳加热、晶界特性的改变、电迁移、与晶界电荷的静电相互作用以及表面杂质的清除等。值得一提的是,SPS 在电流脉冲期间产生的等离子体会导致颗粒表面薄膜的破坏,从而促进烧结。然而,有报道说在 SPS 烧结期间并没有观测到等离子体产生,这显然与材料体系有关系。

1.2 电场与传质

诸多研究已经证明了电场或电流对质量传输的影响,包括金属之间、氧化物之间以及金属和陶瓷间的传质反应。有研究也证明电场对氧化物系统中的晶界移动有直接的影响。

1.2.1 电场效应对反应性和扩散的影响

三十多年前,就有对氧化物间固态反应施加电场的研究,发现了直流场的存在能够促进产物形成;研究了 Al_2O_3-CaO、Al_2O_3-MgO 和 CaO-SiO_2 系统中的相形成和物质扩散,发现在 Al_2O_3-MgO 系统中,在氧化铝侧施加正、负电压都会引起镁离子扩散系数的增大,但是氧化铝侧施加负电压效果更好(见图 1.2)。

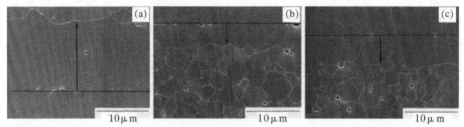

图 1.2 极化偏压为 2×10^4 V·m^{-1} 时极性对氧化铝晶界迁移的影响(1 600 ℃ 热处理 2 h)

(a)小晶粒区正偏压;(b)小晶粒区负偏压;(c)无偏压

有研究发现,施加 2×10^4 V/m 电场促进了 MgO 和 In_2O_3 反应形成尖晶石 $MgIn_2O_4$

的过程,该电场显著促进了尖晶石的形成。

人们详细研究了电场(电流)对金属体系的影响,发现电场对多层金属体系相形成的动力学影响显著,但是电流方向对相形成的速度影响不大。

1.2.2　电场对晶界移动的影响

在烧结、反应和相变等固态过程中,晶界在质量传递中起着重要作用。因此,晶界特征的任何改变,无论是晶体结构上、化学组成上还是静电电荷上,都有望对这些固态过程产生影响。最近的研究证明了电场应用对晶界迁移率的影响,具体如下所述。

在没有包括界面电荷在内的其他因素的影响下,晶界迁移率由原子穿过它的速率决定,这一过程由晶界的曲率和晶粒尺寸决定的毛细管力驱动。然而,在离子固体中,阴离子和阳离子缺陷形成能量的差导致在晶界产生电荷和静电势,以及一个电荷补偿层,形成空间电荷层,与边界相邻。

电场对界面(表面和晶界)相关过程的影响之前已有许多研究,其中包括电场对低角晶界迁移率和碱金属卤化物单晶升华的影响。除了考虑点缺陷之外,如上所述,界面电荷也可能由杂质(异价掺杂剂)的存在引起。

在存在晶界电荷的情况下,离子穿过晶界的活化能为

$$\Delta G_i = \Delta G_i^0 - z_i es \left[\frac{\partial \varphi}{\partial x}\right]_{x=0}$$

式中:ΔG_i^0 为离子通过界面不带电活化能;z_i 为离子电荷;e 为元素电荷;s 为离子移动距离;φ 为界面静电势;x 为离子移动方向。

当施加电场时,离子迁移能为

$$\Delta G_m = \Delta G_c + z_i es \left[\frac{U_B}{2 l_D}\right]$$

式中:ΔG_c 为与晶粒尺寸相关的曲率驱动力;U_B 为晶界电压;l_D 为德拜长度。

电场辅助烧结被证明对质量传输有显著影响:它增大了扩散率,增强了互扩散,增加了相形成的速率,缩短了产物相的成核时间,并提高了缺陷迁移率。

这已经为金属系统提供了在 SPS 中烧结增强的直接证据。在许多关于晶界能量或成分变化的观察中,场(电流)也被证明可以延缓氧化物导电陶瓷中的晶粒生长。虽然这些研究提供了关于电场对材料加工的影响的重要见解,但目前人们还没有完全了解电场活化的所有基本方面。

随着研究的不断深入,电场辅助烧结有了新进展,这就是闪烧(flash sintering)技术的出现。

1.3　闪烧技术及机理

闪烧是 2010 年由美国科罗拉多大学提出的一种新型的基于电场/电流辅助的陶瓷材料烧结技术。闪烧不同于传统的电场/电流辅助烧结技术,如等离子烧结、微波烧结等,它是直接将陶瓷生坯通过导线和电源相连接以施加电场/电流,然后将其置于普通烧结炉中进行加热,在

升温过程中通过带有滤波片的电荷耦合器件(Charge Coupled Device,CCD)工业相机来记录样品的收缩率,实验装置如图1.3所示。

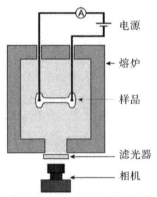

图 1.3　闪烧实验装置示意图

闪烧工艺过程一般分为3个阶段,如图1.4所示。

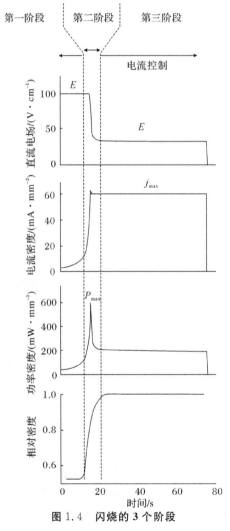

图 1.4　闪烧的 3 个阶段

第一阶段,样品在恒压下被加热,由于陶瓷材料电阻的负温度系数特性,通过样品的电流强度随着温度升高而逐渐增大。

第二阶段,当样品所处环境温度(炉温)达到一定值时,样品的电导率急剧增大,电流和电功率损耗随之急剧增大,并且样品的密度迅速增大,产生这些现象即发生闪烧。为了抑制电流持续增大引起的电流过载,电源的控制模式从电压控制迅速转变为电流控制,样品上的电功率损耗随之降低。

第三阶段,样品的电流和电功率损耗基本处于恒定状态,样品的密度不变或者有很小幅度的增大,此阶段也被称为稳恒态。在闪烧的第二阶段和第三阶段,样品还产生强烈的发光现象。

由于样品能在极短的时间(几秒到数十秒)内实现烧结致密化,研究者们将这种技术称为闪烧。

相对传统烧结方法,闪烧可极大地降低烧结温度并缩短烧结时间,而且闪烧装置简单易操作。因此,闪烧引起了研究者们的关注,近几年来成为陶瓷材料烧结研究中的热点领域。

尽管目前在多种陶瓷材料(包括离子导体、电子导体、电子绝缘体等)中实现了闪烧,然而闪烧机理并不清楚。

搞清闪烧机理,必须解决以下 3 个问题:

(1)闪烧是如何发生的?

(2)样品在几秒到数十秒时间内发生致密化,如此快的致密化速率是如何实现的?

(3)闪烧第二、三阶段的强烈发光现象是如何产生的?

研究者们对闪烧机理提出了各种解释,主要有焦耳热、缺陷生成和电化学反应等。

1.3.1　焦耳热机理

在闪烧过程中,电流通过样品时会产生焦耳热。焦耳热能增加样品的电导率,促进物质扩散,并有可能通过热辐射使样品发光。有研究者认为,闪烧就是焦耳热驱动的烧结过程。

焦耳热使样品温度高于炉温,引起电导率的非线性增大,发生闪烧,样品温度达到甚至超过烧结温度,导致样品发生快速致密化。这种解释需要准确测量闪烧时样品的真实温度。然而,闪烧第二阶段持续时间短,有电流通过样品,直接测量温度有难度。

有研究根据致密 8YSZ[(8%(物质的量分数) Y_2O_3 稳定 ZrO_2)]陶瓷热膨胀系数和电功率损耗的关系来计算样品温度:当功率损耗为 0.3 W/mm^3 时,样品温度较炉温升高约 400 ℃;当功率损耗为 1.0 W/mm^3,闪烧炉温为 750 ℃时,8YSZ 的实际温度能达 2 100 ℃。然而,有研究结果表明,8YSZ 在 150 V/cm 的电场下发生闪烧时,样品的最高晶界温度也仅为 1 590 ℃。

有研究采用辐射高温计测量了 3YSZ 闪烧时的温度,发现样品温度较炉温升高了 200 ℃,但辐射高温计得到的是样品表面温度。利用交流阻抗仪,原位测试 8YSZ 闪烧时的阻抗,计算样品的实际温度可达 1 700 ℃以上。也有研究采用同步辐射 X 射线衍射技术,原位研究了闪烧过程中 3YSZ 的衍射峰位和峰形的变化,样品的电功率损耗达到最高值 1.7 W/mm^3 时,样品温度约为 1 500 ℃。采用能量色散 X 射线衍射技术,原位研究 8YSZ 闪烧过程,发现功率损耗为 0.57 W/mm³ 时,样品温度达到 1 905 ℃。

除了通过各种技术来直接或间接测量样品的实际温度外,研究者们还采用不同的模型模拟计算样品在闪烧时的实际温度。采用有限元分析的方法计算闪烧时的样品温度,电损耗为 70 W 时,炉温为 850 ℃,样品温度可以达到 1 640 ℃。

在闪烧第三阶段,样品中由于电功率损耗所产生的能量和通过热辐射、热传导和对流所损失的能量达到平衡,样品温度不再发生变化。高温时样品损失能量的方式主要是热辐射,据此利用黑体辐射模型,给出闪烧第三阶段样品温度的计算公式为

$$\frac{\Delta T}{T_0} = \frac{\Delta W}{4A\sigma T_0^4}$$

式中:ΔT 为实际温度和炉温的差值;T_0 为发生闪烧时的炉温;ΔW 为样品上的电功率损耗;A 为样品表面积;σ 为 Stefan-Boltzmann 常数。

根据上式计算得到的样品温度和实验结果相吻合。焦耳热会提高样品温度,使其远远高于闪烧发生时的炉温。当样品中的焦耳热大于烧结炉给样品的辐射热量时,样品发生热失控现象,从而引发闪烧。在恒定的电场强度下,样品的温度变化为

$$\frac{dT}{dt} = \frac{1}{C}\left[\frac{V^2}{R_0 \exp(E_a/k_B T)} - \varepsilon\sigma S(T^4 - T_f^4)\right]$$

式中:右边中括号内第 1 项为焦耳热,第 2 项为样品的对外辐射热量。由于样品热传导和对流所损失的热量很小,因而在式中忽略了。

根据上式计算不同陶瓷材料闪烧起始温度,发现计算结果和实验数据吻合得很好。采用相似的模型计算了 ZnO 的闪烧温度,发现理论预测值和实验值吻合得很好,因此肯定了闪烧现象就是焦耳热所导致的热失控。

计算得到:3YSZ 闪烧发生时样品中心的温度达到 1 600 ℃,表面温度达 1 500 ℃,远远高于炉温(1 050 ℃)。

有人测量纯相氧化铝和氧化铝-硅酸镁陶瓷发生闪烧时的发光光谱,发现实验值和根据热辐射模型所计算得出的数值吻合很好,说明焦耳热效应是闪烧的主要作用机制。然而,焦耳热效应使得样品温度远高于炉温,甚至达到传统烧结温度,但是并不能在数十秒的时间内使样品达到完全烧结致密化。因此,焦耳热不是闪烧的唯一机理。

1.3.2 缺陷生成机理

陶瓷样品可以在很短的时间(几秒到数十秒)内发生致密化,用传统的烧结机制难以解释,因此有研究者提出,在闪烧过程中,在电场的作用下,样品中生成了大量的缺陷,这使得烧结过程中物质的扩散能力得到了极大的提升。有人认为,在电场的作用下,样品中有可能产生了大量的 Frenkel 缺陷,在电势和烧结压的作用下,带电荷的空位缺陷向晶界迁移,间隙原子向气孔迁移,由此促进了烧结致密化过程。

研究等温条件下 3YSZ 闪烧过程时,发现样品必须保温一段时间,类似于经过一个孕育过程,才会发生闪烧。电场越大,炉温越高,孕育时间越短,说明这个阶段是缺陷逐渐生成和数量逐渐增加的过程,直至闪烧发生。

在闪烧 3YSZ-Al$_2$O$_3$ 的研究中同样发现,随着电场强度的增大和炉温的升高,发生闪烧所需的孕育时间减少。在闪烧孕育阶段,在电场的作用下,一个具有巨介电常数的第二相逐渐成核和长大,由于介电损耗,样品中产生的焦耳热逐渐增大直至非线性增大,从而发生闪烧。

研究 3YSZ 在闪烧第三阶段样品发光和物相的变化发现,闪烧时样品发光的波长不随温度的升高而变化,这和焦耳热引起的热辐射发光规律不一致。另外,当施加电场时,样品中出现了不稳定的赝立方相氧化锆。根据这些发现,推测闪烧时样品中有带电缺陷生成,进而产生了电子和空穴,强发光现象正是来自这些电子和空穴的复合。

利用同步辐射 X 射线衍射技术,原位研究 3YSZ 在闪烧过程中的物相变化,发现在闪烧第三阶段,一个新的物相(定义为赝立方相氧化锆)随着电场的开关而出现和消失。根据第一性原理的计算结果,认为新相是样品在电场作用下产生 Frenkel 缺陷所导致的。

研究 TiO$_2$ 的闪烧过程发现,在闪烧的 3 个阶段,均出现了 Ti 和 O 原子异常偏离格点位置的现象,分析认为这种现象是由大量缺陷的产生所导致的。

比较闪烧和传统烧结方法所得 3YSZ 陶瓷的介电性能,发现两者没有差别。但前者的晶界厚度为后者的 49%,同时前者晶界处的氧空位浓度高于后者。闪烧所制备的 TiO$_2$ 具有室温塑性,闪烧制得的 YSZ 陶瓷显示了很大的塑形变形能力,固相反应和烧结致密化在闪烧时可同时发生,从而能一步得到致密陶瓷材料,这些现象都被认为与缺陷生成有关。

缺陷生成机理认为:样品在电场的作用下逐渐产生了大量带正、负电荷的缺陷,它们在电场和烧结压的作用下向气孔和晶界迁移,极大地提高了物质扩散迁移能力,使得样品发生了快速烧结致密化。带电缺陷的生成导致了自由电子和空穴的产生,而自由电子和空穴的复合产生了发光现象。缺陷生成机理可解释闪烧现象,但没有直接的实验证据。

也有研究表明,要使离子离域化产生间隙离子,需要比闪烧高出几个数量级的电场,通过模拟计算在外加电场作用下 HfO$_2$ 中点缺陷浓度的变化,发现外加电场不可能在氧化物中诱导产生点缺陷,但在这些研究工作中,并没有考虑热场的作用,当样品温度超过德拜温度时,原子的非线性剧烈振动会导致陶瓷材料内部产生高浓度的 Frenkel 缺陷。

给样品施加电场时,电子会选择激发更多的短波矢声子从而使得样品温度达到德拜温度,这可以解释闪烧现象在一定的炉温和电场时才会发生。有研究也发现,陶瓷材料的德拜温度是闪烧温度的下限。这些研究为热电耦合作用下点缺陷的产生提供了物理基础。

1.3.3　电化学反应机理

有研究认为,8YSZ 陶瓷闪烧是由氧化锆的电化学还原引起的。如图 1.5 所示,在正极处,晶格中的氧原子发生电化学反应,形成带正电荷的氧空位和氧气分子,反应方程式为

$$O_O^x \rightarrow V_{\ddot{O}} + 2e' + \frac{1}{2}O_2$$

$$ZrO_2 \rightarrow ZrO_{2-\delta} + \frac{\delta}{2}O_2$$

$$O_O^x \rightarrow V_{\ddot{O}} + 2e' + \frac{1}{2}O_2$$

$$V_{\ddot{O}} + 2e' \rightarrow V_{\dot{O}}^x$$

$$V_{\dot{O}}^x + Zr_{Zr}^x \rightarrow Zr(Me)$$

$$V_{\ddot{O}} + e' + Zr_{Zr}^x \rightarrow \{V_{\ddot{O}}Zr_{Zr}'\}^{\cdot}$$

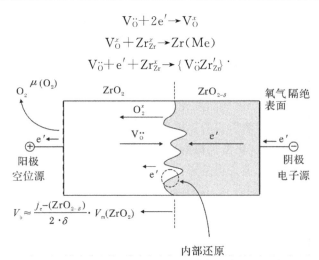

图 1.5　8YSZ 单晶在闪烧过程中的电化学反应示意图

带正电的氧离子空位在负极处和电子发生电化学反应,形成不带电的氧空位,其反应方程式为

$$V_{\ddot{O}} + 2e' \rightarrow V_{\dot{O}}^x$$

上述电化学反应的持续进行,导致不带电荷的氧空位在阴极处累积,使得氧化锆中的锆离子部分被还原为金属态,在阴极处出现黑化现象,如图 1.6 所示。这种电化学还原反应的持续进行使得样品中锆的含量逐渐增大,8YSZ 的导电机制从离子导电转变为以电子导电为主的混合导电机制,电导率大大提高,从而引发了闪烧。

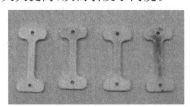

图 1.6　在闪烧后 8YSZ 出现的黑化现象

（样品上孔与阴极连接;最左边的样本是素坯）

利用电化学反应机理,可以解释为什么样品电导率的非线性增大能促进烧结致密化进程。带正电荷的氧空位、电子和晶格处的锆原子形成一种复合缺陷,其反应方程式为

$$V_{\ddot{O}} + e' + Zr_{Zr}^x \rightarrow \{V_{\ddot{O}}Zr_{Zr}'\}^{\cdot}$$

在电场作用下,带正电荷的复合缺陷移动到颗粒"颈部"形成氧化锆分子,这样的移动加速了物质扩散,从而促进了烧结致密化进程。在电化学反应中所产生的氧空位具有更低的迁移活化能,电化学还原反应所产生的金属原子具有相对低的扩散活化能,更易于发生扩散。这些研究结果为用电化学还原机理解释快速致密化现象提供了一定的证据。

研究 β-Al₂O₃ 在银或者铂作电极时的烧结行为,发现采用铂电极时,样品不出现闪烧行为,而用银作电极时,出现了闪烧行为。由于和氧离子的相容性,铂一般用作氧离子导体的电极材料。当以铂作为电极闪烧 3YSZ 陶瓷时,一般通过以下的电化学反应使样品中产生电流,即

$$\frac{1}{2}O_2 + 2e' \leftrightarrow O^{2-}$$

在 β-Al₂O₃ 中，载流子为 Na⁺ 或者 Li⁺，当采用铂电极时，因为没有电荷交换，β-Al₂O₃ 中不产生电流，从而不发生闪烧。当以银作为电极时，有可能在银电极和 β-Al₂O₃ 界面处发生如下的电化学反应，使得样品中产生电流，发生闪烧。

$$Ag + V'_{Na}(\beta\text{-}Al_2O_3) \leftrightarrow Ag_{Na}(\beta\text{-}Al_2O_3) + e'$$

$$Ag + x\,Na_{Na}(\beta\text{-}Al_2O_3) + xe' \leftrightarrow AgNa_x + xV'_{Na}$$

以银、碳、铂作为电极研究 Al₂O₃ 的闪烧行为，发现采用银和碳电极时，闪烧温度比采用铂电极时低了将近 300 ℃。分析认为，以银或者碳作为电极时，Al₂O₃ 与电极在接触界面上发生电化学反应，使得整个体系的电导率增大，在相对低的温度下发生闪烧行为。另外，也不排除缺陷生成的可能性，认为银置换铝使晶体中产生了缺陷，从而提高了样品电导率，导致闪烧发生。

银的功函数（4.52～4.74 eV）小于铂的功函数（5.12～5.93 eV），使得银和 Al₂O₃ 的接触电阻较小，也有可能导致较低的闪烧温度。

研究 8YSZ 在恒定温度及恒定电流下的烧结致密化过程，发现在电流密度为 50 A/cm²、炉温为 1 370 ℃时，负极处发生了快速致密化，且负极处的晶粒尺寸远大于正极处的晶粒尺寸（见图 1.7）。当电流密度为 10 A/cm²、炉温为 1 150 ℃时，负极处的致密化程度比正极处略高，但晶粒尺寸没有变化，研究认为，这些现象是由电化学反应所造成的。

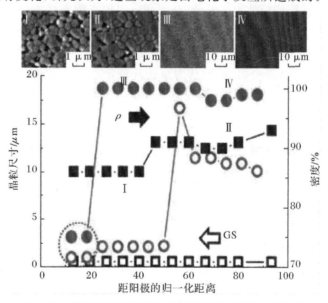

图 1.7　样品晶粒尺寸和密度从正极到负极的变化情况

（圆圈为 50 A/cm²、1 370 ℃；方形为 10 A/cm²、1 150 ℃；填充为密度，未填充为晶粒度）

研究闪烧过程中掺杂氧化铈（Gd₀.₁₀Ce₀.₉₀O₁.₉₅）的电导率以及样品表面形貌的变化情况，发现电化学还原使得样品的导电机制从离子导电转变为电子导电，电子电导率的迅速增大引发了闪烧现象，认为电化学还原反应是闪烧现象的起源。

1.3.4　其他闪烧机理

除了以上3种主要机理外,研究者们还提出了一些其他机理,包括局域热效应、超高升温速率等。

由于晶界处电阻高,产生的焦耳热多,晶界处的温度远高于晶粒内部,提高了晶界处物质的扩散能力,还抑制了晶粒的生长,从而提升了烧结致密化速率。

对 8YSZ 和 $BaCe_{0.8}Gd_{0.2}O_{3-\delta}$ 陶瓷生坯施加 1 000 Hz 的交流电场,发现当电流密度超过某一特定值时,晶界处电阻率降低,且样品迅速烧结致密化。这可解释为"晶粒闪焊"的局域热效应将陶瓷生坯中的颗粒或者晶粒"焊接"在了一起。研究发现,闪烧 $BaTiO_3$ 陶瓷时,在晶界处出现了第二相,认为是焦耳热导致晶界处温度升高,使得 Ba 离子发生了蒸发,从而产生了第二相。

同样地,在闪烧制备 $KNN(K_{0.5}Na_{0.5}NbO_3)$ 陶瓷的晶界处观察到了非晶相,为局域热效应机理提供了证据。然而,有研究通过数值模拟得出,在导电机制为离子和电子混合型的陶瓷材料中,由于热导率的原因,晶界处和晶粒内部的温度相差不超过 10 ℃,并不会在晶界处产生局域化高温,局域热效应并不是物质扩散动力提高的重要原因,而有可能是电场效应占主导作用。

有研究者认为,闪烧发生时,样品的升温速率较传统烧结方法提高了 2～3 个数量级,导致快速致密化。还有研究发现,在不加电场的情况下,自蔓延高温合成技术(具有高升温速率)会得到和闪烧一样的烧结结果。另外,在超高升温速率的条件下,烧结致密化速率较常规烧结方法提高了 2 个数量级。高升温速率会产生非平衡态,生成缺陷,从而促进物质扩散迁移过程。有人利用原位能量色散 X 射线衍射技术研究了 TiO_2 的闪烧行为,发现闪烧和快速升温所得到的实验结果一致,由此认为快速升温导致快速致密化现象。局域热效应和超高升温速率机理作用的前提是焦耳热效应导致样品温度升高,因此这两种机理还是属于焦耳热机理的范畴。

1.3.5　闪烧机理小结

陶瓷材料的闪烧是电场、热场及其耦合作用下的烧结过程。因此,烧结机理也是基于这些物理过程的综合作用。另外,闪烧在极短的时间内完成了烧结致密化,使得样品处于一个非平衡状态,这些使得闪烧机理变得复杂。闪烧是多物理过程作用产生的现象,难以用单一机制解释。目前,大多数的研究者认同焦耳热是引起闪烧发生的原因,但单独凭借焦耳热并不能解释快速致密化和强发光现象。缺陷生成机理能解释闪烧时的物理现象,然而缺乏直接证据。另外,基于直流电场的电化学反应机理虽然能较合理地解释电导率的非线性增大和快速致密化现象,但是陶瓷材料在交流电场下也发生闪烧现象,这使得电化学反应机理受到挑战。研究者们目前所提出的各种闪烧机理还仅仅是唯象理论,针对不同材料体系,可能存在不同的机理。从第一性原理出发,利用相场方法,结合原位检测和观测手段,闪烧机理会逐步明了,这对于进一步阐明反应烧结机理和电-热耦合材料合成制备机理都具有实际意义。

1.4　经典电场辅助烧结机理

1.4.1　放电等离子

在使用电场辅助烧结技术(Field Assisted Sintering Technology,FAST)的最初几年,人们普遍认为,FAST 的独有特性可以通过单一机制来解释,即基于电火花或等离子的存在。因此,FAST 技术通常被称为放电等离子体烧结(SPS)。尽管支持这种解释的证据不足,但也缺少令人信服的其他机制。

早期研究认为,FAST 设备中等离子体的存在对粉末烧结和反应性有影响。强电流可能会在烧结颗粒之间形成电火花,从而产生等离子云和局部温度升高,然后出现局部熔化、气化和溅射现象,传质发生的增大导致快速形成颈部。此外,也有人提出,局部等离子体可以导致表面扩散率的普遍增大,这归因于杂质的去除,而对于金属而言,则归因于表面氧化层的烧蚀。然而,从未有直接的实验证据来解释这种现象。

有关 SPS 或模拟实验装置中的等离子体放电的研究报道很少,并且仅限于特定的材料和装置。此外,一些研究中也没有找到任何证据支持等离子的存在。这样的争议并不奇怪:等离子体的产生和稳定性是一个非常复杂的问题,它一般存在于复杂几何形状和化学异质性系统,如粉体床系统,人们很难得到任何明确的定量结论。

一般而言,应考虑 3 种不同类别的真空放电,即电弧、电火花和辉光放电。发生哪种真空放电取决于物理和几何参数的复杂组合,例如气体压力、气体成分、施加电压、放电电流、表面形态和化学性质等。

电火花放电通常是以瞬时高电流(在千安范围内)为特征并由千伏范围内的高压脉冲产生的不连续过程;电弧是以高放电电流为特征的连续现象,电流通常达 10 A 或更大,电压通常在数十伏的范围内;而辉光放电呈现相对较低的电流(1 A 或更低)和相对较高的激发电压(300 V 或更高)。

其中一些过程似乎与 FAST 存在的实验条件不兼容,因为 FAST 系统通常使用几伏范围内的相对较小的施加电压。这可以排除与触发电压相关的范围为数百或数千伏的电火花或辉光放电的可能性。此外,电弧放电原则上可以在典型的 FAST 条件下持续,但仅限于金属样品,因为非导电样品无法承受与这些现象相关的高电流。然而,介电材料的极化可能会提供形成等离子体的条件,理论上如果外加每米几十伏的电场,局部场强则可以达到每米数百甚至数千伏。

为了获得 FAST 中发生放电现象的直接实验证据,有研究使用了电学和光学技术:高温光纤探头一端嵌入 FAST 石墨模具内的粉末装料中,另一端连接到高灵敏度光谱仪,以检测在烧结过程中粉体床中发生的等离子体放电现象产生的任何光发射过程。该实验使用导电和非导电粉末,在 650 ℃ 的循环加热条件下进行了测试,实验中没有观察到任何发光的迹象。在另一实验中,将两个电极嵌入粉体床中并连接到以模拟为特征的高分辨率、带宽为 1 GHz 的示波器,采样率为每秒 5×10^9 个样本。放电过程会产生一种独特的高频电磁模式,这种模式应该很容易通过对收集到信号进行 FFT 分析被观察到。该实验中除了组件外没有发现任何源自脉冲电源及其谐波的显著特征,在高频区域仅观察到白噪声。

基于基本的等离子体物理学的论点,在有关 FAST 的文献中通常被忽视,即为了点燃和维持放电需要最少数量的电荷载流子。由于离子或自由电子的体积浓度永远不会非常高,那么很难在很短的距离内产生真空放电。这个临界距离通常用德拜长度来标识。对于通常情况(低真空)德拜长度约为 $100~\mu\mathrm{m}$,远大于生坯中颗粒之间的典型距离。

这似乎排除了 FAST 设备中明显存在等离子放电的可能性。然而,由于这个主题背后的物理学的复杂性,争论可能将继续在 FAST 领域中进行。几乎不可能证明在任何可能的技术允许的实验条件组合中都不存在等离子体。然而,除非提出相关的正面证据,要证明所有典型 FAST 致密化行为都仅基于存在等离子体放电的合理性变得越来越难了。

1.4.2 电迁移

电迁移是主要在金属中观察到的一种质量传递现象,由导电电子和金属离子之间的动量传递引起。这种动量的转移产生了材料的迁移,以响应非常强烈的电子通量。其一般电流密度超过 $1~000~\mathrm{A}\cdot\mathrm{cm}^{-2}$。固态物理学家对电迁移进行了深入研究,因为它代表了微电子器件故障的主要来源。由升高的电流密度引起的原子扩散会在金属互连中产生局部耗尽或材料积累,从而导致空隙或突起形成(见图 1.8)。质量的重新分配导致空位的积累,最终以空隙的形式出现,并平衡了不断增长的突起中的质量。在早期文献报道中,FAST 过程中的电迁移就已被讨论,该技术涉及高电流通量。

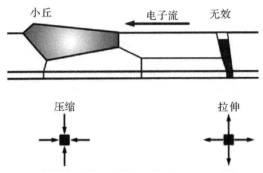

图 1.8　原子扩散诱导的电迁移对薄金属线的影响

同样,关于电迁移在实际 FAST 过程中所起的作用的明确实验证据仍然缺乏,这是由于该技术涉及典型的复杂几何和复杂组成情况。

关于电迁移的理论和建模,文献中有大量的研究。从早期的弹道模型到最新的复杂量子力学模型,已经提出了几种不同的理论方法。

电迁移可以被认为是外部驱动力的作用与移动组分之间的相关性的结果。在不可逆热力学的框架下,在多分量系统中,第 i 个组分的运动取决于其与其他组分相互作用的结果,原子流量 J_i 为

$$J_i = \sum_j L_{ij} X_j \quad (i=1,2,\cdots,n) \tag{1.1}$$

式中:L_{ij} 为唯象系数,与第 i 组分流量与第 j 组分驱动力 X_j 相关,对于在电场作用下的纯金属,则有

$$J_a = -L_{aa}\nabla\mu - L_{ae}\nabla\varphi \tag{1.2}$$
$$J_e = -L_{ea}\nabla\mu - L_{ee}\nabla\varphi \tag{1.3}$$

式中:J_a 为原子流量;J_e 为载流子(电子或空穴)流量;$\nabla\mu$ 为化学势梯度;$E=-\nabla\varphi$ 为电驱动力;L_{aa} 为原子移动系数;L_{ee} 为无电场下的金属电导率,分离交叉项 L_{ae} 和 L_{ea} 代表电子与原子运动耦合的相关系数,L_{ea} 为代表电迁移。式(1.2)等号右边第二项代表电迁移原子流量。

在纯金属中,扩散是受空隙移动控制的,该项的表达式为

$$J_a^E = \frac{D_a c}{kT}Z^* eE = \frac{D_a c}{kT}Z^*\rho j \tag{1.4}$$

式中:D_a 为原子扩散度;c 为空隙浓度;k 为玻尔兹曼常数;T 为绝对温度;e 为电荷;E 为所加电场强度;ρ 为电阻率;j 为电流密度;Z^* 为原子有效电荷,通常由两部分组成,即

$$Z^* = Z_{el}^* + Z_{wd}^* \tag{1.5}$$

式中:Z_{el}^* 是金属离子的标称化合价,忽略电子的动态屏蔽,并解释为金属离子上的直接静电力;Z_{wd}^* 为载流子和金属离子之间的动量交换。$Z_{wd}^* eE$ 项通常被称为"电子风力"。电子风力项通常在方程式(1.5)中占主导地位。由于直接静电分量通常被认为在金属中消失,必须注意,Z_{wd} 的大小甚至符号都与载流子(电子或空穴)的性质和金属的性质有关。例如,在某些情况下它显示负号,即观察到与电流方向相反的材料扩散。在扩散控制蠕变方程式(1.4)中,被修改为包括在阴极附近形成空位的影响以及由此引起的背应力,即

$$J = \frac{ND}{kT(Z^* e\rho j) - \Omega\dfrac{d\sigma}{dx}} \tag{1.6}$$

式中:N 为原子密度;σ 为应力;Ω 为原子体积。对与方程式(1.6)相关的背应力的研究发现,有效化合价参数 Z^* 可以通过机械测试手段获得。

电迁移效应强烈依赖于样品的温度和微观结构。从方程式(1.4)中可以看出,忽略 Z_{wd} 的温度依赖性,它通常是一个未表征的性质,由电迁移引起的材料通量具有与规律的扩散过程相同的温度依赖性。因此,在高温固结的 FAST 实验过程中,预测电迁移效应变得更加重要。

电迁移引起的传质对材料的微观结构非常敏感。在完全均质的材料(例如单晶)中,只能在两个电极上观察到电迁移,因为材料在一个电极上去除并在另一个电极上沉积。当忽略应力累积时,在任何中间区域都没有观察到变化,因为流入和流出该区域的材料量是相同的。

然而,微观结构中的不规则性,例如孔隙、晶界、夹杂物和位错,会使电流通量产生局部改变,从而导致非零的原子通量发散。当 $\nabla\cdot J \neq 0$ 时,材料堆积($\nabla\cdot J > 0$)或材料损耗($\nabla\cdot J < 0$)都能被观察到。因为对于复杂的材料微观结构,例如粉末团聚体等,电迁移效应很难预测,材料堆积或耗散取决于局部通量的散度。迄今为止,在部分烧结的微观结构中对这些效应的直接实验观察尚未见报道。

即使在没有孔隙率的情况下,块体和晶界之间的电导率差异也足以产生通量散度,从而

影响材料转移的速率。事实上,在晶界存在的情况下,方程式(1.4)可以换为

$$J_b^E = \frac{N_b D_b}{kT} \frac{\delta}{d} Z^* eE \tag{1.7}$$

式中:N_b 和 D_b 为晶粒中的原子密度和晶界原子扩散率;δ 为质量传输的有效晶界宽度(nm);d 为平均晶粒尺寸。因此,即使存在相当大的晶粒尺寸,晶界和块体之间的通量差异也是明显的。在 $D_a/D_b \approx 10^{-7}$ 的扩散率比下,1 μm 晶粒尺寸的通量比 $J_b^E/J_a^E \approx 10^4$。要注意,当晶粒尺寸变小时,这种影响变得更加明显,这表明纳米材料应该更容易发生由电迁移引起的材料转移。

1.4.3 电迁移与固态反应

大多数电迁移理论都是针对纯金属发展起来的,其中一些理论扩展到含有少量溶解杂质的金属,还有一些已开发用于金属玻璃合金等。

然而,在很大程度上已经证明,强电流可以影响固态化学反应,从而增强或抑制界面反应的动力学。尽管该理论通常不被认为是经典电迁移的一部分,但它却反映了在异质系统情况下相同的基本现象。

电迁移对金属系统中固态反应的影响已在微电子应用中被大量研究,其中金属接触中的反应性扩散是一个主要问题,这一现象已被部分研究人员进行了研究。一个典型例子是垂直于界面方向的电流通过 Au 和 Al 箔间的扩散。很明显,这种电流显著增加了金属间相的生长速率,同时显著缩短了通常在产品层中最早观察到的孕育时间。

在某些情况下,电流通量可能会抑制而不是增强反应性,或者根本没有影响。在某些情况下,这种影响似乎与电流通量的方向无关,而在其他情况下,只有当电流通量与化学扩散通量有一定关系时才有效。这些明显的不一致使得电迁移已被应用于异构系统。模型表明,电流通量可以增强或抑制生长动力学,且取决于所涉及原子的扩散率及其 Z^* 值的复杂组合。有研究证明,在富 A 相与富 B 相接触的情况下,为了产生 $A_\beta B$ 界面层,电迁移对混合通量的贡献由下式给出,即

$$J_{\beta,EM}^A = -J_{\beta,EM}^B = \frac{C_\beta^A C_\beta^B}{C_0} Z \tag{1.8}$$

式中:$J_{\beta,EM}^A$ 和 $J_{\beta,EM}^B$ 表示在产品 β 相中 A 和 B 的原子通量(浓度为 C_β^A 和 C_β^B);C_0 是原子体积 Ω 的倒数。Z 由下式给出,即

$$Z = E|e|/kT(Z_A^* D_A^* - Z_B^* D_B^*) \tag{1.9}$$

式中:Z_A^* 和 Z_B^* 代表两个原子的有效电荷;D_A^* 和 D_B^* 代表它们的示踪扩散率。很明显,电迁移对总原子通量和界面产物生长的贡献与有效电荷的相对值和贡献物质的本征扩散率相关。因此,有人确定了 4 种典型电迁移对固态反应的影响情况:

(1)如果两种物质中的一种具有比另一种更高的本征扩散率,并且电迁移对其迁移率有很大影响,则阴极侧层厚度的生长会增强(阴极增强),同时当产品层的厚度较小时,预期会抑制阳极侧的层厚度增长(阳极抑制)。

(2)如果较快的扩散物质对电迁移不敏感,而较慢的扩散物质受到严重影响,那么对于

小厚度层,预期会发生阴极抑制和阳极增强。

(3)如果两种物质具有相似的固有扩散率,那么电迁移的影响就变得至关重要。通常,对于薄的反应层,在两侧都观察到生长速率的抑制。

(4)当反应层很厚时,预期阴极和阳极同时增强,因为电迁移成为主要质量转移机制。

1.4.4　FAST 中的电迁移

如前所述,即使电迁移经常在有关 FAST 的文献中被提到,电迁移作用的直接实验证据在 FAST 过程中也是有限的。在讨论电迁移在 FAST 中的作用时,必须考虑电流的大小,大部分报道中使用数千安培范围内的大电流。然而,在 SPS 典型几何形状的装置中,即使样品是高导电性的,流过材料样品的电流也仅占总电流的小部分。由于模具通常由高密度石墨制成,电流路径与样品本身平行,因此流过样品的电流量是模具形状和样品电学性质的复杂函数,流经样品总电流的实际分数被描述为样品电导率和厚度的函数。很明显,即使对于高导电性样品,当样品很薄时,通过样品的电流分数依然很小。

在早期 FAST 工艺中,当颗粒的本征电导率始终较低时(即使是电导率很高的金属材料),电迁移在 FAST 工艺中的作用有可能被高估了。对理解电流通量的作用有重大贡献的研究是,基于金属系统的烧结,在 FAST 装置内使用经典球体,迫使所有电流流过样品。将这种方法应用于铜,证明了电迁移对颈部生长的动力学有着显著影响。此外,有人使用元素前体通过平面扩散与几何耦合生成二硅化钼,展示了电流在 FAST 装置中对固态反应性的直接影响。

1.5　离子材料中的电传输和极化

在离子材料中,施加的外部电场可以在极化的情况下产生晶格离子元素的移动,或者在电传输的情况下增强它们的运动。由此产生的材料转移可能最终在控制和/或改变动力学机制方面发挥作用,而在有关 FAST 的文献中很少关注这种现象。然而,由于对烧结过程施加电场的应用越来越多,必须更加重视这个现象。下面介绍固态电化学的一些基本原理,目的是阐明电场在一般离子材料烧结过程中可能发挥的作用。

1.5.1　电化学传递及相关现象

首先必须认识到,在离子导体以及混合(离子/电子)导体中,施加电场会产生许多不同的现象。第一个明显的结果是化学势梯度的累积,当梯度超过材料的稳定性极限时,最终可能导致化合物分解(电解)。与这种电极极化相关联,也可能出现穿过材料的带电粒子(离子、电子或空穴)通量。需要注意的是,产生离子通量(电流)的可能性不仅与材料的固有特性有关,而且与提供电流的触点(电极)的性质有关。一般来说,必须考虑以下 4 种类型的电极:

(1)可逆电极(允许转移任何类型的载体);
(2)仅通过离子电流的电极(所谓的半阻塞离子电极);

（3）只通过电子电流的电极（所谓的半阻塞电子电极）；

（4）既不通过离子电流也不通过电子电流的电极（阻塞电极）。

最后一种电极包括不与材料接触的电极。

重要的是，为了对离子可逆，电极（具有电子电荷载体、电子或空穴的材料）必须参与氧化还原类型的异质化学反应，其中氧化还原的一种物质是样品的一种离子，反应耦合的另一种物质属于电极相（或附加相，例如气相，与电极和样品接触），并且电极要提供或去除反应平衡所需的电子载流子。必须有两个耦合的电极反应发生在试样两侧的任一侧，且两个反应都不受约束，这样反应才能顺利完成。

1. 外场影响下的扩散

首先，在存在完全可逆电极的情况下，外加电场对离子扩散率的影响，除了化学势驱动的扩散外，还产生物质转移的驱动力。由 Fick 扩散定律表示的唯象通量方程必须包括一个附加项来解释附加驱动力，这代表了一个特殊情况下更普遍的外力影响扩散。在存在外力 F 的情况下，原子元素的迁移率将由 F 和它们的速度 u 给出，由此产生的物质通量变为

$$J'' = cFu = cv \tag{1.10}$$

物质一维通量与扩散和外加场相关，即

$$J = -D\frac{\partial c}{\partial x} + cv - \nabla U \tag{1.11}$$

假设 D 不是局部浓度的函数，则有

$$\frac{\partial c}{\partial x} = D\frac{\partial^2 c}{\partial^2 x} - \frac{\partial(cv)}{\partial x} \tag{1.12}$$

如果外加场强不依赖 x，则

$$\frac{\partial c}{\partial x} = D\frac{\partial^2 c}{\partial^2 x} - v\frac{\partial c}{\partial x} \tag{1.13}$$

对于离子材料，$q \cdot E$ 为外场驱动力，q 为移动物质电荷，E 为电场，则原子通量为

$$J_e = c\mu qE \tag{1.14}$$

这就是在固态电化学外电场下大量使用的离子通量。

2. 外场影响下的物质转移

尽管外部电场对离子传输产生影响，但由此产生的离子流并不一定有助于材料烧结或致密化。为了澄清这一点，考虑使用两个相同的非阻塞电极对金属氧化物 MO 迁移的影响。尽管情况看起来很简单，但可以确定 4 种不同的电转运情况，它们对物质的转移产生不同的结果。这 4 种情况总结在图 1.9 中，不同情况取决于离子（阳离子或阴离子）的性质，离子（阳离子或阴离子）是否完全移动，以及在电极上发生的反应过程属性。首先，在电极上发生反应为

$$M^{2+}(cer) + 2e^- \leftrightarrow M(ele) \tag{1.15}$$

$$O_2\left(\frac{gas}{ele}\right) + 4e^- \leftrightarrow 2O^{2-}(cer) \tag{1.16}$$

式中:cer 代表陶瓷(ceramic);ele 代表电极(electrode);gas 代表气相。从右到左为发生在负极的氧化过程,从左到右是发生在正极的还原过程。

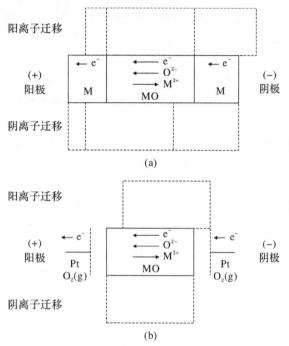

(a)

(b)

图 1.9　实验室条件下的物质变化示意图

(Pt 表示惰性内金属电极;图中实线表示反应初始状态,上、下虚线表示阳离子和阴离子贡献
占主导地位情况下的电流效应)

(1)对氧化物阴离子可逆且只有阳离子可移动的电极,阴极过程为

$$2M^{2+}(cer) + O_2(gas) + 4e^- \rightarrow 2MO \tag{1.17}$$

通过将来自还原氧气的氧阴离子与移动穿过氧化物层的阳离子结合,在阴极上形成固体氧化物的两个分子单元。阳极过程可以类似地写成

$$2MO \rightarrow 2M^{2+} + O_2(gas) + 4e^- \tag{1.18}$$

式(1.18)表明固体氧化物的两个分子单元在阳极分解产生氧气和可移动的阳离子,这些阳离子可以在氧化物层中向阴极移动。尽管陶瓷相的净增量没有发生变化,但等量的陶瓷相从一个电极转移到另一个电极。因此,整个样品相对于外部参考系,物质迁移沿从阳极到阴极的方向移动,这很像金属系统中的电迁移情况。该过程由图 1.9(b)上部的虚线表示,表明一段时间后氧化物将向左移动。这种材料向一个电极的传输可能最终有助于使该侧的材料致密。

(2)对可移动的氧化物阴离子可逆的电极,阴极还原反应和阳极氧化反应由下式给出:

$$O_2(gas) + 4e^- \rightarrow 2O^{2-} \tag{1.19}$$

$$2O^{2-} \rightarrow O_2(gas) + 4e^- \tag{1.20}$$

在这种情况下,唯一可以在固体中移动的物质是氧气。结果是氧气通过陶瓷相转移,阴极处氧气被还原,阳极处 O^{2-} 被氧化。如图 1.9(b)的下部所示,相的净增量再次保持不变,并且没有固体材料的转移。

(3)对移动阳离子可逆的电极,阴极处阳离子的还原反应为

$$M^{2+}(cer)+2e^- \rightarrow M \tag{1.21}$$

阳极处氧化反应为

$$M \rightarrow M^{2+}+2e^- \tag{1.22}$$

阳离子也是唯一可以通过氧化层扩散的物质。这种行为类似于情况(2),因为材料从一个电极转移到另一个电极,而没有直接涉及氧化层。一个金属电极的尺寸将减小,而另一个金属电极的尺寸将增加,如图 1.9(a)上部的虚线所示。

(4)对金属/阳离子对可逆的电极,阴离子是移动物,整个阴极过程可以写成

$$2MO+4e^- \rightarrow 2M+2O^{2-} \tag{1.23}$$

在此,固体氧化物的两个分子单元在阴极分解,在电极上沉积还原金属并产生阴离子,阴离子穿过氧化物层向另一个电极移动。阳极过程可以类似地写成

$$2M+2O^{2-} \rightarrow 2MO+4e^- \tag{1.24}$$

通过将由电极金属氧化产生的阳离子与在氧化物层中向该电极移动的阴离子结合,在阳极形成两个分子式固体氧化物单元[图 1.9(a)的下部]。结果发现,等量的陶瓷相在一个电极处分解并在另一个电极处沉积,相的总量不变(没有发生氧化物的净增或电解),但整个样品从阴极移动到阳极。

因此,在 4 种情况中的(2)情况下,总体结果是陶瓷样品经历了相对于参考系的净移动,这是因氧化物从一个电极到另一个电极的净转移而发生的。在这些情况下,如果起始材料以多孔多晶颗粒为代表,则外加电场可以在一个电极处产生无序多孔材料的分解,并在另一个电极处以完全致密的形式重建它。

发生此过程的基本要求是在两个电极上(在相反方向)发生相同的氧化还原反应,并且移动离子与电极可逆离子不同。如果适当注意电子或空穴对氧化物中电荷传输的贡献,则可以直接将处理扩展到半导体氧化物,如 Fe、Co、Ni 氧化物,其中对导电性有贡献的是阳离子,而具有萤石结构的氧离子导体(例如氧化锆、二氧化铈、氧化铋)似乎被排除在外。还必须考虑的是,不仅在电极处,在样品中任何位置也可以观察到材料的耗尽和积累。该过程类似于上面讨论的电迁移情况。

有研究已经展示了如何利用外加场诱导的离子通量来产生两个单晶锰锌铁氧体的键合。尽管该研究在很大程度上不被重视,但这些现象的其他实验证据已在文献中有报道。当满足确定的材料和适当的条件时,这些现象很可能在 FAST 过程中发挥重要作用。

3. 晶界迁移

在离子材料中,外加电场也可以提高晶界的迁移率。晶界运动是晶粒生长过程中必不可少的一步,是获得完全致密化所必需的。迄今为止,电场对晶界迁移率的影响主要体现在关于氧化铝的报道中。晶界与外部电场的相互作用源于与晶界核相关的净电荷的存在。绝对反应速率理论已经证明导致离子物质跳过晶界的驱动力 ΔG_m 为

$$\Delta G_m \cong \Delta G_d + Z_c es\left(\frac{v}{2}\frac{1}{x_D}\right) \tag{1.25}$$

式中：ΔG_d 是没有外加场时的毛细驱动力；Z_c 是离子的电荷价；v 是每个晶界施加的偏压所产生的驱动力；x_D 是对应于空间电荷区域厚度的德拜长度；e 是基本电荷；s 是离子的跳跃距离。当施加的电压低于由下式给出的阈值时，晶界迁移预计会停止。

$$v_{th} \cong -\frac{2 x_D \Delta G_d}{Z_c es} \tag{1.26}$$

对于氧化铝，每个晶界的值为 $-2.15\ mV$，这对应于宏观上施加到生坯上的数百或数千伏电压。最初，这些值对于 FAST/SPS 应用程序可能显得不合理。然而，我们将在下面进一步证明，介电材料中的局部场强确实可以达到这样的量级。场致晶界运动在 FAST/SPS 过程中可能发挥的作用仍有待阐明，但它可能与制备纳米材料相关。

4. 离子材料中的相关效应

离子运动不仅可以源自浓度梯度或直接静电效应，还可以与其他电荷载流子的运动相关。这方面的一个例子是混合导体中电子（或空穴）和离子的运动之间的相关性，其特征在于提高的电子电导率。在这些材料中，强烈的电子通量可以产生晶格离子，导致材料在样品中的净传输。与用于电迁移的处理类似，电子和离子运动间的相关效应可以使用唯象方程描述为

$$\begin{aligned} J_i &= -L_{ii}\nabla\eta_i - L_{ic}\nabla\eta_i \\ J_e &= -L_{ei}\nabla\eta_e - L_{ee}\nabla\eta_e \end{aligned} \tag{1.27}$$

式中：J_i、J_e 表示在相应的电化学势梯度 η_i、η_e 的影响下移动离子和电子的通量，而 Onsager 之后的非对角唯象系数是对称的，即 $L_{ie}=L_{ei}$。忽略这些系数一直是一种常见的做法，假设

$$L_{ei}=L_{ie}=0 \tag{1.28}$$

意味着离子和电子独立移动（相当于电解溶液中的科尔劳施定律）。然而，有研究表明，对于几种半导体氧化物，例如 FeO、CoO 和 TiO_2，关系式（1.28）无效。在这种情况下，将电子的传输电荷定义为

$$\alpha_e^* \equiv \left(\frac{L_{ei}}{L_{ee}}\right) = \left(\frac{J_i}{J_e}\right)_{\nabla\eta_i=0} \tag{1.29}$$

α_e^* 表示在没有任何离子驱动力的情况下被电子拖曳的阳离子数量（即 $\nabla\eta_i=0$）。值得注意的是，这个系数的值可能相当大，大约为 10^{-1}，表明当涉及高电流时，由于这种效应而转移的阳离子数量可能很大。

此外，在某些情况下，这种效应与总离子通量的贡献可能是相关的。相关效应通常被认为是固态电化学中的一个特别问题，且从未讨论过它们在烧结致密化过程的应用。

然而，重要的是，当满足适当的条件时，它对致密化的贡献可能或甚至高于离子电导率的贡献。此外，由于这些过程是由电子通量引起的，因此不涉及与电极反应有关的电化学要求，这意味着其原则上适合任何具有足够高电子电导率特征的离子材料。

5. 外场对离子材料反应性的影响

电场还可以显著改变离子材料的反应性。这代表了本章中特别引人关注的主题，因为 FAST 通常用于执行反应性烧结过程。电场对离子材料的固态反应性的影响并不令人惊

讶,因为离子材料中的反应性是由组分离子的扩散率定义的。在存在外部电场的情况下,产物相的生长速率可以提高或降低,这取决于反应机理的细节和实验条件。此问题已经被广泛研究,特别是在从氧化物开始形成尖晶石的情况下。图1.10显示了在存在或不存在外部电场时的尖晶石形成反应。驱动界面运动的两个相界处的反应如下:

(1)相界(AO-AB_2O_4)反应

$$4AO + 2B^{3+} \longrightarrow AB_2O_4 + 2A^{2+} \tag{1.30}$$

(2)相界(A_2O_4-B_2O_3)反应

$$4B_2O_3 + 2A^{2+} \longrightarrow 3AB_2O_4 + 2B^{3+} \tag{1.31}$$

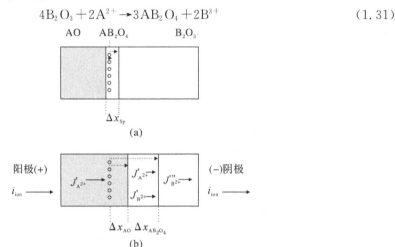

图 1.10 尖晶石形成 $AO + B_2O_3 = AB_2O_4$

(a)化学扩散驱动;(b)存在外部电场

在没有外场的情况下,反应通过两个阳离子在原始界面上的反向扩散进行,因为氧离子实际上是固定的。在存在外部电场的情况下会出现两种情况。如果外场感应的离子电流指向 B_2O_3,则总生长速率增加,尖晶石层向着 B_2O_3 阴极方向生长。另外,如果离子电流指向 AO,则生长过程会在恒定厚度处停止,这是因为电驱动力产生的原子通量与化学驱动力之间存在竞争。

1.5.2 介电极化

如前所述,FAST/SPS设备采用相对较弱的电场,通常在几伏每米的范围内。然而,介电材料的电子特性可以局部增强外部施加的场这一事实很少受到关注。由于局部场不仅对可能存在的等离子体放电有重大影响,而且在局部缺陷平衡和离子运动中,当考虑电介质材料的场辅助烧结时,它成为了有趣的问题。

一般来说,考虑5种不同的介电材料极化机制:

(1)电子极化。这在所有介电材料中都存在,主要由于电子云相对原子核产生位移。这种极化大约与电子云的体积成正比,因此对于较大的原子来说它的数值更高。

(2)离子极化。这是在离子材料中观察到的,由于在电场作用下正负亚晶格之间产生位移。

(3)方向极化。这在含有以永久偶极子为特征的分子材料中被观察到。它源于这种永久偶极子在外部电场下的排列。

(4)空间电荷极化。当在电荷分布产生空间不均匀的电荷载流子中存在部分迁移率时,就会观察到这一点。

(5)畴壁极化。这仅在铁电材料中产生,并且与区分不同取向极化区域的畴壁的移动有关。

介电材料的总极化是由所有有源贡献引起的。模拟粉末床中的晶间电场是一项相当复杂的任务。在球体串的近似中,电场的局部强度已经使用半解析或纯数值方法计算。对于通过颈部连接的球体,由于几何的复杂性,只有数值方法是可行的。此外,在存在移动电荷的情况下,由此产生的局部场不易产生解析解。

在介电材料中,由于极化过程产生电荷,外加电场的强度会发生变化。场强由下式定义:

$$\nabla \cdot E = \frac{1}{\varepsilon_0}(\rho + \rho_p) \tag{1.32}$$

式中:ρ_p 是由于极化而产生的电荷;ρ 表示最终存在的其他电荷。ρ_p 通过以下关系连接到极化矢量(**P**),即

$$-\nabla \cdot P = \rho_p \tag{1.33}$$

在介电材料中,极化与电场成正比,即

$$P = \varepsilon_0 \ \chi_e E \tag{1.34}$$

式中:χ_e 是电极化率,有

$$\varepsilon_r = 1 + \chi_e = \frac{\varepsilon}{\varepsilon_0} \tag{1.35}$$

由以上公式可得

$$-\nabla \cdot (\varepsilon_0 E + P) = \rho \tag{1.36}$$

通常将 $D = \varepsilon_0 E + P$ 定义为电位移。使用 D 可以定义场与自由电荷分布之间的关系,即

$$\nabla \cdot D = \rho \tag{1.37}$$

对于介电粒子,假设没有自由电荷和非接触外部电场,电场分布可以使用以下方程进行数值求解:

$$\nabla \cdot D = 0 \tag{1.38}$$

位移与电场有关,以数值方式求解电位移可以推导电场和极化分布,而无需考虑涉及偶极子分布的复杂方程。图 1.11 所示为这些计算结果的一些示例:

$$D = \varepsilon_0 (1 + \chi_e) E = \varepsilon_0 \varepsilon_r E = \varepsilon E \tag{1.39}$$

对于图 1.11,最大局部电场是在相邻球体之间的接触点处计算得出的,外部施加的电场为 $1 \ V \cdot m^{-1}$。不同数量的球体排列在平行于外场方向的直线上,产生的局部场强被报告为材料介电常数的函数。很明显,对于所有几何形状,当材料具有高介电常数时,局部场可以增加三个数量级。这意味着,在 FAST 过程早期阶段,即使施加的电场非常弱,粒子在其接触点处也会经历极高的局部电场。有趣的是,即使颈部开始增长,这种放大效应仍然有效。

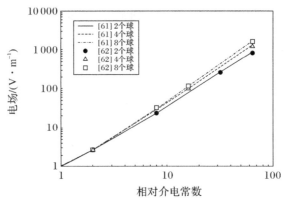

图 1.11　在 1 V/m 外部均匀场的 2 个、4 个和 8 个球体序列之间接触点的电场

图 1.12 显示了在颈部尺寸为球半径的 14% 的情况下，靠近连接两个介电材料球体的颈部区域中的电场强度分布。该区域的场强随着颈部直径的增加而减小，即使颈部半径为球体半径的 14%～15%，如图 1.13 所示。这通常被认为是从烧结的早期阶段过渡到中间阶段的典型，并且可与在高压烧结或预压实现的高生坯密度的烧结结果一致。这些结果表明，极化效应可能在外电场作用下介电材料的烧结中发挥相关作用。

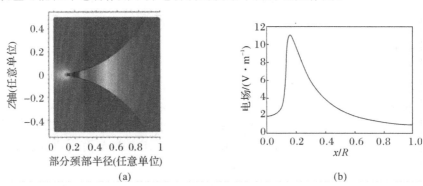

图 1.12　两个材料球之间颈部周围区域的电场强度（颈部半径对应于粒子半径的 14%）以及颈部电场强度的径向分布

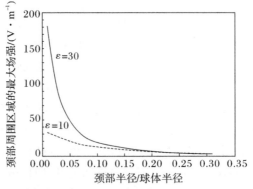

图 1.13　两个不同介电常数颈部区域的最大场强与颈部和球体半径间比率的函数关系

必须指出,极化效应在金属粉末烧结的早期阶段也可以发挥相关作用,因为钝化氧化物壳通常具有介电特性。尽管该层通常非常薄,但它可以对外部施加的电场产生显著的局部放大。研究者从未考虑过与 FAST 相关的这一点,但它确实值得更多关注,因为局部场放大可以通过氧化层增强介电击穿现象,从而对烧结过程的开始产生相关影响。

1.5.3　电传输及相关小结

电迁移过程在几个重要方面与传统扩散控制的烧结不同。除了几何和边界条件,扩散控制过程显示了特定的对时间和空间坐标的依赖性,通常由一维中的 $x/t^{1/2}$ 比率定义,这是随机游走基本性质的一种指纹特性。相反,场控制传输显示出恒定的速度,对应于恒定的一维的 x/t 比率。因此,在相对较小的长度尺度上,由电转运控制的过程比由扩散控制的过程慢(反之亦然)。另一个显著的区别显然是电转运是由外部设定的场驱动的,因此可以随意调整,可以增强传输或减少/抑制不需要的过程。

根据烧结过程的特定阶段,外加电场可能发挥的作用显著不同。在早期阶段,它可能会增强或促进颈部的形成并增强维持其生长的流动性;而在后期阶段,它可能会增强体积流动性,沿晶界流动,或产生晶界运动。这将对定义和控制粉末样品致密化最后阶段的晶粒生长产生深远影响。人们对这些过程的理解仍然大多局限于一般原理和实验类比,因此普遍缺乏实验证据来阐明电场在不同实验条件下对不同材料致密化的实际作用。这是需要澄清的一点,人们对外场增强技术的兴趣正在迅速增长。

1.6　电场效应和压力

在压力烧结过程中对样品施加电场和/或电流是 FAST 领域研究人员特别感兴趣的。通常在术语“电塑性”下对它进行讨论,尽管该术语涵盖了一系列行为,包括全致密材料的时间相关形变。在这里,我们将应用领域对塑料的相关贡献联系起来,讨论在烧结的每个阶段导电和非导电样品的形变。

1.6.1　导电材料

有研究表明在金属蠕变测试期间电场对应变速率的影响具有 10^3 A/cm^2 或更大的最小临界直流电流密度。超过这个值,蠕变速率增加 5 个数量级。预计这些增加与电场和位错的相互作用无关。

位错运动的临界电流密度的几个原位观察高于 10^5 A/cm^2。有人认为,只有流动应力的热分量受到电流密度的影响,速率控制机制没有改变。重要的是区分施加的场强和施加的电流,因为已发现两者都会导致金属的应变率变化。已发现施加的外场可提高或降低同源蠕变速率的温度高于 $0.5T_\mathrm{m}$,其中晶界扩散占主导地位。

电流如何与蠕变行为相互作用对于理解这些粉末在强电流存在下的烧结效果非常重要。有人发现了电流对材料模量 M 的影响。在高电流密度下,有

$$M = \frac{Z^* e \varphi}{\alpha\, i_\mathrm{d} S} \tag{1.40}$$

式中:Z^* 为总扩散物质的有效价参数;e 为基本电荷;φ 为施加的电场;S 为力作用的面积;α 为比例常数;i_d 为电流密度。因此,在烧结的早期阶段,可以看到场的贡献降低了模量,从而增加了由来自小接触区域升高的应力所赋予的有效应变。然而,有效化合价参数和其比例对于许多系统来说并不有效。

1.6.2 非导电材料

在陶瓷材料中,人们并不太了解电场的机械响应。首先,大部分致力于施加的电场和压力的工作是在碱金属卤化物上进行的,例如 NaCl。研究证明,对 NaCl 的单晶使用强度 13 kV/cm 的电场增加了位错速度,同时降低了流动应力。另外,在强度低一个数量级的外场中,流动应力与外场强成比例地减小,且在有无接触电极的情况下都会减小,与场方向无关,对应变率灵敏度没有影响,对 $30 \sim 2\ 000\ \mu m$ 范围内的晶粒尺寸变化不敏感。所有测试均是在蠕变状态下进行的。由于非接触和接触电极的结果没有差别,很明显,场在塑性调节机制中的作用与电迁移不一样,但它是场本身相互作用的结果。自 20 世纪五六十年代以来,人们普遍认为碱金属卤化物中的位错可产生与之相关的净电荷,因此可以合理地预期,施加的场将在适当取向的位错线的长度上产生净力。位错每单位长度的力由电荷平衡,每单位长度的位错在场中适当定向,其方程式为

$$\tau \cdot b = qE\cos\theta \tag{1.41}$$

式中:q 为卤化物中每单位长度的位错电荷;E 为场强;τ 为外加应力;b 为 Burger 向量;θ 为 Burger 向量和外场之间的夹角。场的进一步影响可能是晶体内带电缺陷的重新分布,其影响类似于大多数位错理论中讨论的增加 Peierl 力的影响。

1.7 升温速率效应

人们早就知道提高加热速率(升温速率)有利于许多材料系统的致密化。在早期对大颗粒粉末的典型热压实验中加热速率为 $10 \sim 50\ ℃/min$,研究表明,加热速率对烧结过程产生了强烈的影响。因此,很自然地将增加致密化率和减小最终晶粒尺寸扩展应用到 FAST 工艺中,因其加热速率可以达 $1\ 500\ ℃/min$。然而,对于通常在 FAST 中研究的粉末系统,实际情况并不是特别清楚。因此,在试图确定在 FAST 致密化过程中加热速率所起的作用之前,理论上了解加热速率对致密化的贡献是有益的。

1.7.1 烧结过程中的动力学和驱动力

有研究者提出了一个更全面的模型,通过该模型可以理解加热速率的贡献。加热速率对致密化行为的主要贡献来自达到在非致密化质量流机制占主导地位的温度所花费的时间。在加热到给定的目标温度期间[通常选择 $(0.7 \sim 0.75)T_m$],粉末从最低激活开始通过几个质量流机制获得最高能量:表面扩散、晶界扩散、幂律蠕变、体积扩散。表面扩散是非致密过程,因为传质完全局限于颈部区域的表面,不会导致颗粒中心距的减少。

然而,有研究认为表面扩散重塑了孔形,以具有更大的曲率半径,减小了孔隙去除的驱

动力,这个过程称为孔球化。如果花在区域$(0.25\sim0.4\ T_m)$的表面扩散时间被最小化,则可实现高驱动力和快速致密的动力学机制,获得完全致密的微观结构。在致密化的最后阶段,需要较小的晶粒生长速度才可实现完全密度,这在很大程度上也取决于粉末的起始粒度的贡献。对于使用铝作为模型材料的情况,发现随着起始晶粒尺寸的减小,孔球化速率对加热速率不太敏感(见图 1.14),多个研究发现了相似的结果。

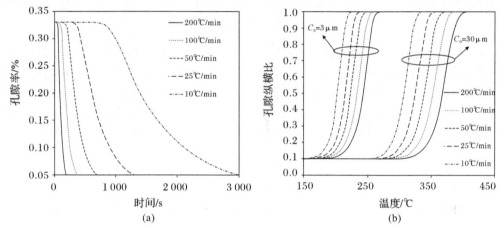

图 1.14 铝粉中的孔球化(起始晶粒尺寸为 3 μm 和 30 μm)

1.7.2 反应烧结

在反应性烧结中,加热速率可用于改变可能发生反应的温度。对于相变,例如玻璃失透或其他一级反应,增加加热速率,反应温度升高。这就是基辛格(Kissinger)效应,它描述了对于反应的温度依赖性,该反应的开始温度将根据等温加热速率而变化,即

$$\ln\left(\frac{A\dot{T}}{T^2}\right)=B-\frac{\Delta H_{rxn}}{k_B T} \tag{1.42}$$

式中:A 和 B 是给定的材料常数;$\dot{T}$ 是加热速率。在某些情况下,这可能有助于增加反应的驱动力及其成核速率。然而,在有关 FAST 的文献中与基辛格效应相关的工作很少。

1.7.3 热扩散

热扩散可以被认为是与加热速率相关的效应的一部分,它与热梯度存在下的增加热驱动力相关。原则上,它是非平衡或不可逆热力学过程的应用。就本章前面讨论的通量而言,热扩散是在式(1.1)的通量/力矩阵中发现的非对角项的自然结果。其中 Q 代表热流,M 代表一维 x 中的质量流,则有

$$\left.\begin{array}{l} J_Q=-L_{QQ}\dfrac{1}{T}\dfrac{dT}{dx}-L_{QM}T\dfrac{d}{dx}\left(\dfrac{\mu}{T}\right) \\[3mm] J_M=-L_{MQ}\dfrac{1}{T}\dfrac{dT}{dx}-L_{MM}T\dfrac{d}{dx}\left(\dfrac{\mu}{T}\right) \end{array}\right\} \tag{1.43}$$

方程(1.43)完全描述了存在温度梯度时的质量流和热流之间的关系。通常,热输运仅在稳态质量流的情况下表示,其中 J_M 为零。因此,热输运量的稳态关系可以表示为

$$d\left(\frac{\mu}{T}\right) = -\frac{L_{MQ}}{L_{MM}}\frac{dT}{T^2} \tag{1.44}$$

使用热力学关系式的$(\Delta G = \Delta E - T\Delta S + p\Delta V)$全微分$d(\mu/T)$变为

$$d\left(\frac{\mu}{T}\right) = \frac{\overline{V}dP}{T} - \frac{\overline{H}dT}{T^2} \tag{1.45}$$

式(1.45)通常表示为

$$\frac{\overline{V}dP}{T} = -Q^*\frac{dT}{T^2} \tag{1.46}$$

式中：Q^*是运动物质的传输热，表示运动物质的能量与其扩散区域的偏摩尔焓之间的差异。或者更简洁地说，这是扩散物质单位原子携带的热量。热扩散也适用于在存在热梯度的情况下确定空位运动。在存在热梯度的情况下，空位按照热梯度分布，而空位的整体浓度保持在一个平衡值。在确定空位通量时，只需按照 Onsager 倒易关系将原子通量设置为等于相反的空位通量（微观可逆性产生的相同非对角项，如 $L_{ik} = L_{ki}$）。很容易发现，空位流量 J_v 变为

$$J_v = -Dn\left(\nabla C_v - \frac{Q^* C_v \nabla T}{k_B T^2}\right) \tag{1.47}$$

式中：n 是每单位体积的原子数；D 是扩散物质的自扩散系数；∇C_v 是空位浓度梯度；∇T 是温度梯度。

重要的是，式(1.47)中温度梯度有两个不同的贡献：第一项反映了空位分布为温度梯度的函数，第二项描述了热输运在结晶固体中的特殊效应。相关研究模型表明，在高加热速率下，热传输可能对非导电材料的致密化率有显著贡献，如图 1.14 所示。

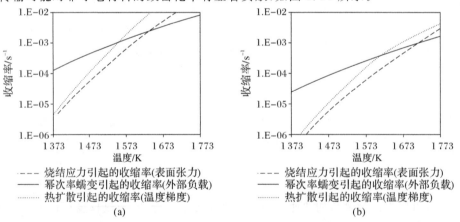

图 1.14　细晶粒和大晶粒的表面张力、幂次率蠕变和热扩散对致密化率的相对贡献

(a)细晶粒；(b)大晶粒

第2章 电场-温度场耦合过程材料温度场计算机模拟

2.1 试样温度黑体辐射模型

热辐射是具有温度的物体向外界辐射电磁波的一种物理现象,任何物体在温度高于绝对零度时都会产生热辐射现象。由于电磁波的传输不需要任何介质,所以热辐射是唯一可以在真空中传输热量的方式。

黑体是为了方便研究而理想化的一种物理模型,是既可以完全吸收外部的辐射能量,又可以辐射出自身全部能量的物体,不存在反射电磁波现象。

在电热耦合场下,样品被加热到一定温度后,物体与环境之间热对流损失的能量远远小于热辐射能量的损耗,此时可近似地将样品假设成一个理想黑体。

为了便于研究,假设试样在电场-温度场耦合作用下温度是均匀分布的,试样自身的温度与辐射出能量的关系可以用 Stefan-Boltzmann 定律描述为

$$I = \sigma T^4 \tag{2.1}$$

$$T = T' + 273.15 \tag{2.2}$$

式中:I 为单位时间内物体表面单位面积上所发射的总辐射能(W/m^2);σ 为 Stefan-Boltzmann 常数,其值为 5.68×10^{-8} $W/(m^2 \cdot K^4)$;T 为物体的绝对温度(K);T' 为物体的摄氏温度(℃)。

在电场的作用下,样品自身流过的电流会产生焦耳热效应,使得样品的温度在炉温的基础上又得到了提升。此温度的估算等量关系是,用于加热试样的电场消耗的能量和炉温提供的辐射能量之和等于电场-温度场耦合作用稳定后试样所辐射出来的能量,即

$$I_0 + \frac{\Delta W}{\varepsilon A} = \sigma (T_0 + \Delta T)^4 \tag{2.3}$$

式中:I_0 为试样在温度 T_0 时未施加电场的辐射能(W/m^2),$I_0 = \sigma T_0^4$;ΔW 为施加在试样上电场消耗的电能(W);ε 为试样的辐射系数,其值取 $0.8 \sim 1$;A 为试样的总表面积(m^2);ΔT 为施加电场后试样升高的温度(K);T_0 为试样所处的环境温度(即炉温)(K)。

将式(2.1)~式(2.3)结合可得电场-温度场耦合后试样实际温度与炉温之间的关系式:

$$T_1 = T_0 + \Delta T = \left(T_0^4 + \frac{\Delta W}{\varepsilon \sigma A} \right)^{\frac{1}{4}} \tag{2.4}$$

$$\Delta T = T_1 - T_0 \tag{2.5}$$

式中:T_1 为电场-温度场耦合后试样的实际温度(K)。

2.2　试样温度场计算模型

模型采用有限元方法对电场-温度场耦合过程中样品的实际温度进行了模拟仿真分析,使用 COMSOL Multiphysics v5.4 软件进行了仿真计算。

2.2.1　电导率

由于样品自身具有一定的电阻,所以在电流通过时会产生焦耳热效应,这就使得样品被电场和温度场同时加热。此外,由于在耦合作用下发生了一系列的化学反应,生成了不同的物质,所以整个过程中电压在不断变化,导致样品的电导率也在不断发生变化。为了进一步揭示电场-温度场耦合后样品的真实温度分布,选取反应过程中一些时间节点的电压和电流值作为仿真的数据。

假设某一时刻电导率的值为常数,利用下式计算特定时刻样品的电导率 σ:

$$\sigma = \frac{UL}{IA} \tag{2.6}$$

式中:σ 为试样的电导率(S/m);U 为样品两端的电压(V);I 为通过样品的电流(A);L 为样品的长度(m);A 为样品的横截面积(m^2)。

2.2.2　边界条件设置

由于样品是在电场和温度场的耦合作用下被加热的,在边界条件的设置上应尽可能贴合实验环境,所以设置合适的热传导和电流传输以保证仿真结果的准确性就显得尤为重要。

以常温还原 V_2O_5 为例,由于真空条件下不存在气体对流散热,只存在样品自身热传导与表面对环境辐射散热。假设热辐射散失的热量为

$$-\boldsymbol{n}\boldsymbol{q} = \varepsilon\sigma(T_{amb}^4 - T^4) \tag{2.7}$$

式中:ε 为样品的表面辐射系数,其值取 0.8~1.0;T_{amb} 为环境温度(K);T 为温度场(K);$\boldsymbol{q}$ 为辐射热通量(W/m^2);$\boldsymbol{n}$ 为边界的单位法向量。

以氮化钒合成的氮化阶段为例,管式炉管内通入了 N_2,使得样品周围存在气体,除了存在样品表面对环境的辐射外,还存在热对流,使样品得到散热,其计算公式为

$$q_0 = h(T_{ext} - T) \tag{2.8}$$

式中:h 为对流换热系数,其值取为 10 $W/(m^2 \cdot K)$;q_0 为单位面积的固体表面与流体之间在单位时间内交换的热量(W/m^2);T_{ext} 为固体表面温度(K);T 为流体的温度(K)。

假设模型传热界面的边界条件是绝热的,电流的传输存在电气绝缘和电气隔离,其条件分别为

$$-\boldsymbol{n} \cdot (-k\nabla T) = \boldsymbol{0} \tag{2.9}$$

$$-\boldsymbol{n} \cdot \boldsymbol{J} = 0 \qquad\qquad (2.10)$$

式中：$\boldsymbol{n}$ 为边界的单位法向量；k 为热导率[W/(m·K)]；$\boldsymbol{J}$ 为电流密度(A/m^2)。

2.2.3　仿真计算原理

在实验过程中，考虑到样品两端通电时间较长和仿真过程中选取了稳定状态的数据，因此在仿真计算结果选取了稳态计算。在仿真过程中主要用到了传热模块，传热模块基于体系的能量守恒定律，传热过程主要包括焦耳热、热辐射、热传导和热对流。其用到的守恒方程如下：

（1）电流守恒方程为

$$\left. \begin{aligned} \nabla \cdot \boldsymbol{J} &= Q_{j,v} \\ \boldsymbol{J} &= \sigma \boldsymbol{E} + J_e \\ \boldsymbol{E} &= -\nabla U \end{aligned} \right\} \qquad (2.11)$$

式中：$\boldsymbol{J}$ 为当前电流密度；$\boldsymbol{E}$ 是电场；σ 是电导率；U 为电势。

（2）固体传热方程。电流流过样品会产生焦耳热，该热量将通过热传导传递至试样，稳态传热方程式为

$$\left. \begin{aligned} \rho C_p \boldsymbol{u} \cdot \nabla T + \nabla \cdot \boldsymbol{q} &= Q + Q_{\text{ted}} \\ \boldsymbol{q} &= -k \nabla T \end{aligned} \right\} \qquad (2.12)$$

式中：ρ 为密度；C_p 为恒压热容；k 为热导率；$\boldsymbol{q}$ 为热通量；$\boldsymbol{u}$ 为速度矢量。

2.2.4　电场作用下室温还原 V_2O_5 最佳条件的仿真模拟

用黑体辐射模型估算的样品的真实温度是整个样品温度分布的平均值，得不到样品的真实温度分布。为了进一步揭示室温还原阶段样品的真实温度分布，选取了配碳比为 0.14 和电流密度为 106.10 A/cm^2 作为仿真基础条件，利用 COMSOL Multiphysics v5.4 软件对样品的真实环境进行了模拟仿真计算，得出了样品的温度分布规律。

图 2.1(a) 所示为样品的三维建模图，样品的建模选取了反应的中间过程的某一时刻的电压值作为仿真数据。样品的中间部分被假设为 V_2O_3，中间以外的区域被假设成 V_2O_5。两端的两个长方体分别是电热耦合过程中的电极石墨片，夹在电极片中间的为需要被还原的样品。由于在样品两端施加大电流密度时会使得样品的温度远高于环境温度(25 ℃)，这时样品与石墨片存在温差，会导致样品上的热量通过热传导传递至石墨片，所以此种环境下建模要考虑样品传递给石墨片的热量损失。

在样品被视为单一纯电阻的情况下，由图 2.1(b) 可以看出，电势的分布由正极到负极呈现逐渐递减的分布。图 2.1(c) 是电热耦合后经计算得出的样品的实际温度，可以看到，其整体最高温度为 1 022.6 ℃，最低温度是 765.8 ℃，温差为 256.7 ℃，两端电极片的温度最低，样品中心区域的温度最高。由图 2.1(d) 可以看到，样品的温度分布具有明显的不均

匀性,中心温度向两端呈逐渐递减的趋势,两端石墨片处的温度最低。整体来看,这个温度范围绝大部分已达到了还原阶段 V_2O_5 向 V_2O_3 转变所需的温度,即样品两端的最低温度可以满足还原需求温度,这与电流密度为 106.10 A/cm² 时获得的产物的 XRD 相符合,但边缘部分仍存在极少量 V_2O_5 未被完全还原为 V_2O_3,这使得还原率未达到 100%。

此外,由于样品中心区域温度较高,在还原剂炭粉过量的情况下,温度过高区域的 V_2O_3 就会与炭粉继续反应,这导致了产物中出现 VO 和 V_2C 相。在电流密度小于 106.10 A/cm² 的产物中出现了部分未被还原的 V_2O_3 的 VO_2。由仿真结果可知,这部分 VO_2 主要存在于样品的两端,这是由于在电流密度较小时,两端温度未达到 VO_2 向 V_2O_3 转变的温度。

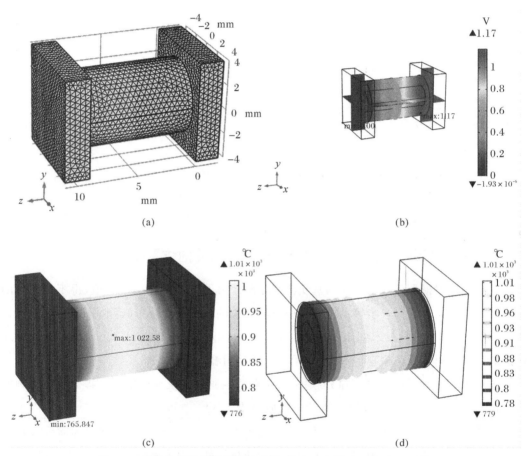

图 2.1　室温还原阶段仿真模拟电势、温度分布图 (106.10 A/cm²)

(a)样品的几何结构;(b)电势;(c)样品的实际温度分布;(d)样品的等温分布

2.2.5　电场-温度场耦合制备氮化钒的最佳条件模拟

为了研究反应过程中样品的真实温度,选取了氮化反应的中间过程作为研究对象。由于渗氮是从样品的表面渗入到内部,所以假设样品的最外层生成的是 VN,中心区域生成的是 V_6C_5,介于最外层和中心区域的为 V_2O_3。基于上述假设,利用仿真软件 COMSOL

Multiphysics v5.4 对样品的三维几何结构进行了仿真建模,如图 2.2 所示,它是由 126 331 个四面体网格组成的。仿真过程中用到的材料的物理性能参数见表 2.1。

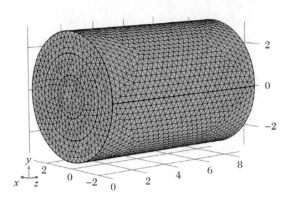

单位: mm

图 2.2　氮化阶段样品的几何建模

表 2.1　材料的物理性能

材料种类	两端电压/V	电导率/(S·m^{-1})
V_2O_3	6.6	482.287 8
V_6C_5	5.5	578.745 3
VN	5.0	636.619 8

电场–温度场耦合作用下进入稳定状态后样品的真实温度模拟仿真结果如图 2.3 所示。由仿真结果可知:整个样品自身温度最大值可达 1 420.90 ℃,高温区域主要分布在样品的中心区域;温度最小值为 1 310.17 ℃,低温区域主要分布在样品两端的边缘区域。样品的真实温度呈现出阶梯状,从中心区域温度向两端呈现出递减的趋势,样品的温度分布具有明显的不均匀性。实验发现,延长氮化时间并不能使 V_2O_3 的衍射峰完全消失,这是由于边缘部分的温度低,极少部分 V_2O_3 没有参与氮化反应造成的,但这仅仅是很少的一部分。

造成样品自身温度分布不均匀的主要原因是:在进入电场–温度场耦合状态后,样品自身的温度要高于周围环境温度,这就使得样品表面对周围环境产生辐射传热;此外,管内的 N_2 还会形成对流换热,导致样品的表面温度低于内部温度。在这种状态下,样品表面和内部就会产生温差,高温区域经过热传导就会向低温区域传递热量,使样品的真实温度从中间向两端递减分布。通过仿真还可以得出,样品温度分布的温差主要由材料的导热系数决定,导热系数与温差的大小成反比,即导热系数越大,温差越小,导热系数越小,温差越大。仿真模拟得到的温度范围达到氮化阶段所需的温度,仿真结果与实验结果和热力学分析的结果相吻合。

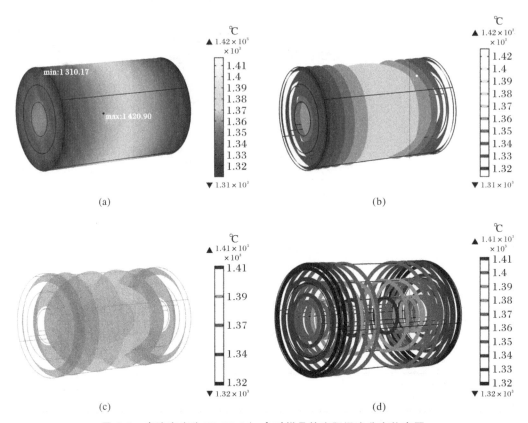

图 2.3　电流密度为 35.37 A/cm² 时样品的实际温度分布仿真图

(a)样品表面的实际温度分布;(b)样品表面的等温面分布;(c)样品的等温表面;(d)样品的等温线分布

2.3　电场−温度场耦合制备 C_3S 过程的温度场模拟

利用有限元方法,采用 COMSOL 软件模拟不同煅烧温度下样品的实际温度分布。

在电场和温度场的耦合作用下对样品进行加热。煅烧的初始阶段,样品的电阻率不断变化,导致样品两端的电压也发生变化。随着煅烧的进行,电压逐渐稳定。假设稳定状态下样品的电阻率是恒定的,利用稳态时的电压计算模拟样品的实际温度分布,结果如图 2.4 所示。

由图 2.4 可以看出,样品中心的温度最高,由内而外,温度逐渐降低。当煅烧炉温为 1 000 ℃、1 100 ℃和 1 200 ℃时,样品中心的温度都高于 1 600 ℃,而样品两端的温度为 1 330 ℃、1 360 ℃和 1 410 ℃。当煅烧炉温为 1 300 ℃和 1 400 ℃时,样品整体的温度分布都在 1 450 ℃以上,有利于 C_3S(3CaO・SiO₂)的烧成。

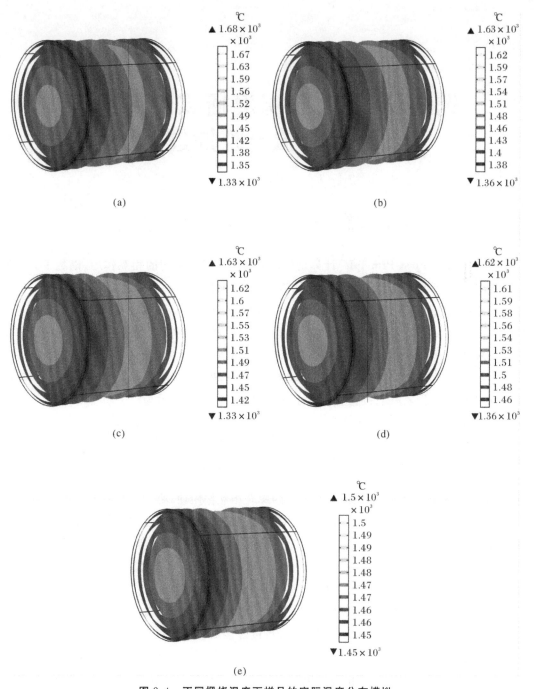

图 2.4　不同煅烧温度下样品的实际温度分布模拟

(a)1 000 ℃；(b)1 100 ℃；(c)1 200 ℃；(d)1 300 ℃；(e)1 400 ℃

第3章 电场-温度场耦合作用下 材料第一性原理计算

3.1 第一性原理计算的理论基础

第一性原理(First Principle)计算是根据电子与原子核之间的相互作用,以量子力学原理为基础,近似求解薛定谔(Schrödinger)方程的一种计算方法。广义的第一性原理一般包括从头计算法(abinitio method)和密度泛函理论(Density Functional Theory,DFT)两种计算方法。从头计算法一般没有经验参数,只需要一些基本的物理常量,就可以通过求解薛定谔方程来完成一些基本性质的计算。薛定谔方程的一般表达形式为

$$H\Psi(\mathbf{r},\mathbf{R})=E\Psi(\mathbf{r},\mathbf{R}) \tag{3.1}$$

式中:$\mathbf{r}$ 和 $\mathbf{R}$ 分别代表原子和电子的坐标;H 为哈密顿量,可表示为

$$H = -\sum_i \frac{\hbar^2}{2m_i}\nabla_i^2 + \sum_{i<j}\frac{e^2}{|r_i-r_j|} - \sum_I \frac{\hbar^2}{2M_I}\nabla_I^2 +$$
$$\sum_{I<J}\frac{e^2 Z_I Z_J}{|R_I-R_J|} - \sum_{I,i}\frac{e^2 Z_I}{|R_I-R_i|} \tag{3.2}$$

其中,第一项为电子动能,第二项是电子间的库仑相互作用项,第三项是原子核动能,第四项是原子核间的库仑相互作用项,第五项是电子与原子核的库仑相互作用项,下标的 i、j 和 I、J 分别代表电子和原子核。由于含有多个电子体系的求解比较困难,一般采用近似求解,主要的近似求解方法有 3 种,即绝热近似、单电子近似和非相对论近似。绝热近似也称为玻恩-奥本海默(Born-Oppenheimer)近似,由 Born 和 Oppenheime 在 1927 年提出。考虑到原子核的质量比电子的质量大 3 个数量级以上,原子核的运动速度远小于电子,因此,在求解电子运动方程的过程中假设原子核静止不动,将包含多原子核和电子的体系模型转化为较为简单的多电子体系模型。在此基础上,Hartree 和 Fock 提出了哈特里-福克(Hartree-Fock)近似,把复杂的多电子问题简化为单电子问题。Hartree-Fock 近似是单电子近似的一种,也称平均场近似,将其他电子近似地看作分布均匀的等势场并只考虑单电子的作用。非相对论近似就是在计算过程中忽略电子质量的相对论效应。

Hartree-Fock 近似以波函数为基本量进行计算,对于原子数量较少的体系可以直接进

行计算,而对于原子数量较多的体系,保持精度计算时计算量会非常大,而密度泛函理论
(Density Functional Theory,DFT)可以有效地解决此问题。密度泛函理论利用电子密度代
替波函数,将其他物理量作为电子密度的泛函,降低了计算的复杂性,减少了求解薛定谔方
程的计算量,简化了多电子问题,成为计算固体电子性质和结构的主要方法。密度泛函理论
的发展主要有 3 个阶段,即 Thomas-Fermi 模型的建立、Hohenberg-Kohn 定理的提出、
Kohn-Sham 方程的求解。1927 年,Thomas 和 Fermi 提出了利用电子密度取代波函数来描
述多电子体系的性质,Thomas-Fermi 模型以均匀自由电子气为前提,没有考虑到电子之间
的相互作用,因此计算的理论值与实验差别较大。1930 年,Dirac 以局域近似的方式将电子
之间的交换相互作用引入,形成了 Thomas-Fermi-Dirac 理论,但是这种方法忽略了一些物
理化学问题。Hohenberg-Kohn 定理包含两个基本定理。Hohenberg-Kohn 第一定理:从薛
定谔方程得到的基态能量是电子密度的唯一函数,即基态电子密度唯一决定了基态的所有
性质。Hohenberg-Kohn 第二定理:使整体泛函最小化的电子密度就是对应于薛定谔方程
完全解的真实电子密度。1965 年,Kohn 和 Sham 在 Hohenberg-Kohn 定理的基础上,提出
了用无相互作用的单电子体系代替有相互作用的多电子体系,并得到了 Kohn-Sham 方程。
相比 Hartree-Fock 方程,Kohn-Sham 方程给定了电子的交换关联泛函,而求解 Kohn-Sham
方程的关键也是确定交换关联泛函。

当前使用最广泛的交换关联函数主要有局域密度近似(Local Density Approximation,
LDA)和广义梯度近似(Generalized Gradient Approximation,GGA)。局域密度近似由
Thomas-Fermi 提出,是最早的交换关联泛函,Kohn-Sham 后来对其进行深化,并广泛地应
用于第一性原理的计算。局域密度近似以均匀电子气体系的交换相互作用泛函近似替换了
非均匀体系的泛函,可以应用于大多数体系的计算,但对于电子交换相关较强的体系不太适
用。考虑到电子密度的非均匀性,为了提高交换关联泛函的精度,在局域密度近似的基础上
提出了广义梯度近似,广义梯度近似引入了电子密度梯度泛函。广义梯度近似通常能够得
到比局域密度近似更精确的能量和结构。较为常见的广义梯度近似泛函形式有 Perdew-
Wang(PW91)和 Perdew-Burke-Ernerhof(PBE)等。

3.2　第一性原理在硅酸盐熟料矿物中的应用

第一性原理可以计算模拟材料微观体系中的状态和性质,从而预测和表征材料的性能
和结构。通过第一性原理计算模拟熟料各矿物的微观电子结构、弹性常数和热力学性能等,
可以研究外掺金属离子对熟料矿物的影响,预测其结构变化以及力学性能等。Ngoc 等人利
用密度泛函理论,交换关联泛函选取 GGA 下的 PBE-D2 方法,对熟料主要的 4 种矿物晶体
结构进行几何优化,结果如图 3.1 所示,计算得到的矿物晶格常数与实验数值相差 1%。他
们还对其力学性能、电子结构和热力学性能进行计算,验证了现有的模型,提高了材料设计
的可靠性。Wang 等人通过第一性原理的计算,研究了不同晶型的硅酸二钙电子结构与其水化

性能的关系,结果发现 α'_L-C_2S(C_2S 代表 $3CaO \cdot SiO_2$,下同)和 β-C_2S 晶体结构中存在电荷密度更大的活性氧原子,其价带顶的局部态密度集中分布在活性氧原子周围,而 γ-C_2S 中没有活性较大的氧原子,其局部态密度分散均匀,α'_L-C_2S 和 β-C_2S 中的活性氧原子容易吸收电子,因而水化性能较好。Yong 等人研究了 γ-C_2S 的碳化反应活性与其电子结构的关系,γ-C_2S 的亲电反应位点为 O 原子,亲核反应位点为 Ca 原子,外掺离子可以改变亲电反应位点,从而影响晶体中原子与原子之间键的强度,比如 Ba、P 和 F 元素可以降低 γ-C_2S 晶体中化学键的强度,有利于晶体中原子的溶解并参与碳化反应。Juhyuk 等人分别对 C_3A($3CaO \cdot Al_2O_3$)的弹性模量进行了实验测试和第一性原理计算,结果发现利用交换关联泛函计算的结果与实验测得的参数较为一致,这样计算得到的弹性系数和等温体积模量,有助于研究材料的基本结构和力学性能。Qi 等人采用第一性原理研究了 C_3A、七铝酸十二钙($Ca_{12}Al_{14}O_{33}$,$C_{12}A_7$)、二铝酸一钙($CaAl_4O_7$,CA_2)、六铝酸一钙($CaAl_{12}O_{19}$,CA_6)和三铝酸四钙($Ca_4Al_6O_{13}$,C_4A_3)等 10 种铝酸钙的晶体结构和电子性质,并计算了其体积模量、剪切模量、杨氏模量和泊松比,其中 C_3A、$C_{12}A_7$、CA、CA_6、C_2A、C_4A_3 的体积模量在 $79.37 \sim 197.25$ GPa 之间,剪切模量在 $42.11 \sim 102.81$ GPa 之间,杨氏模量在 $107.33 \sim 262.78$ GPa 之间,泊松比为 $0.25 \sim 0.28$。

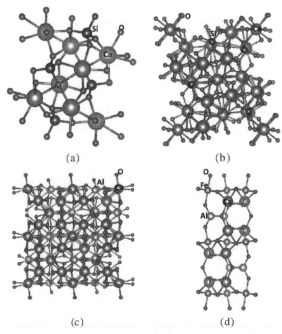

图 3.1　4 种水泥熟料主要矿物的晶体结构

(a)C_2S;(b)C_3S;(c)C_3A;(d)C_4AF

一般地,为了降低合成硅酸盐熟料的煅烧温度,或者为了改变其部分基本性能,会向硅酸盐熟料中掺入一些杂质离子。然而,部分杂质离子掺入量过少,熟料的结构和性能变化不易检测。因此,可以通过第一性原理计算外掺离子对熟料矿物晶体结构和性能的影响。夏中升等人研究发现,熟料煅烧过程中外掺的 MnO_2 可以降低 C_3A 的含量,提高 C_4AF 的含量,并加快 C_3S 的生成。通过第一性原理的计算,发现 Mn 与 4 种熟料矿物发生固溶的倾向

由低到高分别为 C_2S、C_3S、C_3A 和 C_4AF,在熟料矿物中的 Mn^{3+} 离子与 C_4AF 中的 Fe^{3+} 离子的电子结构非常相似,可以相互替换。与 Mn^{3+} 离子较为相似,在熟料煅烧过程中加入 CuO,Cu^{2+} 离子也容易取代 Fe^{3+} 离子,进入 C_4AF 晶体中形成固溶体。大部分 Zn^{2+} 离子也可以取代 Fe^{3+} 进入 C_4AF 晶体,产生的晶体结构变化不大,小部分 Zn^{2+} 离子会取代 Ca^{2+} 离子进入到硅酸盐矿物中。Saritas 等人采用密度泛函理论计算对比了掺杂 Mg、Al 和 Fe 前后 C_3S 的电子结构变化,分析了杂质对 C_3S 水化反应活性的影响,结果发现,引入杂质后的电荷点位可以钝化活性位置,从而降低 C_3S 水化反应活性。

3.3　水泥熟料中的氧化物与晶体矿物

水泥熟料主要的化学组成是 CaO、SiO_2、Fe_2O_3 和 Al_2O_3,在高温下由两种或两种以上的氧化物经化学反应生成多种矿物的集合体,主要包括 C_3S、C_2S、C_3A 和 C_4AF。C_2S 在 800 ℃ 左右开始形成,C_3A 和 C_4AF 一般在 900～1 100 ℃ 开始形成,生成 C_3S 较难,一般在 1 300～1 450 ℃。利用电场快速烧成技术制备水泥熟料时,一般都在 1 300 ℃ 以下施加电场,而此时样品中可能存在的氧化物和矿物组成有 CaO、SiO_2、Fe_2O_3、Al_2O_3、C_2S、C_3A 和 C_4AF。

(1)SiO_2 有 7 种晶型,包括 α-石英、β-石英、γ-鳞石英、β-鳞石英、α-鳞石英、α-方石英和 β-方石英,其中鳞石英结构特殊,没有添加剂的情况下很难形成,在高温下最常见的晶型为 α-石英。常见的 Fe_2O_3 的晶型有 α-Fe_2O_3、β-Fe_2O_3 和 γ-Fe_2O_3,此外还有 ε-Fe_2O_3、δ-Fe_2O_3 和 η-Fe_2O_3,而 α-Fe_2O_3 是包含 Fe^{2+} 和 Fe^{3+} 化合物热分解或热转换的最终产物。Al_2O_3 有多种晶型,除了热力学稳定的 α-Al_2O_3 外,还有 γ 型、η 型、κ 型、χ 型和 θ 型等十几种热力学不稳定的过渡晶型,随着温度的升高,这些晶型最终都会转变为 α-Al_2O_3。

(2)C_2S 的矿物晶体结构主要有 5 种晶型,即 α-C_2S、$α'_H$-C_2S、$α'_L$-C_2S、β-C_2S 和 γ-C_2S。C_2S 的主要晶型是 β 型,在室温下稳定的晶型是 γ 型,高温煅烧的过程会出现 α、$α'_H$ 和 $α'_L$ 型,但在冷却后通常都会转变为 β 型,1 160 ℃ 时,$α'_L$ 型会转变为 $α'_H$ 型,而 $α'_H$ 型会在 1 425 ℃ 时转化为 α 型。

(3)C_3A 属于立方晶体,由四面体 AlO_4 和八面体 CaO 组成,C_4AF 为斜方晶系,由四面体 FeO_4、八面体 CaO 和十二面体 AlO_8 构成。

由于在高温下部分晶体会发生晶型转变,因此,对于存在多种晶型的 SiO_2、Fe_2O_3、Al_2O_3 和 C_2S,选择 α-石英、α-Fe_2O_3、α-Al_2O_3 和 $α'_H$-C_2S 为研究对象。

在电场作用下,晶体结构会发生变化,键长和键角改变,晶体的对称性下降,晶格发生畸变,从而降低晶体结构的稳定性,提高其反应活性。

采用第一性原理的方法,使用 Materials Studio 软件分别对 CaO、SiO_2、Fe_2O_3、Al_2O_3、C_2S、C_3A 和 C_4AF 的晶体结构和电子结构进行计算分析,并研究电场对其结构性能的影响。

3.4 氧化物晶体结构模型

3.4.1 结构模型

CaO、SiO_2、Fe_2O_3、Al_2O_3、C_2S、C_3A 和 C_4AF 的晶体结构均来自 Materials Project 软件。这 7 种晶体结构的具体参数见表 3.1。

表 3.1 7 种晶体结构的参数

材料	编号	晶系	点群	晶格常数
CaO	mp-2605	立方体	$m\bar{3}m$	$a=b=c=3.422$ Å
SiO_2	mp-6922	六角形	622	$a=b=5.106$ Å，$c=5.590$ Å
Fe_2O_3	mp-19770	三角形	$\bar{3}m$	$a=b=c=5.495$ Å
Al_2O_3	mp-755483	三角形	3m	$a=b=c=6.092$ Å
C_2S	mp-4481	正交晶系	mmm	$a=5.124$ Å，$b=6.809$ Å，$c=11.344$ Å
C_3A	mp-640266	cubic	$m\bar{3}m$	$a=b=c=7.668$ Å
C_4AF	mp-1257214	正交晶系	mm2	$a=b=c=8.237$ Å

注：1 Å$=10^{-10}$ m。

CaO、SiO_2、Fe_2O_3、Al_2O_3、C_2S、C_3A 和 C_4AF 的晶体结构如图 3.2 所示。

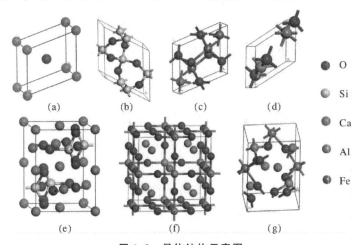

图 3.2 晶体结构示意图

(a)CaO；(b)SiO_2；(c)Fe_2O_3；(d)Al_2O_3；(e)C_2S；(f)C_3A；(g)C_4AF

3.4.2 计算方法

采用 Materials Studio 8.0 中的 CASTEP 模块，使用平面波赝势法，选广义梯度近似 GGA 下的 PBE 泛函对晶体的电子结构进行计算。

3.5　电场作用下晶体的电子性质

3.5.1　晶体结构变化

在外加电场的作用下,分子会发生一系列的物理化学变化。电子从基态跃迁到激发态,使得材料的性质发生改变,分子在电场作用下产生许多能量较高的次级电子和分子激发态,这些激发态和次级电子发生一系列化学物理变化,例如化学键的断裂、新的自由基和激发态的生成等。当外加电场 E 分别为 0 V/Å、0.5 V/Å、1 V/Å、1.5 V/Å 和 2 V/Å 时,CaO、SiO_2、Fe_2O_3、Al_2O_3、C_2S、C_3A 和 C_4AF 晶体结构中的电子密度差分如图 3.3 所示。由图中可以看出,无外加电场时,晶体中的电子云主要分布在 O 原子周围。在电场作用下,O 原子周围的电子云在外加电场 x 轴的方向上发生了移动,电场强度越大,移动的距离越远。为了更具体地反映晶体原子间的电荷转移情况,对晶体中的 Mulliken 电子布居数进行分析。

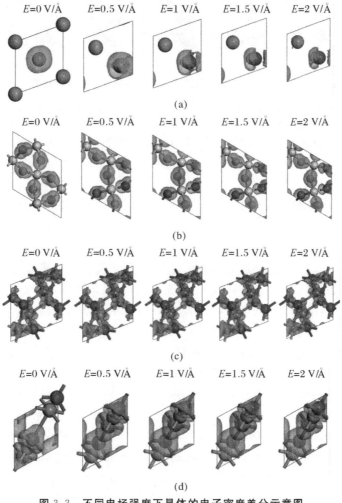

图 3.3　不同电场强度下晶体的电子密度差分示意图

(a)CaO;(b)SiO_2;(c)Fe_2O_3;(d)Al_2O_3

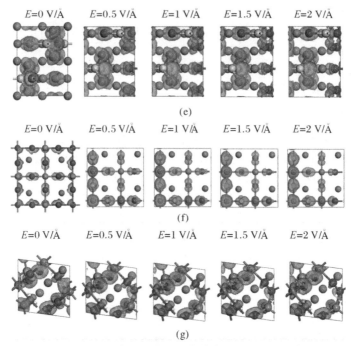

续图 3.3　不同电场强度下晶体的电子密度差分示意图

(e)C_2S；(f)C_3A；(g)C_4AF

由于 SiO_2、Fe_2O_3、Al_2O_3、C_2S、C_3A 和 C_4AF 晶体中的原子数较多,为了方便分析,选取晶体中具有代表性的部分原子来计算其 Mulliken 电子布居数。图 3.4 所示是不同电场下 CaO、SiO_2、Fe_2O_3、Al_2O_3、C_2S、C_3A 和 C_4AF 晶体中部分原子的 Mulliken 电子布居数随外加电场强度的变化。

由图 3.4(a)可以看出,O 原子的电子布居数随着外加电场的增强而增大,而 Ca 原子的电子布居数随着外加电场的增大而减小。布居数为负,代表原子携带电子,带负电荷;布居数为正,原子带正电荷。

由图 3.3 也可以看出,在外加电场的作用下,O 原子周围的电子发生定向移动,从而导致其周围的电子数量减少,其布居数减小,当无电场时,O 原子的布居数为 $-1.04e$,随着外加电场强度的增大,定向移动的电子数量增加,O 周围的电子数量减少,O 原子的布居数减小。当电场强度为 1 V/Å 时,布居数为 $-0.99e$,当电场强度为 2 V/Å 时,布居数为 $-0.94e$。当部分电子远离 O 原子时,相对就会靠近 Ca 原子,这使得 Ca 原子周围的电子数增多,其布居数减小,电场强度越大,Ca 原子的布居数越小。

无电场时,Ca 原子的布居数为 $1.04e$;电场强度为 1 V/Å 时,布居数为 $0.99e$;电场强度为 2 V/Å 时,布居数为 $0.94e$。O–Ca 键的布居数也随着电场强度的增大而增大,布居数越大,说明 O–Ca 键中的共价键成分越多,而布居数越小,说明 O–Ca 键中的离子键成分越多。

在外加电场的作用下,电子发生定向移动,部分 O 原子因为周围的电子移出,其所带的负电荷减少;部分 Si 原子因为周围的电子移出,其所带正电荷增加;部分 O 原子因为周围的电子移入,其所带的负电荷增加;部分 Si 原子因为周围的电子移入,所带正电荷减少。随着电场强度的增加,电子移动的距离增加,O 原子和 Si 原子所带电荷的变化幅度也增加。由

图 3.4(b)可以看出,O1 原子和 Si1 原子的布居数都随着电场强度的增加而增大,O5 原子和
Si3 原子的布居数则是随着电场强度的增加而减小。随着电场强度的增大,O3 – Si3 键的布居
数增大,O6 – Si3 键的布居数减小。O3 – Si3 键的布居数增大,说明其中的共价键成分逐渐增多,
离子键成分减小。O6 – Si3 键的布居数减少,则说明其中的离子键成分增加,共价键成分减少。

由图 3.4(c)～(g)可以看出,Fe_2O_3、Al_2O_3、C_2S、C_3A 和 C_4AF 晶体中的不同原子的布
居数都存在着随着电场强度的增大而增大,或者随着电场强度的增大而减小的趋势,原子与
原子之间键的布居数也存在着这两种变化趋势。

小部分原子和原子的成键的布居数没有变化,例如 Fe_2O_3 晶体中的 O1 – Fe4 键在不同
电场强度下的布居数都为 0.33e,C_2S 晶体中 O13 – Ca8 键的布居数为 0.14e,C_4AF 晶体中
O9 – Fe1 键的布居数为 0.39e,C_3A 晶体中 Al13 的布居数为 1.36e。

无外加电场时,晶体内部原子和原子之间成键的布居数分布较为对称,例如,C_2S 中 O1
和 O2 的布居数都为 −1.11e,Si1 和 Si2 的布居数为 1.91e,Ca1 和 Ca2 的布居数为 1.28e。
当电场强度为 0.5 V/Å 时,O1、O2、Si1、Si2、Ca1 和 Ca2 的布居数分别为 −1.11e、−1.08e、
1.84e、1.93e、1.30e 和 1.23e,晶体内部原子的布居数分布出现不对称性。当电场强度为
2 V/Å 时,O1、O2、Si1、Si2、Ca1 和 Ca2 的布居数分别为 −1.12e、−0.96e、1.63e、1.98e、
1.35e 和 1.06e,随着电场强度的增大,晶体中原子的布居数分布不对称性增强。

晶体中原子之间成键的布居数分布对称性也随着电场强度的增大而减弱。当电场强度
为 0 时,C_2S 中 O14 – Si3、O1 – Si3 和 O3 – Si1 键的布居数都为 0.55e,O9 – Ca4 和 O10 –
Ca3 的布居数为 0.15e。当电场强度分别为 0.5 V/Å、1.0 V/Å、1.5 V/Å 和 2.0 V/Å 时,
O14 – Si3 键的布居数分别为 0.61e、0.66e、0.72e 和 0.77e,O14 – Si3 键的布居数分别为
0.61e、0.66e、0.72e 和 0.77e,O1 – Si3 键的布居数分别为 0.55e、0.54e、0.52e 和 0.50e,
O3 – Si1 键的布居数分别为 0.56e、0.56e、0.55e 和 0.55e,O9 – Ca4 键的布居数分别为
0.17e、0.18e、0.19e 和 0.21e,O10 – Ca3 键的布居数分别为 0.14e、0.14e、0.13e 和 0.13e。

对于其他 6 种晶体,当电场强度越大时,其内部原子和原子之间成键的布居数对称性也
都下降,原子周围的电子分布不均匀,从而导致其结构不稳定。在电场作用下,原子之间成
键的布居数不断变化,键内的共价键成分和离子键成分也不断发生变化,从而影响原子之间
的成键稳定性。

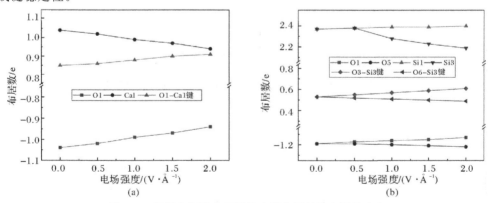

图 3.4　不同电场强度下晶体中部分原子的布居数分布

(a)CaO;(b)SiO₂

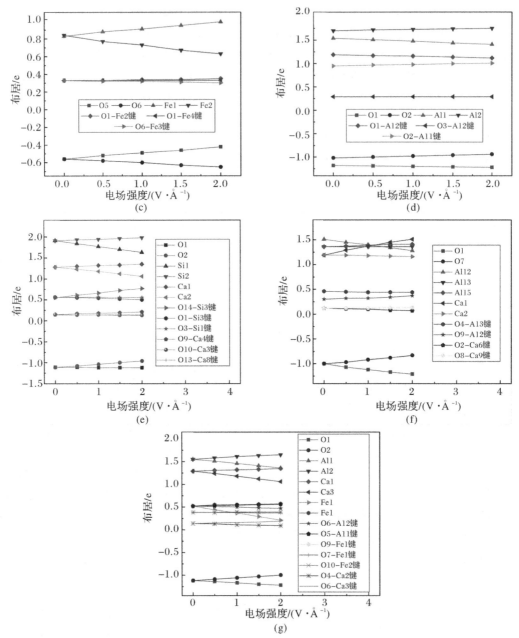

续图 3.4　不同电场强度下晶体中部分原子的布居数分布

(c)Fe$_2$O$_3$;(d)Al$_2$O$_3$;(e)C$_2$S;(f)C$_3$A;(g)C$_4$AF

3.5.2　能带变化

CaO、SiO$_2$、Fe$_2$O$_3$、Al$_2$O$_3$、C$_2$S、C$_3$A 和 C$_4$AF 在不同电场下的能带结构如图 3.5 所示。由图可以看出,在电场作用下,CaO、SiO$_2$、Al$_2$O$_3$、C$_2$S、C$_3$A 和 C$_4$AF 的导带向下移动,随着电场强度的增大,导带向下移动的幅度增大,越来越靠近费米能级,导带与价带之间的间隙减小。当电场强度足够大时,部分能带线会穿过费米能级,能带结构表现为金属性,晶体从而容易导电。图 3.6 是 CaO、SiO$_2$、Fe$_2$O$_3$、Al$_2$O$_3$、C$_2$S、C$_3$A 和 C$_4$AF 的能隙随电场强度的变化。由图可以看出,随着电场强度的增加,CaO、SiO$_2$、Al$_2$O$_3$、C$_2$S、C$_3$A 和 C$_4$AF 的能隙呈线性下降。以 CaO 为例,无外加电场时,其能隙为 3.639 eV,当电场强度为 0.5 V/Å、1.0 V/Å、1.5 V/Å 和 2.0 V/Å 时,CaO 的能隙分别为 3.471 eV、3.294 eV、3.114 eV 和 2.930 eV。能隙变窄,意味着较低的能量就可以使电子从价带跃迁到导带,并产生电子空穴。当电场作用于带电粒子时,电子被加速,通过碰撞将动量传递给中性分子。带电离子和中性分子的加速碰撞也会增加扩散通量,从而加速各个物质之间的化学反应速率。能隙的减小也说明轨道间的相互作用变弱,体系中原子间的化学键强度降低,容易被破坏,从而促进物质之间的化学反应。

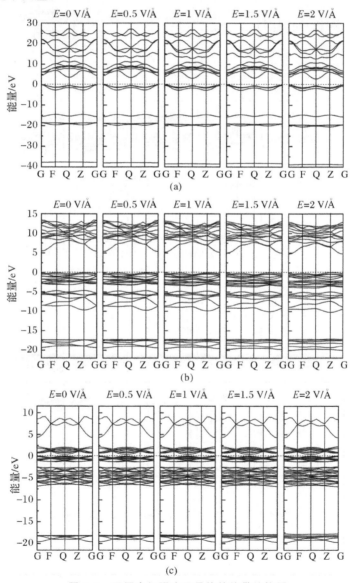

图 3.5　不同电场强度下晶体的能带结构图

(a)CaO;(b)SiO$_2$;(c)Fe$_2$O$_3$

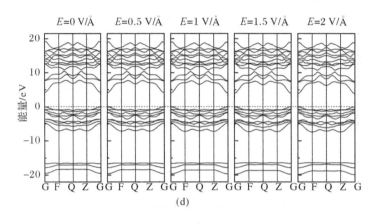

(d)

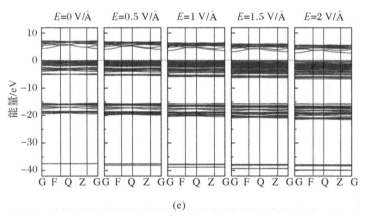

(e)

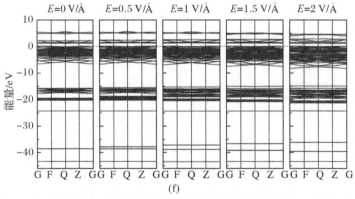

(f)

续图 3.5　不同电场强度下晶体的能带结构图

(d)Al_2O_3；(e)C_2S；(f)C_3A

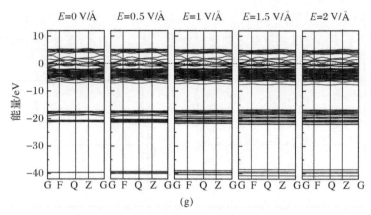

续图 3.5 不同电场强度下晶体的能带结构图

(g)C$_4$AF

由图 3.6 可以看出,CaO、SiO$_2$ 和 C$_2$S 的能隙相对较高,无电场作用时,其能隙分别为 3.639 eV、5.462 eV 和 4.319 eV,而熔剂性矿物 Fe$_2$O$_3$、Al$_2$O$_3$ 与 CaO 反应生成的 C$_4$AF 和 C$_3$A 的能隙分别为 0.170 5 eV 和 1.375 eV,远小于 3.639 eV、5.462 eV 和 4.319 eV。当煅烧温度超过 1 000 ℃时,样品中的主要矿物组成有 CaO、SiO$_2$、C$_2$S、C$_4$AF 和 C$_3$A。熟料配比中的熔剂性矿物 Fe$_2$O$_3$ 和 Al$_2$O$_3$ 含量越低,在 1 000 ℃以上,C$_4$AF 和 C$_3$A 的含量就越高,CaO、SiO$_2$ 和 C$_2$S 的含量相对减小,样品就越容易导电。

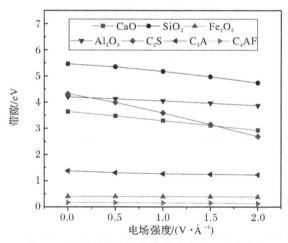

图 3.6 不同晶体结构的带隙随电场强度的变化

3.5.3 态密度变化

CaO、SiO$_2$、Fe$_2$O$_3$、Al$_2$O$_3$、C$_2$S、C$_3$A 和 C$_4$AF 在不同电场下的态密度如图 3.7 所示。从图中可以看出,在电场作用下,导带总体的态密度都向着费米面移动,这也说明了物质的能隙随着电场强度的增大而变窄的结果。下价带的态密度则是随着电场强度的增大逐渐远离费米面,并且其相对强度逐渐减小,说明原子之间的作用力减弱,晶体结构不稳定。其中,部分物质的态密度峰发生了劈裂,出现了新的峰,例如 C_2S、C_3A 和 C_4AF 中的一些原子。上价带的态密度几乎不随着电场强度的变化而变化。从总体上看,在外电场的作用下,物质的态密度向低能端偏移,与能带结构的变化一致。

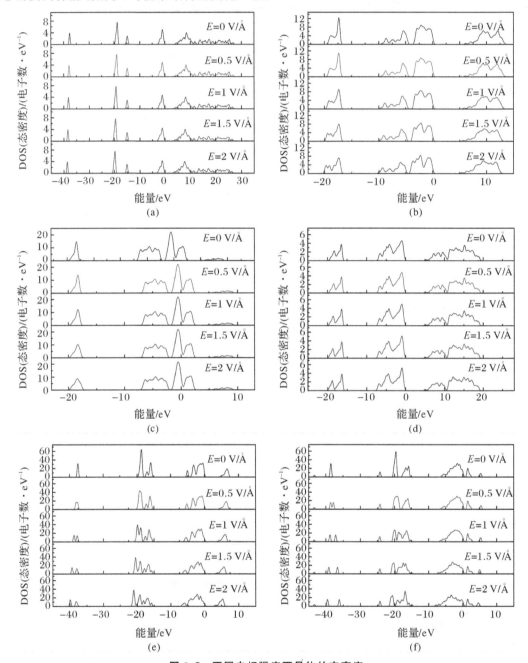

图 3.7　不同电场强度下晶体的态密度

(a)CaO;(b)SiO_2;(c)Fe_2O_3;(d)Al_2O_3;(e)C_2S;(f)C_3A;

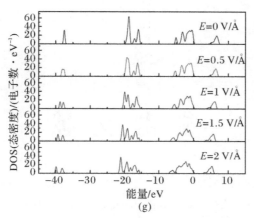

续图 3.7　不同电场强度下晶体的态密度

(g)C_4AF

3.6　第一性原理计算小结

本章采用第一性原理的方法,使用 Materials Studio 软件分别对 CaO、SiO_2、Fe_2O_3、Al_2O_3、C_2S、C_3A 和 C_4AF 的晶体结构和电子结构进行了计算分析,并研究了电场对其结构性能的影响。主要结论如下:

(1)在外加电场的作用下,晶体中 O 原子周围的电子会沿着电场方向移动,电场强度越大,移动的距离越远。晶体内部原子之间,以及原子与原子之间的键的布居数发生改变,从而影响晶体结构的稳定性。

(2)在电场作用下,晶体中的导带向下移动。随着电场强度的增大,导带离费米能级越来越近,能隙呈线性减小,原子内部的电子更容易从价带跃迁到导带,使晶体导电。

(3)无外加电场时,CaO、SiO_2 和 C_2S 的能隙分别为 3.639 eV、5.462 eV 和 4.319 eV,C_4AF 和 C_3A 的能隙分别为 0.170 5 eV 和 1.375 eV,远小于 CaO、SiO_2 和 C_2S 的能隙,SM(硅率)值越低,熟料中 C_4AF 和 C_3A 的含量越高,样品越容易导电。

(4)在电场作用下,导带的态密度向着费米面移动。下价带的态密度则是随着电场强度的增大逐渐远离费米面,并且其相对强度逐渐减小。其中,部分物质的态密度峰发生了劈裂,出现了新的峰。

参 考 文 献

[1] RICADO H R,CASTRO,VAN BENTHEM K. Sintering mechanisms of convention nanodensification and field assisted processes [M]. Berlin: Springer-Verlag Berlin Heidelberg,2013.

[2] 刘金铃,刘佃光,任科,等.氧化物陶瓷闪烧机理及其应用研究进展[J].无机材料学报, 2022,37(5):473－480.

[3] 苏兴华,吴亚娟,安盖,等.陶瓷材料闪烧机理研究进展[J].硅酸盐学报,2020,48(12): 1872－1879.

[4] 傅正义,季伟,王为民.陶瓷材料闪烧技术研究进展[J].硅酸盐学报,2017,45(9):1211－1219.

[5] COLOGNA M,RASHKOVA B,RAJ R. Flash sintering of nanograin zirconia in ＜5 s at 850℃[J]. J Am Ceram Soc,2010,93(11):3556－3559.

[6] YOSHIDA H,SAKKA Y,YAMAMOTO T,et al. Densification behaviour and micro-structural development in undoped yttria prepared by flash-sintering[J]. J Eur Ceram Soc,2014,34(4):991－1000.

[7] JHA S K,TERAUDS K,LEBRUN J M,et al. Beyond flash sintering in 3 mol% yttria stabilized zirconia[J]. J Ceram Soc Jpn,2016,124(4):283－288.

[8] MUCCILLO R,MUCCILLO E N S. Light emission during electric field-assisted sintering of electro ceramics[J]. J Eur Ceram Soc,2015,35(5):1653－1656.

[9] SU X,BAI G,JIA Y,et al. Flash sintering of lead zirconate titanate (PZT) ceramics: influence of electrical field and current limit on densification and grain growth[J]. J Eur Ceram Soc,2018,38(10):3489－3497.

[10] DU Y,STEVENSON A J,VERNAT D,et al. Estimating Joule heating and ionic conductivity during flash sintering of 8YSZ[J]. J Eur Ceram Soc,2016,36(3):749－759.

[11] BARAKI R,SCHWARZ S,GUILLON O,et al. Effect of electrical field/current on sintering of fully stabilized zirconia[J]. J Am Ceram Soc,2012,95(1):75－78.

[12] COLOGNA M,PRETTE A L G,RAJ R,et al. Flash-sintering of cubic yttria-stabilized zirconia at 750℃ for possible use in SOFC manufacturing[J]. J Am Ceram Soc,2011,94(2):316－319.

[13] FRANCIS J S C,RAJ R. Flash-sinter forging of nanograin zirconia: field assisted sintering and superplasticity[J]. J Am Ceram Soc,2012,95(1):138－146.

[14] PARK J,CHEN I W. In situ thermometry measuring temperature flashes exceeding 1700 ℃ in 8 mol% Y_2O_3-stablized zirconia under constant-voltage heating[J]. J Am Ceram Soc,2013,96(3):697－700.

[15] LEBRUN J M,JHA S K,MCCORMACK S J,et al. Broadening of diffraction peak widths and temperature nonuniformity during flash experiments[J]. J Am Ceram Soc,2016,99(10):3429－3434.

[16] AKDOGAN E K,ŞAVKLIYILDIZ İ,BIÇER H,et al. Anomalous lattice expansion in yttria stabilized zirconia under simultaneous applied electric and thermal fields: a time-resolved in situ energy dispersive x-ray diffractometry study with an ultrahigh energy synchrotron probe[J]. J Appl Phys,2013,113(23):233503.

[17] GRASSO S,SAKKA Y,RENDTORFF N,et al. Modeling of the temperature distribution of flash sintered zirconia[J]. J Ceram Soc Jpn,2011,119(2):144－146.

[18] YANG D,RAJ R,CONRAD H,et al. Enhanced sintering rate of zirconia (3Y-TZP) through the effect of a weak dc electric field on grain growth[J]. J Am Ceram Soc,2010,93(10):2935－2937.

[19] DONG Y,CHEN I W. Onset criterion for flash sintering[J]. J Am Ceram Soc,2015,98(12):3624－3627.

[20] ZHANG Y,JUNG J I,LUO J,et al. Thermal runaway,flash sintering and asymmetrical microstructural development of ZnO and ZnO-Bi_2O_3 under direct currents[J]. Acta Mater,2015,94:87－100.

[21] TODD R I,ZAPATA-SOLVAS E,BONILLA R S,et al. Electrical characteristics of flash sintering:thermal runaway of Joule heating[J]. J Eur Ceram Soc,2015,35(6):1865－1877.

[22] BIESUZ M,LUCHI P,QUARANTA A,et al. Photoemission during flash sintering:an interpretation based on thermal radiation[J]. J Eur Ceram Soc,2017,37(9):3125－3130.

[23] COLOGNA M,FRANCIS J S C,RAJ R. Field assisted and flash sintering of alumina and its relationship to conductivity and MgO-doping[J]. J Eur Ceram Soc,2011,31(15):2827－2837.

[24] FRANCIS J S C,COLOGNA M,RAJ R. Particle size effects in flash sintering[J]. J Eur Ceram Soc,2012,32(12):3129－3136.

[25] FRANCIS J S C,RAJ R. Influence of the field and the current limit on flash sintering at isothermal furnace temperatures[J]. J Am Ceram Soc,2013,96(9):2754－2758.

[26] NAIK K S,SGLAVO V M,RAJ R,et al. Flash sintering as nucleation phenomenon and a model thereof[J]. J Eur Ceram Soc,2014,34(15):4063－4067.

[27] LEBRUN J M,MORRISSEY T G,FRANCIS J S C,et al. Emergence and extinction of a new phase during on-off experiments related to flash sintering of 3YSZ[J]. J Am Ceram Soc,2015,98(5):1493－1497.

[28] LEBRUN J M, HELLBERG C S,JHA S K,et al. In-situ measurements of lattice

expansion related to defect generation during flash sintering[J]. J Am Ceram Soc, 2017,100(11):4965 – 4970.

[29] YOON B,YADAV D,RAJ R,et al. Measurement of O and Ti atom displacements in TiO$_2$ during flash sintering experiments[J]. J Am Ceram Soc,2018,101(5):1811 – 1817.

[30] M'PEKO J C,FRANCIS J S C,RAJ R,et al. Impedance spectroscopy and dielectric properties of flash versus conventionally sintered yttria-doped zirconia electroceramics viewed at the microstructural level[J]. J Am Ceram Soc,2013,96(12):3760 – 3767.

[31] JIA Y,SU X,WU Y,et al. Fabrication of lead zirconate titanate ceramics by reaction flash sintering of PbO-ZrO$_2$-TiO$_2$ mixed oxides[J]. J Eur Ceram Soc,2019,39(13): 3915 – 3919.

[32] WU Y,SU X,AN G,et al. Dense Na$_{0.5}$ K$_{0.5}$ NbO$_3$ ceramics produced by reactive flash sintering of Na NbO$_3$-KNbO$_3$ mixed powders[J]. Scr Mater,2020,174(1):49 – 52.

[33] SHI P,QU G,CAI S,et al. An ultrafast synthesis method of LiNi(1/3) Co(1/3) Mn (1/3) O$_2$ cathodes by flash/field-assisted sintering[J]. J Am Ceram Soc,2018,101 (9):4076 – 4083.

[34] LI J,CHO J,DING J,et al. Nanoscale stacking fault-assisted room temperature plasticity in flash-sintered TiO$_2$[J]. Sci Adv,2019,5(9):5519.

[35] CHO J,LI Q,WANG H,et al. High temperature deformability of ductile flash-sintered ceramics via in-situ compression[J]. Nat Commun,2018,9(1):2063.

[36] FRENKEL J. On pre-breakdown phenomena in insulators and electronic semi-conductors[J]. Phys Rev,1938,54(8):647 – 648.

[37] SCHIE M,MENZEL S,ROBERTSON J,et al. Field-enhanced route to generating anti-Frenkel pairs in HfO$_2$[J]. Phys Rev Mater,2018,2(3):35002.

[38] JONGMANNS M,RAJ R,WOLF D E,et al. Generation of frenkel defects above the debye temperature by proliferation of phonons near the brillouin zone edge[J]. New J Phys,2018,20(9):093013.

[39] JONGMANNS M,WOLF D E. Element-specific displacements in defect-enriched TiO$_2$:indication of a flash sintering mechanism[J]. J Am Ceram Soc,2020,103(1): 589 – 596.

[40] MALDONADO P,CARVA K,FLAMMER M,et al. Theory of out-of-equilibrium ultrafast relaxation dynamics in metals[J]. Phys Rev B,2017,96(17):174439.

[41] CHAIM R,ESTOURNÈS C. Effects of the fundamental oxide properties on the electric field-flash temperature during flash sintering[J]. Scr Mater,2019,163:130 – 132.

[42] CHAIM R. Relations between flash onset-,Debye-,and glass transition temperature in flash sintering of oxide nanoparticles[J]. Scr Mater,2019,169:6 – 8.

[43] YADAV D,RAJ R. Two unique measurements related to flash experiments with yttria-stabilized zirconia[J]. J Am Ceram Soc,2017,100(12):5374 – 5378.

[44] DOWNS J A. Mechanisms of flash sintering in cubic zirconia[D]. Trento:University

of Trento,2013.

[45] NARAYAN J. A new mechanism for field-assisted processing and flash sintering of materials[J]. Scr Mater,2013,69(2):107 – 111.

[46] QIN W, MAJIDI H, YUN J, et al. Electrode effects on microstructure formation during FLASH sintering of yttrium-stabilized zirconia[J]. J Am Ceram Soc,2016,99 (7):2253 – 2259.

[47] CALIMAN L B, BICHAUD E, SOUDANT P, et al. A simple flash sintering setup under applied mechanical stress and controlled atmosphere[J]. MethodsX,2015,2: 392 – 398.

[48] CALIMANA L B, BOUCHET R, GOUVEA D, et al. Flash sintering of ionic conductors:the need of a reversible electrochemical reaction[J]. J Eur Ceram Soc,2016,36 (5):1253 – 1260.

[49] BIESUZ M, SGLAVO V M. Flash sintering of alumina:effect of different operating conditions on densification[J]. J Eur Ceram Soc,2016,36(10):2535 – 2542.

[50] KIM S W, KIM S G, JUNG J L, et al. Enhanced grain boundary mobility in yttria-stabilized cubic zirconia under an electric current[J]. J Am Ceram Soc,2011,94(12): 4231 – 4238.

[51] MISHRA T P, NETO R R I, SPERANZA G, et al. electronic conductivity in gadolinium doped ceria under direct current as a trigger for flash sintering[J]. Scr Mater,2020, 179:55 – 60.

[52] MUCCILLO R, KLEITZ M, MUCCILLO E N S, et al. Flash grain welding in yttria stabilized zirconia[J]. J Eur Ceram Soc,2011,31(8):1517 – 1521.

[53] MUCCILLO R, MUCCILLO E N S, KLEITZ M, et al. Ensification and enhancement of the grain boundary conductivity of gadolinium-doped barium cerate by ultra fast flash grain welding[J]. J Eur Ceram Soc,2012,32(10):2311 – 2316.

[54] YOSHIDA H, UEHASHI A, TOKUNAGA T, et al. Formation of grain boundary second phase in BaTiO$_3$ polycrystal under a high DC electric field at elevated temperatures[J]. J Ceram Soc Jpn,2016,124(4):388 – 392.

[55] SERRAZINA R, DEAN J S, REANEY I M, et al. Mechanism of densification in low-temperature FLASH sintered lead – free potassium sodium niobate (KNN) piezoelectrics[J]. J Mater Chem C,2019,45(7):14334 – 14341.

[56] HOLLAND T B, ANSELMI-TAMBURINI U, QUACH D V, et al. Effects of local Joule heating during the field assisted sintering of ionic ceramics[J]. J Eur Ceram Soc,2012,32(14):3667 – 3674.

[57] JI W, PARKER B, FALCO S, et al. Ultra-fast firing:effect of heating rate on sintering of 3YSZ,with and without an electric field[J]. J Eur Ceram Soc,2017,37(6):2547 – 2551.

[58] ZHANG Y, NIE J, CHAN J M, et al. Probing the densification mechanisms during flash sintering of ZnO[J]. Acta Mater,2017,125(6):465 – 475.

[59] CHARALAMBOUS H，JHA S K，PHUAH X L，et al. In situ measurement of temperature and reduction of rutile titania using energy dispersive x-ray diffraction [J]. J Eur Ceram Soc，2018，38(16)：5503－5511.

[60] 丁禹. 微波场对不同晶型氧化铝性质的影响[D]. 北京：中国石油大学，2020.

[61] 潘晓林，裴健男，张灿，等. 含钠硅酸二钙烧结过程矿相转变行为[J]. 中国有色金属学报，2020，30(9)：2136－2143.

[62] AHMED M J，SCHOLLBACH K，LAAN S，et al. A quantitative analysis of dicalcium silicate synthesized via different sol-gel methods[J]. Materials & Design，2022，213：110329.

[63] 赵旻. 铝酸三钙在水体中对无机阴离子的去除行为及机理研究[D]. 南昌：南昌大学，2014.

[64] 田键，徐海军，危涛，等. 利用 EBSD 研究 C4AF 的晶体结构[J]. 硅酸盐通报，2012，31(5)：1328－1331.

[65] 刘晨曦，庞国旺，潘多桥，等. 电场对 GaN/g-C$_3$N$_4$ 异质结电子结构和光学性质影响的第一性原理研究[J]. 物理学报，2022，71(9)：097301.

[66] 吕文静，刘玉芳，朱遵略，等. 外电场作用下二氧化硅分子的光激发特性研究[J]. 物理学报，2009，58(5)：3058－3063.

[67] 曹欣伟，任杨，刘慧，等. 强外电场作用下 BN 分子的结构与激发特性[J]. 物理学报，2014，63(4)：91－96.

[68] 崔洋，李静，张林. 外加横向电场作用下石墨烯纳米带电子结构的密度泛函紧束缚计算[J]. 物理学报，2021，70(5)：053101.

[69] JIANG X Z，FENG M，ZENG W，et al，Study of mechanisms for electric field effects on ethanol oxidation via reactive force field molecular dynamics[J]. P Combust Inst，2019，37(4)：5525－5535.

第二篇

电场-温度场耦合制备氮化钒

【摘要】氮化钒作为一种新型合金添加剂,可替代钒铁用于微合金化钢的生产。与使用钒铁相比,使用氮化钒可节约 20%～40% 钒的用量。

传统氮化钒的合成方法主要有真空法和非真空法两种。能耗高、窑炉使用寿命短、二氧化碳排放量大等都是现有氮化钒生产所面临的主要问题。

本书首次采用电场-温度场耦合技术,研究了室温下 V_2O_5 向 V_2O_3 的还原过程,研究结果如下:

(1)以 V_2O_5 和还原剂炭粉为原料,在室温、真空度 10 Pa、配碳比为 0.14、电流密度为 70.74 A/cm^2 的条件下预还原 1 h 后,在电流密度为 106.10 A/cm^2 条件下还原 1 h,可使样品中 V_2O_5 还原为 V_2O_3,还原率达到 98.02%。

(2)以钒氮合金生产厂家的混合料为原料,采用电场-温度场耦合技术,在 900 ℃炉温和 0.12 MPa 氮气压力条件下合成了氮化钒,在炉温 900 ℃和电流密度 35.37 A/cm^2 条件下氮化 4 h 可制备出 VN,样品中氮元素含量为 17.99%(质量分数,下同),碳元素含量为 1.76%;当电流密度超过 35.37 A/cm^2 时,样品中 VN 开始转变为 VC 或 $V(N_{1-x}C_x)$ 固溶体,样品中氮元素含量开始下降,碳元素含量开始增加。

(3)在 0.12 MPa 氮气环境中,设置 3 种耦合条件:炉温为 1 200 ℃时,电流密度不小于 42.44 A/cm^2;炉温为 1 250 ℃时,电流密度不小于 35.37 A/cm^2;炉温为 1 300 ℃时,电流密度不小于 28.29 A/cm^2。以上 3 种耦合条件下烧结 1 h 均可获得表观密度大于国家标准《钒氮合金》(GB/T 20567—2006)要求的 3.00 g/cm^3 的钒氮合金。电流密度和炉温对样品表观密度的影响较大,随着炉温的升高,达到最低表观密度 3.00 g/cm^3 所需的电流密度逐渐减小。试样可在 1 h 内完成烧结过程,进一步延长烧结时间对样品表观密度影响较小。

【关键词】氮化钒;电场-温度场耦合;五氧化二钒;室温还原;制备;烧结

第4章 氮化钒概述

4.1 钒材料概述

4.1.1 钒的发现及钒资源

1. 钒的发现

1801年,墨西哥矿物学教授安德烈斯·曼纽尔·德·里奥首次发现钒元素,但当时由于技术有限而并未得到证实。直到1831年,瑞典化学家尼尔斯·加布里尔·西弗斯特姆在研究铸造生铁时,再次发现了这种新元素,并将其命名为"Vanadium",从此宣告了钒元素的发现。

2. 地球上钒资源的分布

1903年,英国研究者首次在合金钢制造中添加了钒元素,发现钒的加入可以明显改善钢铁的力学性能,这为钒元素的应用开辟了新领域,自此钒元素被广泛应用于冶金工业。

钒是过渡元素,位于元素周期表中第四周期第五副族,约占地壳总质量的0.02%,在金属元素占比中排第22位,属于稀有元素。自然界中的钒分布极度分散,其踪迹遍布全世界,其中欧洲、亚洲和非洲是钒资源的主要富集地区。

钒元素在自然界中以多种化合价的形式存在,地壳中的含钒矿物有60种,其主要赋存于钒钛磁铁矿、含铀砂岩、磷酸盐岩和粉砂岩矿中。虽然含钒矿物的种类较多,但钒钛磁铁矿在世界上的储存量最大,全球已探明的钒资源中有98%分布在钒钛磁铁矿中,同时钒钛磁铁矿也是目前最具开发意义和商业价值的含钒矿。据美国矿业局调查统计,全球钒资源储量约1.7亿吨,其中南非占比44.4%,俄罗斯占比23.2%,美国占比18.1%,中国占比9.3%,其他所有国家占比总和为5.0%。世界钒金属具体存储情况见表4.1。

表 4.1 世界钒金属储量

地区	钒金属储量/万吨	所占比例/%	备注
南非	7 800	44.4	
俄罗斯	4 080	23.2	
美国	3 180	18.1	
中国	1 630	9.3	主要在铀矿,不含石煤矿
其他国家和地区	870	5.0	
世界总计	17 560	100	

3. 中国钒资源

亚洲的钒资源主要分布在中国。在四川攀枝花和河北承德地区富含大型的钒钛磁铁矿床,其中四川攀枝花地区是最主要的钒资源分布区,占中国钒资源总储量的 62.6%。钒钛磁铁矿在基性岩体内通常以钛磁铁矿和钛铁矿两种主要矿物形式存在,其中存在于钒钛磁铁矿中的钒元素较容易开采和提取,开采过程中对环境的污染较小。此外,在中国的 20 多个省份还存在一种黑色页岩型钒矿,其主要分布于湖南、湖北、贵州、江西、广西和广东一带,这部分钒主要存在于含钒石煤中,提取过程环境污染大、渣多,提取成本高于钒钛磁铁矿。

4.1.2 钒的理化性质

1. 钒的物理性质

钒和铌、钽、钨、钼等均属于高熔点金属,其熔点为 1 910 ℃,沸点为 3 409 ℃。在元素周期表中位于 V B 族,原子序数为 23,相对原子质量为 50.941 5,具有体心立方晶体结构,晶胞结构如图 4.1 所示,每个晶胞中含有两个钒原子,其晶胞参数为 $a=306$ pm,$b=303$ pm,$c=303$ pm,$\alpha=\beta=\gamma=90°$。其外观呈银灰色,常温下为固体。

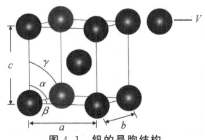

图 4.1 钒的晶胞结构

纯钒质地坚硬,不具有磁性,具有良好的延展性,在常温下可以将其轧成片、箔以及拉成丝,但若钒中引入氮、氧和氢等杂质元素,会使其可塑性明显降低,硬度和脆性显著增加。钒的主要物理性质见表 4.2。

表 4.2 钒的主要物理性质

性 质	参 数
原子序数	23
质子数	23
电子数	23
相对原子质量	50.941 5
外层电子结构	$3d^3 4s^2$
熔点/℃	1 910
沸点/℃	3 409
密度/(g·cm^{-3})	5.96
比热容(293 K)/[J·(kg·K)$^{-1}$]	533.72

续　表

性　质	参　数
电负性	1.63
热导率(293 K)/[W·(m·K)$^{-1}$]	30.98
电阻率(293 K)/($\mu\Omega$·cm)	24.8~26
电阻温度系数/(Ω·cm·K^{-1})	(2.18~2.76)×10^{-8}

(2)钒的化学性质。钒的化学性质与金属铌和钽相似,其最外层共有 5 个价电子,外层电子结构排布为 3d^{3}4s^2,基本化学参数见表 4.3。钒是中度活泼金属,其常见化合价有＋2、＋3、＋4 和＋5,可与氧、碳和氮等非金属元素形成多种价态的化合物,其中与＋5 价钒结合的化合物性质最为稳定,具有氧化性能。低价钒具有一定的还原性,钒的价态越低,呈现出的还原性越强。此外,在酸性溶液中,不同价态的钒离子也呈现出不同的颜色,V^{2+}呈现紫色,V^{3+}呈现绿色,VO^{2+}呈现蓝色,而 VO$_2^+$为浅绿色或深绿色。

表 4.3　钒的基本化学参数

特　性	参　数
所属周期	4
所属族数	ⅤB
电子层分布	2-8-11-2
电子层	K-L-M-N
外层电子结构	3d^{3}4s^2
氧化态	−1,＋1,＋2,＋3,＋4,＋5
第一电离能/(kJ·mol^{-1})	650
第三电离能/(kJ·mol^{-1})	2 828
第五电离能/(kJ·mol^{-1})	6 294

在常温下,钒的化学性质较稳定,在空气中不易被氧化,也不与水、稀酸和碱发生化学反应,但可溶于氢氟酸、硝酸和王水。在高温下,金属钒易与氮和氧相互作用生成化合物。在空气中加热纯钒易氧化成深蓝色的 VO$_2$ 和棕黑色的 V$_2$O$_3$,在持续氧化的条件下最终生成桔红色的 V$_2$O$_5$。钒在氮气气氛中加热到 900~1 300 ℃时可生成氮化钒,也可和碳在高温、真空条件下反应生成碳化钒。此外,钒还可与硅、硼、磷和砷在惰性气氛中或真空环境下生成具有较高硬度和化学性能稳定的硅化物、硼化物、磷化物和砷化物。

4.1.3　钒的主要化合物

1.氧化钒

钒的常见氧化物为 V$_2$O$_5$、V$_2$O$_3$ 和 VO$_2$。钒的氧化物的基本性质见表 4.4。

表 4.4　钒的氧化物的基本性质

性　质	V_2O_5	VO_2	V_2O_3	VO
颜色	橙黄色	蓝色	灰黑	灰
密度(25℃)/(g·cm^{-3})	3.352	4.260	4.843	5.550
熔点/℃	690	1 545	1 970	1 790
酸碱性	两性	两性	碱性	碱性
水溶性	微	微	无	无
酸溶性	溶	溶	HF、HNO$_3$	溶
氧化/还原性	氧化	两性	还原	还原
V-O 距离/Å	1.585~2.02	1.76~2.05	1.96~2.06	2.05
晶系	斜方	正方	菱方	等轴

V_2O_5 是钒最重要的一种金属氧化物,相对分子质量为 181.88,熔点为 690 ℃,700 ℃以上显著挥发。作为制取钒化合物的基本原料,V_2O_5 广泛应用于冶金、化工等行业。

V_2O_5 外观呈现橙黄色、砖红色、红棕色结晶粉末或灰黑色片状,无味,具有毒性,空气中最大允许量低于 0.5 mg/m^3。其微溶于水,易溶于强酸、强碱,不溶于乙醇,属于两性氧化物,但主要表现为酸性。V_2O_5 具有强氧化性,在还原剂作用下易被还原成低价氧化物,在 700~1 125 ℃会分解成 O_2 和 V_2O_4,这使得它可用作许多有机和无机反应的催化剂。

工业上提取 V_2O_5 的原料主要是钒钛磁铁矿和含钒石煤,通常采用烧结法和酸溶法对钒矿进行分解。分解便于钒元素进入溶液中,之后将烧结料用水浸取,使钒以偏钒酸铵的形式存在。接着就是沉钒过程,加入 4 倍理论量的碳酸氢铵和氯化铵溶液,使钒充分沉淀,得到纯偏钒酸铵产品。最后一步是煅烧,将烘干后的偏钒酸铵放入回转炉中加热分解,即可得到成分恒定的 V_2O_5 产品。其煅烧方程式为

$$2NH_4VO_3 \rightarrow V_2O_5 + 2NH_3 + H_2O \qquad (4.1)$$

V_2O_3 相对分子质量为 149.88,外观呈灰黑色结晶粉末,熔点为 1 970 ℃,沸点高达 3 000 ℃。其不溶于室温水,但可溶于硝酸、氢氟酸和热水中,主要用于陶瓷玻璃染色剂和乙烯氧化成乙醇的催化剂。V_2O_3 在空气中暴露放置易吸收氧离子逐渐氧化成 V_2O_4,加热会剧烈燃烧氧化成 V_2O_4,若持续氧化,最终变为 V_2O_5。

V_2O_3 的制备方法主要有不加还原剂的钒酸铵间接热分解法和外加碳质还原剂的直接还原法两种。间接热分解法主要以 NH_4VO_3 和多聚钒酸铵为原材料,而直接还原法主要以 V_2O_5 为原材料,两种方法均须在还原性气氛中(如 NH_3、H_2 和 CO 等)还原制备 V_2O_3。

VO_2 熔点为 1 545 ℃,相对分子质量为 82.94,外观呈深蓝色晶体粉末,为单斜晶系结构。VO_2 不溶于水,属于两性氧化物,易溶于酸性或碱性溶液中,其溶于酸可生成四价的钒酰离子(VO^{2+}),溶于碱可生成次钒酸盐($M_2V_4O_9$ 和 $M_2V_2O_5$)。此外,具有相变特性的金属氧化物 VO_2 也是钒氧化物中被研究最多的一种物质。其相变温度为 68 ℃,相变前后材料

的电学和光学性质可瞬间发生变化。由于具有相变特性和良好的导电性,VO_2 被广泛应用于制备智能控温薄膜领域、光器件、相变存储器和开关等。工业上制备 VO_2 通常是将等摩尔的 V_2O_5 与 V_2O_3 固相混合后,在真空环境下加热保温一段时间,或 V_2O_5 加热熔化后与草酸、碳、磷和二氧化硫作用,得到较为纯净的 VO_2 固体粉末。此外,实验室制备 VO_2 的常见方法还有溶胶-凝胶法、水热法、磁控溅射法和化学气相沉积法等。

2. 碳化钒

钒和碳通常会生成 VC 和 V_2C 两种非化学计量比化合物。其中 VC 具有面心立方结构,晶体结构属于 NaCl 型,其理论碳含量为 19.08%,熔点是 2 830 ℃,沸点高达 3 900 ℃,碳原子含量在 43%～49% 之间。V_2C 为密排六方结构,理论碳含量为 10.55%,碳原子含量在 29.1%～33.3% 之间,在高温 1 850 ℃时会发生分解。碳化钒的性质见表 4.5。

表 4.5　VC 和 V_2C 的基本性质

物质名称	晶体结构	晶格常数/nm	颜色	熔点/℃	密度/(g·cm⁻³)
VC	面心立方(fcc)	0.418	暗黑	2 467～2 830	5.649
V_2C	密排六方(hcp)	0.290	暗黑	2 200	5.665

VC 是过渡金属碳化物的一种,与 WC、Mo_2C 和 TiC 等材料的物理化学性质相似,具有高熔点、高硬度和优异的热稳定性。除此之外,VC 还可以作为功能材料和陶瓷材料,在催化、储能和合金的晶粒细化等领域得到广泛的应用。VC 的传统生产工艺先是从钒渣中提取出 V_2O_5,再将 V_2O_5 碳热还原制备出 VC。传统工艺存在能耗高、环境污染严重等问题。目前已有的新型绿色的制备方法是以 $NaVO_3$ 和 CO_2 为原料,通过熔盐一步电解法制备出 VC,该方法避免了还原过程中 CO_2 的排放和钒渣的提取煅烧,与传统工艺相比较更为简捷、环保。

3. 氮化钒

氮化钒作为过渡族金属氮化物的一种,属于一种间隙型合金,具有离子化合物和共价化合物的双重特性。氮化钒的金属特性(光泽、导电性等)由结构内金属键决定,而共价键决定了其高熔点、高硬度和高脆性等特性。由于含有两种化学键,氮化钒具有高硬度、良好的化学性质和热稳定性、优异的热导性、良好的抗热冲击性和导电性等特性。其主要作为合金添加剂应用到钢铁中,可以明显提高钢的强度和硬度。此外,其在电子材料、切削加工工具、机械加工、超级电容器和工业催化剂等领域也有着广泛的应用前景。

氮化钒具有两种晶体结构:一种晶体结构是 V_3N,属于六方晶体结构,其晶格常数为 $a=0.491$ nm,$c=0.455$ nm,单相区是 $VN_{0.37}$～$VN_{0.43}$,硬度极高,显微硬度约为 1 900 HV,熔点不可测;另一种晶体结构是 VN,具有面心立方晶体结构,晶体结构如图 4.2 所示,常温下外观呈灰棕色粉末,密度为 6.13 g/cm^3,相对分子质量为 64.95,其晶格常数的大小随着氮含量的不同在 0.407～0.414 nm 范围内波动,显微硬度约为 1 520 HV,熔点为 2 360 ℃。按照氮化钒的化学式计算,理论上钒的含量大约为 78.5%,氮的含量约为 21.5%。氮化钒的基本性质见表 4.6。

表 4.6　氮化钒的基本性质

相	成　分	晶格结构	晶格常数/nm	熔点/℃	密度/(g·cm⁻³)
δ	$VN_{0.72} \sim VN_{1.0}$	面心立方	$0.407 \sim 0.414$	2 360	6.13
β	$VN_{0.37} \sim VN_{0.49}$	六方	0.491	—	—
低温相	$V_{16}N \sim V_{13}N$	正方			

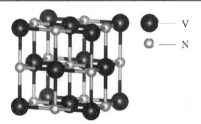

图 4.2　氮化钒的面心立方结构示意图

4.2　氮化钒的应用

4.2.1　氮化钒在钢铁工业中的应用

氮化钒作为一种可替代钒铁用于微合金化钢生产的优质微合金化添加剂,已成为钢铁生产中不可或缺的成分。钢铁工业中钒的消耗量占钒总消耗量的 85% 左右。在钢铁冶炼过程中加入氮化钒可使钢的微观组织晶粒细化和沉淀强化,提高钢材料的延展性、强度、耐磨性、韧性、可焊接性和抗疲劳等综合机械性能,这是由于钒和氮元素在钢中起到不同作用。

在钢材冶炼中加入钒元素,钢材中含有的碳元素可与钒元素相互作用生成碳化钒(V_4C_3),其在钢材中可稳定存在,起到细化钢的微观组织和晶粒的作用,可显著改善钢材的物理性能。在所有的微合金化元素中,只有钒元素既能控制钢铁在相变过程($\gamma \rightarrow \alpha$)中的析出,又能在铁素体中沉淀强化,因此钒作为微合金化元素在炼钢领域中得到了普遍应用。

在含钒钢中引入氮元素,其不仅会与钢中的钒碳形成碳氮化物,还会影响碳氮化物在钢液中的固溶析出,同时起到沉淀强化和细晶强化的双重作用,可以明显提高钢材料的强度。氮元素的引入可使碳氮化钒的析出温度提高,使钒的析出驱动力增强,同时还可以节省微合金化元素钒的用量,省去炼钢工艺中脱氮工序,简化工艺,节约成本。

研究表明,在钢中添加氮化钒可比直接添加钒铁节约 20%~40% 的钒用量,这不仅节省了钒铁的制备成本,还对廉价的氮资源进行了利用。同时,研究表明,在钒含量基本相同的情况下,添加氮化添加钒比钒铁更能发挥出沉淀强化和细晶强化的作用,其力学性能对比见表 4.7。以建筑业为例,添加氮化钒生产的新三级钢筋强度得到明显提升,使建筑物的安全性、抗震性得到增强,与使用二级钢筋相比,可节约 10%~15% 的钢材。综合看来,中国每年钢筋的用量可减少约 750 万吨,少开采炼钢铁精矿约 1 240 万吨,同时可节约炼钢过程中煤炭用量约 660 万吨和辅助原料用量 330 万吨。此外,由于减少了铁精矿的开采量和煤炭的燃烧量,二氧化碳和二氧化硫等废气的排放量也相应减少,可起到节约资源和保护环境的双重作用。

表 4.7　钒铁与氮化钒对钢的力学性能影响对比

添加微合金	σ_s/MPa	σ_b/MPa
80%FeV($\phi25$ mm)	510	650
VN$_{12}$($\phi25$ mm)	550	720

4.2.2　氮化钒在超级电容器方面的应用

超级电容器因具有比电容高、循环寿命长和快速充放电等特点,在能量的存储和转换方面显现出了非常高的应用价值。目前,碳材料和过渡金属氧化物在超级电容器的电极材料中得到了广泛的应用。近年来的研究发现,金属氮化物具有高导电性、高电容性、优异的硬度和机械强度、良好的高温稳定性和耐腐蚀性,是极具潜力的赝电容器(Pesudocapacitors,PCs)电极材料。在各类过渡金属氮化物中,氮化钒价格低廉且电导率高,其作为活性材料在超级电容器中的应用越来越受到重视。

各种纳米氮化钒(包括 VN 纳米晶、多孔 VN 颗粒和 VN 中空纤维等)的制备过程中,通过对氮化钒组成和形貌的不断优化提升了 VN 的电极电化学性能。其中具有介孔结构的VN 材料在电化学性能方面表现优异,这是由于其丰富的孔道和较大的比表面积,有利于扩充电解液与材料的接触面积,同时还可以形成快速、有效的电荷传输网络,从而提高电荷的传输能力。常见氮化钒的制备工艺及其超级电容器性能见表 4.8。

表 4.8　不同形貌的 VN 制备工艺及其超级电容器性能

材料	工艺	性能
VN 纳米晶	NH$_3$ 中焙烧 VCl$_4$	1 mol/L KOH 溶液,扫描速率 2 mV/s,比电容1 340 F/g 1 mol/L KOH 溶液,扫描速率 30 mV/s,比电容 161 F/g
	NH$_3$ 中焙烧 V$_2$O$_5$ 溶胶	扫描速率从 30 mV/s 增到 300 mV/s,比电容增加 70%
	机械合金化法	1 mol/L KOH 溶液,不同扫描速度下比电容为 25～60 F/g
VN 多孔颗粒	氨解	1 mol/L KOH 溶液,电流密度 1 A/g,比电容 186 F/g 1 A/g 电流密度下,1 000 圈后容量保持 80%
	氨解喷雾干燥	1 mol/L KOH 溶液,电流密度 2×10^{-3} A/cm^2,比电容139 F/g 1 000 圈比电容损失 15%
VN 中空纤维	氨解电纺丝	2 mol/L KOH 溶液,电流密度 1 A/g,比电容 115 F/g

4.2.3　氮化钒的其他应用

在化工工业中,氮化钒由于具有催化活性高、选择性高、稳定性和抗中毒性良好等性能而被广泛用作工业催化剂,这是由于氮化钒的催化性能与贵金属铂、铑和钯等类似,在催化方面可替代这些贵金属材料。例如,其可以作为正丁烷、异丁烷和正己烷脱氢反应的催化剂,还可用作 NH_3 合成与分解的催化剂,在氢化、脱氢、氢解和结构异构化等方面都有着广泛的用途,因而在石油化工中具有广阔的应用前景。此外,氮化钒还是一种超导体材料,可以用于制作磁性元件和电子器件。

4.3 氮化钒的制备技术现状

纯相氮化钒是由纯钒粉在氮气或氨气气氛中加热至 1 650 ℃合成的,或在氢气和氮气混合气氛中,用钨丝加热四氯化钒使其在 1 400～1 600 ℃下分解、氮化合成,还可在氨气气氛中加热钒酸铵至 1 000～1 100 ℃获得,但由于纯钒的提取成本较高,目前工业生产都在常压下以钒的氧化物为原料合成。

工业上,常压下大规模生产氮化钒用到的烧结设备主要有单道推板窑、中频炉、双道推板窑、微波炉、真空炉和立窑等。其中推板窑自动化程度高,可连续化生产,所以在氮化钒的生产中使用最为广泛。推板窑的生产周期大约为 38 h,采用硅钼棒等电热元件为加热热源。推板窑有双推窑和单推窑,双推窑的产量高于单推窑,所以目前国内氮化钒生成厂家以双推窑生产为主。推板窑生产氮化钒工艺以五氧化二钒、炭粉、黏结剂和活性剂等为原料,将其破碎后,按照一定的比例混合均匀,将生料压制成生料球,再使生料球经过副窑(40℃)干燥,然后在常压、氮气气氛下,依次通过预热段、过渡段、高温段和冷却段,生料球在氮化反应彻底完成后于氮气气氛中缓慢冷却到100℃左右出炉,得到氮化钒产品。图4.3给出了推板窑生产氮化钒的工艺流程。

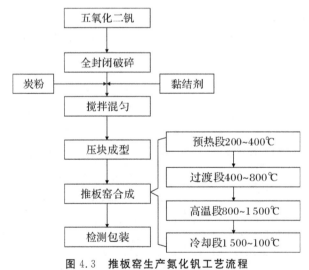

图 4.3 推板窑生产氮化钒工艺流程

从 20 世纪中期开始,国内外研究者就开始着手氮化钒制备的研究,提出了很多制备技术,依据制备环境的不同可划分为高温真空法和高温非真空法两大类。高温真空法制备的产品含氮量高,性能稳定,但制备成本较高;高温非真空法制备成本较低,但产品的含氮量和性能不如高温真空法。这两种方法制备原理基本相同,主要是以五氧化二钒、三氧化二钒和偏钒酸铵等含钒的氧化物为原料,用炭粉、氢气、氨气或一氧化碳作还原剂,在高温下还原处理后,再以氮气或氨气作为氮源氮化生成氮化钒。

4.3.1　用五氧化二钒作原料

用 V_2O_5 还原氮化制备 VN,通常是先将 V_2O_5 在一定温度下还原生成 VC,然后在 N_2 或者 NH_3 气氛中氮化生成 VN。由于 V_2O_5 的熔点(675℃)很低,在实际的还原过程中,当温度高于 700℃时,会造成钒的挥发损失。为了避免生成液相,降低钒的挥发损失,提高钒的利用率,应控制还原阶段的初始温度在 675℃以下。将 V_2O_5 还原成高熔点、低价态氧化物,然后在高温(约 1 300~1 400 ℃)碳化、氮化生成氮化钒,这就使得用 V_2O_5 作钒源制备 VN 必须经过低温预还原和高温碳化、氮化两个阶段。其中,在高温氮化阶段,按照渗氮和还原是否同时进行,将反应分成了一步法和两步法。一步法中碳化和氮化是同时进行的,两步法是先碳化再氮化,反应过程中生成的碳化钒只是形成氮化钒的中间产物。两步法中 V_2O_5 碳热还原遵循逐级还原理论: $V_2O_5 \rightarrow V_2O_4 \rightarrow V_2O_3 \rightarrow VC \rightarrow VN$。反应过程中晶型的转变顺序为:斜方→正方→密排六方→面心立方。无论哪种方法,在使用碳作为还原剂制备氮化钒时,最终的氮化产物中总会留存少量的碳化钒。其中以 V_2O_5 作钒源、炭粉作还原剂、氮气作氮源,合成 VN 的反应可表示为

$$V_2O_5 (s) + 5C (s) + N_2(g) = 2VN (s) + 5CO (g) \tag{4.2}$$

王功厚等人用两步法成功制备出 VN,先用 V_2O_5 和炭粉为原料压块成型,再置于真空炉中先进行预还原,使 V_2O_5 转化为低价高熔点氧化物后,在真空度为 1.333 Pa、温度为 1 673 K 的高温真空炉内碳热还原得到了碳化钒(V_2C),最后又在一个大气压、N_2 气氛中氮化 1.5 h 成功制备出了 VN 产品。产物中 V、N、C 和 O 元素的质量分数依次为 81.22%、9.069%、6.65% 和 1.701%。此外,为了提高产物中氮化钒的强度和 N 元素的含量,在配料中加入了 3%(质量分数)的铁粉。实验结果还表明,氮化温度对氮化反应有着限制作用,对产物中 N 元素的含量有着显著影响。

邓莉等人以 V_2O_5 和纳米炭黑为原材料,采用一步法成功制备出了 $V(C_{1-x}N_x)$ 的固溶体。研究发现,在配碳量为 24.8%、温度为 1 200~1 250 ℃ 的范围内合成了物相单一、含氮量高的 $V(C_{1-x}N_x)$ 固溶体粉末,温度和配碳量是影响产物中 N 含量的重要因素,其中,温度低于 1 150 ℃时获得的产品中有未完全反应的氧化物存在,温度高于 1 250 ℃时产物开始由氮化钒向碳化钒转变。

Chen 等人以 V_2O_5 和炭粉为原料压块成型,样品经预还原、最终还原、氮化成为高含氮量的 VN。研究表明:①为了避免在还原过程中钒挥发损失,应控制还原温度在 670 ℃以下;②在 N_2 气氛下 V_2O_5 自还原过程中,当最终还原温度低于 1 271 ℃时,VN 优先生成,当超过 1 271 ℃时,还原产物形成 V_4C_3;③要生产高氮低碳产品,最终还原和氮化温度应控制在 1 300 ℃以下。

褚志强等人以 V_2O_5 为原料,通过碳热还原法,在配碳比(质量分数)约为 21%、氮化温度为 1 400~1 420 ℃、氮化时间为 4 h 的条件下成功制备出含氮量高达 14.76% 的 VN 产品。结果表明:最终得到的产物为碳氮化钒的固溶体;原料中配碳比和氮化温度是影响产物

中氮含量的重要因素。

选取 V_2O_5 为原料,采用碳热还原法制备氮化钒是较为传统的方法,在还原阶段通常采取降低 CO 分压的办法,达到加速反应正向进行和降低还原温度的目的。选取 V_2O_5 为原料可节约制备成本,但一步法和两步法都需要经历预还原阶段,以避免 V_2O_5 液相的生成,制备过程较为烦琐。

4.3.2　用三氧化二钒作原料

以 V_2O_3 为钒源碳热还原制备 VN 时,还原和氮化过程是同时进行的,即 V_2O_3 被还原为碳化钒和渗氮过程同步进行,其碳化还原和氮化过程的总反应式为

$$V_2O_3(s) + 3C(s) + N_2(g) = 2VN(s) + 3CO(g) \qquad (4.3)$$

与 V_2O_5 作钒源相比,该反应可以省去低温预还原阶段,直接进入高温氮化阶段,使合成 VN 的过程简化,缩短 VN 的合成周期。以 V_2O_3 为原料合成 VN 的成熟代表工艺主要有美国联合碳化物公司的高温真空法和我国攀枝花钢铁集团的高温非真空法。

高温真空法是将 V_2O_3、炭粉和黏结剂混合均匀后压制成型,在高温和真空环境中待真空度稳定后通入 0.1 MPa 氮气进行氮化处理,由于氮化过程中会生成 CO,所以需要多次抽真空通氮气加速氮化过程,使得氮化反应进行得更为彻底。这种方法合成的 VN 性能稳定、N 含量较高,但在氮化过程中需多次抽真空,造成工艺过程复杂,设备投资大,不易进行连续化生产。

高温非真空法是将 V_2O_3 粉末、炭粉和黏结剂混合均匀后压制成型,再放置到炉内,通入气体(N_2 或 NH_3)作为氮源和保护气,在高温下保温 1~6 h 使得物料充分碳化和氮化,在保护气气氛下冷却到 200℃ 左右出炉,获得 VN 产品(77%~81% V、1%~8% N)。高温非真空法不需要反复抽真空,可连续化生产,设备的成本低,但生产的 VN 产品的氮含量和性能均低于真空法。

此外,于三三等人也以 V_2O_3 和炭粉为原料采用一步法成功制备出了碳氮化钒。研究表明,在碳含量超过 15%、高温 1 400 ℃、氮化 120 min 时,可获得高含氮量的碳氮化钒的固溶体产品,产物中的氮含量随反应温度的升高先升高后降低。

虽然用 V_2O_3 作原料制备 VN,可以省去预还原阶段,只需高温阶段直接氮化就可合成 VN,制备工艺流程也得到了简化,但是 V_2O_3 原材料的获取成本较高,导致生产成本提高。

4.3.3　用偏钒酸铵为原料

以偏钒酸铵为原料制备 VN,通常是在含有天然气、氢气、氮气的混合气氛中,将其加热到 775~1 200 ℃ 同时进行还原和氮化,制得 VN 产品(74.2%~78.7% V、4.2%~16.2% N)。制备过程中原料的反应顺序依次为:$NH_4VO_3 \rightarrow V_2O_5 \rightarrow VO_2 \rightarrow V_2O_3 \rightarrow VC \rightarrow VN$。偏钒酸铵还原氮化制备 VN 的反应式为

$$2NH_4VO_3(s) + 5C(s) + N_2(g) = 2VN(s) + 5CO(g) +$$
$$H_2O(g) + 2NH_3(g) \qquad (4.4)$$

赵志伟等人以偏钒酸铵和纳米炭黑为原料,采用前驱体法/氮化法制备出了纳米 VN 粉末。其主要过程是将 NH_4VO_3 和纳米炭黑按一定比例混合后在溶液中充分搅拌,再加热、干燥获得含有碳源和钒源的前驱体粉末,最后将粉末置于高温(1 050～1 100 ℃)的氮气气氛中充分碳化、氮化 1 h 得到纳米级 VN 粉末。

朱军等人以偏钒酸铵和炭粉为原料采用一步法成功制备出 VN。该法是按配碳比为 0.256 将炭粉与偏钒酸铵进行混合,以水作黏结剂在 8 MPa 压力下压制成型,在低温(650 ℃)保温 4 h 后再在高温(1 200～1 400 ℃)的氮气环境中保温 4 h,制得 VN,在氮化温度(1 400 ℃)时产物中氮含量最高可达 16% 左右。

用 NH_4VO_3 作原料制备 VN 时,由于原料自身的特性,为保证一步法制备 VN 过程中氮气与原料充分接触,通常不压块且氮化温度也不宜过高,这种方法合成的 VN 粉末表观密度小,不能直接用于微合金添加剂。两步法制备 VN 的反应原理与用 V_2O_3 作原料制备氮化钒的原理相同,在 NH_4VO_3 加热分解后还原为 V_2O_3,然后同时进行还原和氮化得到 VN。

4.3.4　其他制备方法

除了上述介绍的 VN 制备方法外,近年来也出现了一些其他制备方法,这些方法制备周期短,通常获得的是纯度极高的纳米尺寸 VN 粉体。

Qin 等人尝试了一种用 NH_3 还原法制备纳米 VN 粉体的新方法。该法以偏钒酸铵(钒源)、硝酸铵(氧化剂)和甘氨酸(燃料)为原料,在去离子水溶液中加热快速合成前驱体 VO_2 后,在 700 ℃的管式炉中通入流动的 NH_3 氮化 2 h,即可制得颗粒尺寸为 30～40 nm 的 VN 粉体。

Pan 等人以 V_2O_5 和炭黑为原料,在常压氮气条件下采用微波碳热氮化法合成了 VN。具体地,该法以 C、V_2O_5 质量比 0.27∶1 将料混合后,在 10～12 MPa 的动载荷下使其成型为直径 24 mm、长度 5 mm 的球团,然后将其放置在氮气流速为 50 L/h 的微波反应器中,加热至 1 400 ℃,保温 50 min 可制得含氮量为 13.8%、表观密度为 4.1 g/cm³ 的工业级 VN 产品。

韩国的 Yong 等人在常压下使用 $N_2/Ar/H_2$ 微波等离子体分解气相 $VOCl_3$,制备出 VN 纳米粉体。实验表明,在气相等离子体中化学还原和氮化后生成了平均粒径为 33～36 nm 的 VN 纳米粒子,但由于 $VOCl_3$ 中的 O 和等离子反应器中剩余的 O 的作用,产物中含有少量的 V_2O_5。

Chen 等人在室温下以 VCl_4 和 $NaNH_2$ 为原料合成了纳米晶 VN。具体做法是,在流动氩气环境中,向坩埚中加入 0.04 mol 的 $NaNH_2$ 和 0.01 mol 的 VCl_4,充分反应后用蒸馏水和无水乙醇多次洗涤去除杂质,得到的产物在 60 ℃保温干燥 4 h 就可得到 VN。

李银丽等人用凝胶法制备出了 VN,她们以 V_2O_5 干凝胶和液氨为原料,在氮化温度 750 ℃、氨气流量 80 mL/min、氮化时间 14 h 的条件下制备出了平均粒径在 100 nm 左右的 VN。

4.4 电流辅助技术

4.4.1 电流辅助技术的发展

20 世纪 30 年代,电流辅助技术就开始应用在粉体材料的烧结和金属材料的成型、焊接等方面。随着这种技术的不断改进,在 20 世纪 60 年代前后出现了电火花辅助烧结和成型加工技术。电火花加工由于具有精密化、微细化和高速、高效化等特征,在粉末材料的烧结、金属材料的成形和焊接等领域得到了广泛应用,同时在其基础上又衍生出了多种电流辅助技术,主要包括放电等离子体烧结(Spark Plasma Sintering,SPS)、电流辅助成形(Electrically-Assisted Forming,EAF)、脉冲电流辅助烧结(Pulse Current Auxiliary Sintering,PCAS)和闪烧(Flash Sintering,FS)等技术。

上述电流辅助技术近年来得到了迅速的发展,现已在金属材料成形、陶瓷、复合材料以及功能材料的制备方面展现出了极大的优势。由于电流在辅助加热过程中会产生焦耳热效应、电塑性效应(EPE)、磁压缩效应和集肤效应等,电流辅助技术制备的材料具有更多的优势。此外,电流辅助技术由于具有焦耳热的作用,可大幅度降低材料烧结或成型的环境温度。该技术是对电能直接进行了转化利用,与传统热辐射加热方式相比,减少了能量传递的环节,可起到节能环保的作用。

4.4.2 电流辅助技术在材料制备中的应用

电流辅助技术自出现以来就引起了广大研究者的青睐,近年来越来越多的电流辅助技术在材料制备或加工中得到了成功应用。根据材料自身的差异性,可将电流辅助技术大致划分为以下 3 种。

1. 放电等离子体烧结(SPS)技术

1965 年,脉冲电流烧结就在美、日等国得到了应用,但由于当时生产效率较低,未得到大范围的推广,直到 1988 年日本成功研制出第一台工业用 SPS 装置,才开启了该技术在新材料研究领域的广泛应用。放电等离子体烧结又称等离子活化烧结,它利用直流脉冲电流直接加热粉末颗粒使其烧结致密化,该技术具有升温速率快、烧结时间短、组织结构可控、节能环保等鲜明特点,可用于制备金属材料、陶瓷材料、复合材料和纳米块体材料等。

2. 电流辅助成形(EAF)技术

电流辅助成形技术是在金属或者合金材料上施加电流,使得该材料的塑性提高、变形抗力降低的技术,研究者们把这种现象称为"电塑性效应"(Electroplastic Effect,EPE)。与传统成型工艺相比较,该工艺可以增加材料的塑性使得材料的成形极限提高,以实现对材料组织性能调控的目的,同时该工艺还具有加工次序少、成形周期短和设备使用寿命长等优点。因此,近年来该技术成为加工轻质高强材料和轻量高效结构材料的新工艺。

3.闪烧(FS)技术

2010 年,美国科罗拉多大学 Cologna 等人提出了一种基于电场/电流辅助烧结陶瓷材料的新技术,即闪烧技术。闪烧技术具有装置简单、烧结温度低、速度快、保温时间短等显著特点,是目前陶瓷材料烧结方面一种优异的创新型技术,但由于该技术制备材料的不确定性,目前仍处于实验室研究探索阶段。关于闪烧的机理,科学家们还没有统一、确切的说法,但目前大多研究者从焦耳热效应、快速升温致密化、接触点局部热效应和缺陷作用理论等方面解释闪烧的机理。目前,该技术在实验室中已用于制备多种类型材料(主要包括离子导体、半导体、绝缘体和电子导体等)的致密化过程。

4.5 电场-温度场耦合氮化钒制备技术

当前,由二氧化碳的大量排放导致的"温室效应"愈来愈严重,低碳制造方法受到了众多研究者的关注。近年来衍生出电流辅助材料制备方面的新技术,该技术可以明显降低材料合成的环境温度,减少传统窑炉的二氧化碳的排放量,起到节能减排的作用。目前,笔者所在课题组已将该技术应用于陶瓷材料烧结、镁冶炼、金属成形和水泥熟料制备等方面,但该技术还未在氮化钒的合成领域中得到应用。

首次提出电场-温度场耦合法制备钒氮合金的研究包括以下几方面:

(1)电场-温度场耦合条件下 V_2O_5 的还原研究;

(2)电场-温度场耦合条件下 VN 的合成研究;

(3)电场-温度场耦合条件下 VN 的烧结研究。

电场-温度场耦合氮化钒制备技术研究希望通过电场-温度场耦合能够在室温下采用直接通用的方式将五氧化二钒还原为三氧化二钒,能够在装置温度低于 1 000 ℃的条件下合成氮化钒,能够在装置温度低于 1 200 ℃的条件下实现氮化钒的烧结。电场-温度场耦合法制备氮化钒方案如图 4.4 所示。

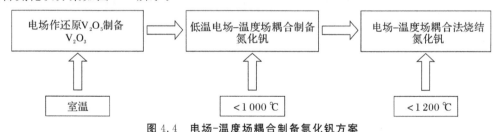

图 4.4 电场-温度场耦合制备氮化钒方案

第5章 合成氮化钒原材料、装置及材料测试

本章所用到的原材料是含有 V_2O_5 与还原剂炭粉的混合料,混合料购买于江西省九江市某钒氮合金生产厂。实验中用到的测试仪器主要有 X 射线衍射分析仪、扫描电子显微镜、有机元素分析仪和透射电子显微镜等。本章主要对实验中的原材料、产物的测试和分析方法、仿真模型的创建和理论基础进行详细的介绍。

5.1 合成氮化钒所用原材料

在第 4 章中室温下电热耦合还原 V_2O_5 制备 V_2O_3 所用的原材料有 V_2O_5 和炭粉,其中 V_2O_5 为天津市大茂化学试剂厂生产的分析纯 V_2O_5 粉末(纯度不小于 99.0%),炭黑粉末购买于天津市鑫铁金属材料有限公司(纯度为 99.9%)。

第 7 章和第 8 章将分别探究电热耦合场合成 VN 及其烧结过程,所用原料购买于江西省九江市某钒氮厂家。混合料的成分见表 5.1,XRD 图谱如图 5.1 所示。

表 5.1 原料的主要化学成分(质量分数)

组 成	V_2O_5	C	Fe_2O_3	Al_2O_3	MoO_3	SO_3	CaO	SiO_2	Na_2O	合计
含量/%	77.33	19.26	0.94	0.57	0.45	0.41	0.36	0.34	0.22	99.88

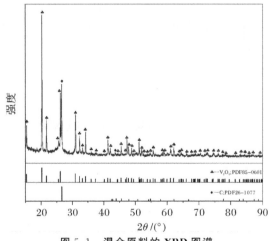

图 5.1 混合原料的 XRD 图谱

5.2　合成氮化钒实验装置及样品成型

在碳热还原法中,炭粉作为还原剂还原 V_2O_5,所以在产物中为了避免杂质元素的引入,选取石墨片作为样品两端的正负电极。将石墨片用角磨机和砂纸加工成 15 mm×15 mm×3 mm的片状,其外观如图 5.2 所示。

图 5.2　电极片外观

实验中所用到的基本设备见表 5.2。

表 5.2　实验中所用的基本设备

实验设备	型 号	生产厂家
材料抗折抗压试验机	TYE-300D	无锡建仪仪器机械有限公司
行星球磨机	XQM-0.4A	长沙天创粉磨技术有限公司
电热鼓风干燥箱	101-1ASB	北京科伟永兴仪器有限公司
分析天平	AL204	梅特勒-托利多仪器公司
单温区管式炉	GSL-1500X	合肥科晶材料技术有限公司
旋片式真空泵	2XZ-2	上海雅谭真空设备有限公司
接触式单相调压器	TDGC2-10	正泰集团股份有限公司
数显交流电压电流表	DL69-2042T	乐清市瓯新电气厂

本实验中所使用的电热耦合场装置由笔者所在课题组自行设计并搭建,搭建后耦合场的实验装置如图 5.3 所示,其主要由交流电源、数显电流表、管式炉、真空泵和氮气瓶等构成。交流接触式调压器可提供 0～250 V 的交流电压,通过调节电压大小可产生 0～40 A 的交流电流。数显交流表可以测试到的电压范围是 0～500 V(精度为 0.1 V),电流范围是0～100 A(精度为0.01 A)。管式炉内刚玉管可在最高 1 500 ℃环境下长期工作,管内在密封状态下可借助真空泵产生 10 Pa 的真空,真空状态有利于还原过程的进行。此外,多功能电表可用于测量电热场耦合制备 VN 过程中各阶段单个设备消耗的电能。

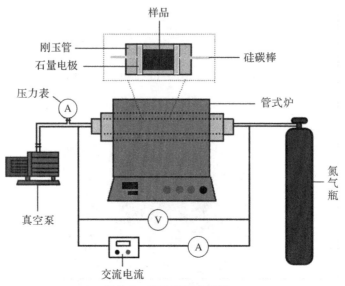

图 5.3　实验装置示意图

　　本实验中块体样品的成型利用购买于无锡建仪仪器机械有限公司的材料抗折抗压试验机(TYE-300D)进行,成型实验装置如图 5.4 所示。将混合均匀的原料称取一定质量后倒入成型模具中,在压力机轴向压力下进行单轴保压,将粉末原料压制成具有规则形状和尺寸的生坯体以用于后续实验。

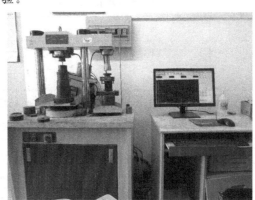

图 5.4　样品成型装置

5.3　氮化钒材料相关分析测试

实验过程中及产物测试中用到的测试仪器见表5.3。

表 5.3　实验中所用的测试仪器

测试仪器	型　号	生产厂家
多功能电表	P06S-10A	宁波新诚公司
X 射线衍射仪	D8 ADVANCE	德国布鲁克公司

续 表

测试仪器	型 号	生产厂家
场发射扫描电子显微镜	S-4800	日本日立制作所
场发射透射电子显微镜	FEI Talos F200S	美国赛默飞
元素分析仪	Vario MICRO cube CHN	德国 Elementar

5.3.1 物相分析

本实验中用德国布鲁克公司生产的 X 射线衍射仪(XRD)对电场-温度场耦合场法制备出的产物进行物相组成分析测试。该设备采用 Cu-Kα 作辐射源,扫描范围 2θ 选取 $15°\sim 90°$。其原理是对晶体材料进行 X 射线衍射,通过衍射峰位置得到物质内部原子在空间的分布状态。当某物质被一束固定波长的 X 射线照射时,物质内部晶体结构会使 X 射线发生衍射,其结果会造成 X 射线在某些晶向相位得到重叠加强,在 XRD 图谱上可以明显观察到不同强度的衍射峰,与标准物质 PDF 卡片进行对比,就能获得该种材料的物相和特征信息。

5.3.2 微观形貌与能谱分析

对电场-温度场耦合法制备出的产物用扫描电子显微镜和透射电子显微镜观察其微区形貌,同时也利用能谱(EDS)定性分析了产物中的元素含量及其分布。

扫描电子显微镜(SEM)的工作原理是对利用聚焦电子束在样品表面进行扫描时激发出来的各种物理信号进行形貌分析。电子束经反射后有透射电子、背散射电子、二次电子、吸收电子、俄歇电子等传输物理信号成像。二次电子通常被用于进行形貌分析,二次电子发射的能量会随着样品表面形貌的变化而变化。对利用放大装置和收集装置采集到的二次电子进行信号处理,所得的图像就可以用来表示所测样品的颗粒形状、粒径分布和表面形貌等。

透射电子显微镜(TEM)简称透射电镜。其工作原理是将聚集的电子束经加速后投射到很薄的样品上,投射的电子会与测试样品中的原子发生碰撞而改变原来的运动方向,经反射后的电子发生立体散射。散射角的大小由所测试样品的密度、厚度决定,故可以形成明暗不同的图像。一般而言,TEM 的分辨率可以达到 $0.1\sim 0.2$ nm,可以将待测样品放大几万到几百万倍,用于观察超微小结构。

5.3.3 元素含量测试分析

本研究中,用元素分析仪(Vario MICRO cube CHN)测量氮化产物中 C、N 和 O 元素含量,其测试模式主要有 CHNS 和 O 两种。其中,CHNS 模式是将样品放在可溶锡囊或铝囊中称量后,放入燃烧管内在纯氧环境中充分燃烧,燃烧后的产物通过特定的试剂后可形成 CO_2、H_2O、N_2 和氮氧化物,而后通过吹扫捕集吸附柱或气相色谱柱实现气体分离,再进入热导检测器得出各元素含量。O 模式是采用裂解法测定 O 元素的含量。所谓裂解法是样品在纯氦气环境中热解后与铂碳反应生成 CO,之后通过热导池的检测即可计算出氧的含量。

5.3.4 V_2O_5 转换为 V_2O_3 的还原率计算

V_2O_5 转换为 V_2O_3 的还原率是根据样品的成分、反应方程式以及反应后样品的烧失量进行推算的,反应前、后样品损失的质量就是反应过程中 CO 的挥发量。因此,反应过程中 V_2O_5 转换为 V_2O_3 的还原率 α 可通过下式来计算:

$$\alpha = \frac{181.883\,(m_0 - m_1)}{56.020\,m_0\,w_0} \times 100\% \tag{5.1}$$

式中:α 是 V_2O_5 转换为 V_2O_3 的还原率;m_0 是反应前试样的质量(g);m_1 是反应后试样的质量(g);w_0 是所配原料中 V_2O_5 的质量分数。

5.3.5 烧结产物密度测试与计算

在氮化过程完成后又对其进行了烧结研究,原因是工业炼钢中对于钒氮合金的表观密度具有一定的要求,因此探究电场-温度场耦合法对产物表观密度的影响是非常必要的。由于 V_2O_5 的预还原和氮化过程会有 CO 溢出,导致最终产物中存在多孔疏松的结构,因此选取封蜡法来测试烧结产物的表观密度。烧结产物的密度可用下式来计算:

$$\rho = \frac{m_0}{\dfrac{m_2}{\rho_w} - \dfrac{(m_1 - m_0)}{\rho_p}} \tag{5.2}$$

式中:ρ 是烧结后产物的表观密度(g/cm³);m_0 是封蜡前烧结产物的质量(g);m_1 是封蜡后烧结产物的质量(g);m_2 是经细线吊着封蜡后烧结产物完全浸入水中后天平显示的质量(g);ρ_w 是用于浸入封蜡后烧结产物的水的密度,其值取 1.00 g/cm³;ρ_p 是用于使烧结产物外表面密封的石蜡的密度,其值为 0.90 g/cm³。

第6章 电场作用下室温制备三氧化二钒

6.1 三氧化二钒的制备

钒是过渡金属的一种,由于其作为添加剂可以明显改善钢铁、钛合金等的性能,被誉为"现代工业的味精",它是发展现代工业、现代国防和现代科学技术不可缺少的重要材料。钒的氧化物 V_2O_3 有"化学面包"之称,是目前化学工业中的最佳催化剂之一,同时由于 V_2O_3 具有金属-半导体(绝缘体)相变的特性,在新型的电子元件、温度传感器等领域有着广泛应用。此外,V_2O_3 还是钒氮合金和钒铁生产过程中的重要原材料,V_2O_3 比 V_2O_5 有更高的熔点,用它代替 V_2O_5 生产钒氮合金与钒铁可简化生产工艺,缩短生产周期。

目前,V_2O_3 的制备方法主要分为添加还原剂的直接还原法和直接热分解钒酸铵法两种。直接还原法通常以碳质材料为还原剂,在 $500\sim1\,050\,℃$ 的温度范围内还原 V_2O_5 得到 V_2O_3。热分解钒酸铵法通常是在 $300\sim1\,000\,℃$ 的温度范围内分阶段保温分解还原制取 V_2O_3。由于 V_2O_5 具有较低的熔点($670\,℃$),这两种制备方法中为了防止 V_2O_5 的熔融和挥发损失,通常需要在低温下保温一段时间后再升至高温还原。

近年来,电场-温度场耦合技术在陶瓷、镁冶炼和金属成形等众多领域取得了显著的成果。采用该方法可高效降低窑炉温度,然而目前该方法还未在还原 V_2O_5 制备 V_2O_3 中得到应用。本章以 V_2O_5 为原材料,以炭黑粉末为还原剂,尝试了电场作用下室温还原 V_2O_5 制备 V_2O_3。

6.2 室温还原五氧化二钒实验过程

按照 V_2O_5 还原成 V_2O_3 所需的还原剂炭粉的理论配碳比(C 与 V_2O_5 质量比)为 0.14,用电子天平称取 100.0 g V_2O_5 和 14.0 g 炭粉,将它们放入球磨机中,在转速 300 r/min 下充分旋转 60 min,结束后将混合均匀的原材料过筛后装入密封袋。重复上述步骤,得到配碳比为 0.10、0.12、0.16 和 0.18 的四组原料。在样品成型时,称取 0.7 g 配好的原料放入模具中,使用压力机在 350 MPa 的轴向压力下保压 180 s,使其成型为 φ6.0 mm ×

$H9.0$ mm 的圆柱形生料块体。将样品和炭片电极依次串联好放到管式炉中,紧接着在上好法兰后打开真空泵,使得管内产生 10 Pa 的真空度。最后在确认导线连接无问题后,打开调压器使得串联电路中产生稳定的电流。考虑到 V_2O_5 具有较低的熔点,为了避免钒的挥发损失,先在 20 A(电流密度 70.74 A/cm^2)电流下预还原 1 h 后,然后在电流 30 A 和还原时间 1 h 条件下探究了不同的配碳比对还原产物 V_2O_3 的影响,在确定最佳还原配碳比后又探究了电流强度(25 A、27 A、30 A、32 A、35A)和还原时间(20 min、40 min、60 min、80min)对还原产物 V_2O_3 的影响。

6.3 五氧化二钒还原热力学分析

纯的 V_2O_3 是灰黑色结晶或粉末,熔点为 2 070 ℃,具有良好的导电性。本实验以炭黑粉末作为还原剂还原 V_2O_5 制备 V_2O_3。还原过程中主要发生的反应式如下:

$$V_2O_5(s) + C(s) = 2VO_2(s) + CO(g) \tag{6.1}$$
$$\Delta G_1^{\ominus} = -15\ 170 - 165.05T \ (J \cdot mol^{-1})$$
$$2VO_2(s) + C(s) = V_2O_3(s) + CO(g) \tag{6.2}$$
$$\Delta G_2^{\ominus} = 95\ 300 - 158.86T \ (J \cdot mol^{-1})$$

其总反应化学方程式为

$$V_2O_5(s) + 2C(s) = V_2O_3(s) + 2CO(g) \tag{6.3}$$

配碳比(C 与 V_2O_5 质量比)为

$$理论配碳比 = 2C 相对分子质量/V_2O_5 相对分子质量 \approx 0.14$$

V_2O_5 碳热还原为 V_2O_3 的过程中,温度与反应的标准吉布斯自由能的关系如图 6.1 所示。反应式(6.1)、式(6.2)的温度函数由 HSC Chemistry 6.0 计算得出,结果表明,V_2O_5 的还原过程遵循的是逐级还原,由于标准状态下式(6.1)的吉布斯自由能恒小于零,所以 V_2O_5 还原为 VO_2 是自发进行的,在低温下很容易就可得到高熔点的 VO_2。VO_2 还原成 V_2O_3 在温度达到 289.3 ℃时可发生。此外,由于还原过程中生成了 CO,所以降低体系中 CO 的分压也可加速还原反应进行。

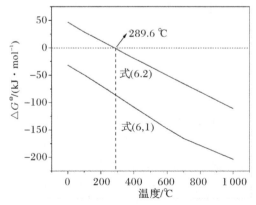

图 6.1　V_2O_5 碳热还原为 V_2O_3 时 $\Delta G^{\ominus}$ 与温度的关系

6.4　室温还原五氧化二钒实验结果与分析

6.4.1　配碳比对还原产物的影响

图 6.2 所示为不同配碳比样品施加 106.10 A/cm² 电流密度电热还原 60 min 后产物的 XRD 图谱。

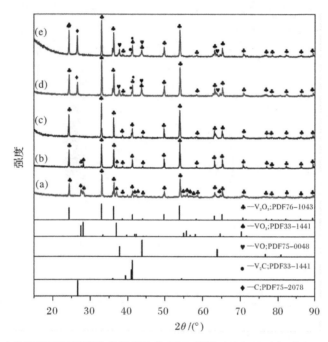

图 6.2　电热还原不同配碳比样品产物的 XRD 图谱（106.10 A/cm²，60 min，10 Pa）

(a)0.10；(b)0.12；(c)0.14；(d)0.16；(e)0.18

根据相关文献，V_2O_5 在还原过程中遵循逐级还原理论。由热力学分析可知，其还原顺序为 $V_2O_5 \rightarrow VO_2 \rightarrow V_2O_3$，在逐级还原过程中想得到高质量且纯净的 V_2O_3，还原剂的用量就显得极为重要。通过在 6.3 节中的计算确定了理论配碳比 0.14，此外又选取了 0.10、0.12、0.16 和 0.18 的配碳比探究了配碳比对还原产物的影响。

由图 6.2 可知，在配碳比低于 0.14 时，产物中主晶相为 V_2O_3，但仍存在少量未被还原的 VO_2，这是由于配料中还原剂的量不足，导致部分 V_2O_5 只被还原为 VO_2。随着配碳比的增加，产物中 V_2O_3 峰值不断增强，VO_2 的衍射峰逐渐消失，在配碳比为 0.14 时，得到了较纯相的 V_2O_3。在配碳比超过 0.14 以后，还原产物中出现了 VO、V_2C 和 C 相，这是由配料中碳过量引起的，在还原得到 V_2O_3 相之后，样品中仍有多余的碳，这部分碳又与 V_2O_3 继续反应，生成了 VO 和 V_2C。

图 6.3 所示是根据反应前、后烧失量的大小计算的不同配碳比下 V_2O_5 还原为 V_2O_3 的

还原率图。随着配碳比的增大，还原率在不断上升，在配碳比为 0.14 时，还原率达到了 98.02%，这与 XRD 的衍射结果相一致，此时 V_2O_5 已基本全部转变为 V_2O_3。配碳比小于 0.14 时，产物中部分 V_2O_5 只被还原成 VO_2，导致还原率较低。配碳比大于 0.14 时，由 XRD 测试结果可知，过量的炭粉与生成的 V_2O_3 进一步发生还原反应，生成 CO，造成质量损失变大，式(5.1)不再适用。这种现象是由电流加热的不均匀性造成的，在样品被视为纯电阻的情况下，焦耳热使得样品内部发热，热量再被传递至表面，就导致了样品的温度不均匀，中心区域温度过高导致了 V_2O_3 与还原剂碳的进一步反应，生成了 VO 和 V_2C。6.4.5 节将详细讨论这一现象。

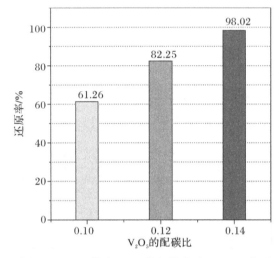

图 6.3 不同配碳比下 V_2O_5 还原为 V_2O_3 的还原率 (106.10 A/cm², 60 min, 10 Pa)

6.4.2 电流密度对还原产物的影响

在确定了 V_2O_5 还原为 V_2O_3 的最佳配碳比 0.14 后，在此配碳比下探究了不同电流密度对还原产物的影响。图 6.4 所示为不同电流密度下产物的 XRD，其衍射峰主要含有 V_2O_3 (PDF76-1043)、VO_2 (PDF73-2362) 和 C(PDF75-2078) 相。在电流密度为 88.42 A/cm² 时，还原产物中主要含有 VO_2，这说明此时电流产生的焦耳热还未达到式(6.2)的反应温度。当电流密度增加至 95.49 A/cm² 时，还原产物中主晶相为 V_2O_3，但仍含有少量未被彻底还原的 VO_2 相。为了得到纯相 V_2O_3，将电流密度提升至 106.10 A/cm²，可发现产物中存在单一相 V_2O_3，这说明在此电流密度下，样品自身由于焦耳热的产生已达到了式(6.2)的反应温度。在电流密度大于 106.10 A/cm² 后，产物的 XRD 表征均为 V_2O_3，这表明室温还原的最佳电流密度为 106.10 A/cm²。据文献记载，V_2O_5 转变为 V_2O_3 通常在 800～1 050 ℃ 的温度区间内完成，在 600～700 ℃ 通常只会完成向 VO_2 的转变，而当电流密度达到106.10 A/cm² 时，产物的相组成为 V_2O_3，这就表明此时的电流密度产生的焦耳热已使得样品自身的温度区间达到了还原温度。

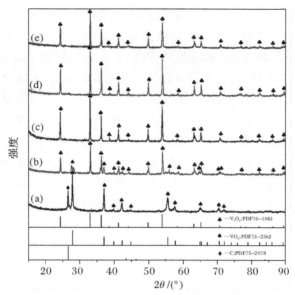

图 6.4　不同电流密度下还原产物的 XRD 图谱(0.14,60 min,10 Pa)

(a)88.42 A/cm²;(b)95.49 A/cm²;(c)106.10 A/cm²;(d)113.18 A/cm²;(e)123.79 A/cm²

为了进一步探究电流密度对 V_2O_5 还原为 V_2O_3 还原率的影响,根据烧失量按照式(5.1)对其还原率进行了换算,结果如图 6.5 所示。

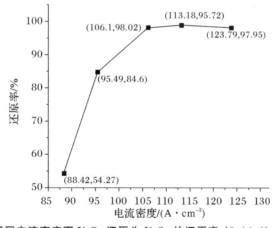

图 6.5　不同电流密度下 V_2O_5 还原为 V_2O_3 的还原率　(0.14,60 min,10 Pa)

可以清楚地观察到,随着电流密度的增大,V_2O_5 转变为 V_2O_3 的还原率在不断升高。在电流密度达到 106.10 A/cm² 时,还原率可达到 98.02%,随着电流密度的持续增大,还原率基本保持不变。通常电流密度的增大会使得样品自身发热产生的热量增多,样品自身的温度也会提升,但在电流密度超过 106.10 A/cm² 后,温度的提升并没有引起还原率的提升,这表明此时 V_2O_5 已基本全部转变为 V_2O_3,这一结果与 XRD 显示的物相相一致。综上所述,可以确定电流密度为 106.10 A/cm² 是室温还原阶段的最佳电流密度。

6.4.3　还原时间对还原产物的影响

在确定了最佳配碳比 0.14 和最佳电流密度 106.10 A/cm² 的前提下,又探究了还原时

间对形成 V_2O_3 产物的影响。图 6.6 所示为样品依次被还原 20 min、40 min、60 min 和 80 min 后产物的 XRD 图谱,其产物主要由 V_2O_3、VO_2 和 C 三相组成。在样品两端施加 106.10 A/cm^2 的电流密度时,20 min 后产物就可被还原成 VO_2;40 min 时产物中就出现了 V_2O_3 相,但仍存在部分未被还原的 VO_2;60 min 时 V_2O_5 已基本全部转变成 V_2O_3;继续延长还原时间至 80 min,其衍射峰强度与 60 min 基本一致。这表明 60 min 可能为还原的最佳时间。

为了进一步确定最佳还原时间,将不同时间下得到的产物的质量损失进行换算,得出了不同反应时间下 V_2O_5 还原为 V_2O_3 的还原率,如图 6.7 所示。由图可以看出,随着还原时间的延长,还原率在不断上升。在还原时间达到 60 min 时,还原率达到了 98.02%,在还原时间继续增加至 80 min 的这段时间内,其还原率增幅较小,基本保持不变。这表明,在还原时间达到 60 min 后,已基本完成了 V_2O_5 向 V_2O_3 的还原转变,可以得出室温还原阶段的最佳还原时间为 60 min。

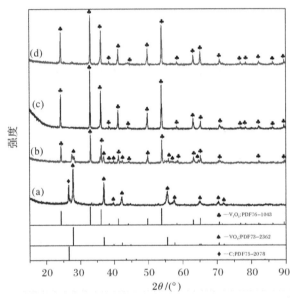
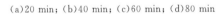

图 6.6　不同反应时间下产物的 XRD 图谱 (0.14,106.10 A/cm^2,10 Pa)

(a)20 min;(b)40 min;(c)60 min;(d)80 min

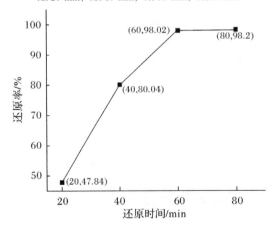

图 6.7　不同反应时间下 V_2O_5 还原为 V_2O_3 的还原率 (0.14,106.10 A/cm^2,10 Pa)

6.4.4　电场作用下室温还原阶段样品实际温度估算

样品在电场-温度场耦合作用下的真实温度可以由式(2.5)进行估算。经过计算,试样的表面积为 2.262×10^{-4} m^2,取室温 25 ℃估算不同电流密度下样品的真实温度,结果见表 6.1。其中 T_1 是样品的真实温度。由表可知,在给样品两端施加 88.42~123.79 A/cm^2 的电流密度时,对应的样品的实际温度介于 722~1 100 ℃,此温度区间已经达到 V$_2$O$_5$ 向 V$_2$O$_3$ 转变的热力学温度区间。在电流密度为 106.10 A/cm^2 时,样品的实际温度平均估计值达到 965 ℃,这个温度与文献记载的温度相接近。

表 6.1　室温还原阶段不同电流密度下样品的真实温度估计(室温 25 ℃)

电流密度/(A·cm^{-2})	88.42		95.49		106.10		113.18		123.79	
T/℃	T_1	ΔT	T_1	ΔT	T_1	ΔT	T_1	ΔT	T_1	ΔT
	722	697	830	805	965	940	1 015	990	1 100	1 075

图 6.8 所示为不同电流密度下对应的样品的真实温度上升曲线。随着电流密度的增大,温度的增长速率略有降低,这表明在 V$_2$O$_5$ 转变为 V$_2$O$_3$ 后样品的实际电阻呈减小的趋势。此外,在电流密度低于 106.10 A/cm^2 时,平均温度低于 965 ℃,由于电流加热使得样品的温度分布具有不均匀性,所以样品中的部分区域未达到还原温度,造成小部分 V$_2$O$_5$ 只完成了向 VO$_2$ 的转变,这与 6.4.2 节中 XRD 观察到存在 VO$_2$ 相的结果相一致。

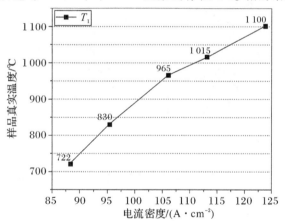

图 6.8　不同电流密度下样品的真实温度估计

6.4.5　电场作用下室温还原阶段最佳条件仿真模拟

用黑体辐射模型估算的样品的真实温度是整个样品温度分布的平均值,观察不到样品的真实温度分布。为了进一步揭示室温还原阶段样品的真实温度分布,选取了配碳比为 0.14 和电流密度为 106.10 A/cm^2 作为仿真基础条件,利用 COMSOL Multiphysics v5.4 软件对样品的真实环境进行了模拟仿真计算,得出了样品的真实温度分布规律。

图 6.9(a)是样品的三维建模图,样品的建模选取了反应的中间过程的某一时刻的电压值作为仿真数据。样品的中间部分被假设为 V$_2$O$_3$,中间以外的区域被假设成 V$_2$O$_5$。两端的两个长方体分别是电热耦合过程中的电极石墨片,夹在电极片中间的为需要被还原的样

品。由于在样品两端施加大电流密度时会使得样品的温度远高于环境温度(25℃),这时样品温度与石墨片存在很大的温差,会导致样品上的热量通过热传导传递至石墨片,所以此种环境下建模就不得不考虑样品传递给石墨片的热量损失。图6.9(b)是样品两端的电势图,图6.9(c)是样品的真实温度分布图,图6.9(d)是样品的等温面分布图。

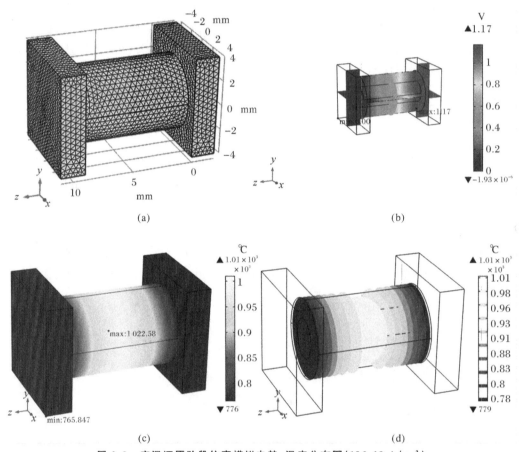

图 6.9　室温还原阶段仿真模拟电势、温度分布图(106.10 A/cm²)

(a)样品的几何结构;(b)电势;(c)样品的实际温度分布;(d)样品的等温面分布

在样品被视为单一纯电阻的情况下,由图6.9(b)可以看出电势的分布由正极到负极呈现逐渐递减的分布,由于是串联电路,可以看到电势均匀地分布于样品上。图6.9(c)是电热耦合后经计算得出的样品的真实温度,可以看到,其整体最高温度为1 022.580 ℃,最低温度是765.847 ℃,温差为256.733 ℃,两端电极片的温度最低,样品中心区域的温度最高。由图6.9(d)可以看到,样品的温度分布具有明显的不均匀性,中心温度向两端逐渐呈递减的趋势,两端石墨片处的温度最低。整体来看,这个温度范围绝大部分已达到了还原阶段V_2O_5向V_2O_3转变所需的温度需求,即样品两端的最低温度基本可以满足还原需求温度,这与6.4.2节中电流密度为106.10 A/cm²时获得的产物的XRD相符合,但边缘部分仍存在极少量V_2O_5未被完全还原为V_2O_3,这使得还原率未达到100%。此外,由仿真结果可知,温度分布的不均匀性还可合理解释6.4.1节和6.4.2节中出现的现象。在6.4.1节中,由于样品中心区域温度较高,在还原剂炭粉过量的情况下,温度过高区域的V_2O_3就会与炭粉继续反应,这就导致产物中出现了 VO 和 V_2C 相。在 6.4.2 节中,在电流密度小于 106.10 A/cm^2 产物中出现了部分未被还原成 V_2O_3 的 VO_2,由仿真结果可知这部分 VO_2 主要存在于样品的两端,这是由于在电流密度较小时,两端部分的温度未达到 VO_2 向 V_2O_3 转变的温度。

为了验证仿真结果的合理性,截取了电流密度为 95.49 A/cm^2 时还原产物两端的区域,测试了其 XRD 图谱,如图 6.10 所示。可以看出,其物相主要含有 VO_2 和 V_2O_3,VO_2 为主晶相。由于是人为的截取,无法保证截取部分中只含有 VO_2,但截取部分中 VO_2 为主晶相,与6.4.2节中 XRD 图谱相比较,可知截取部分中 VO_2 相含量较多,恰好证实了仿真结果温度分布的可靠性。

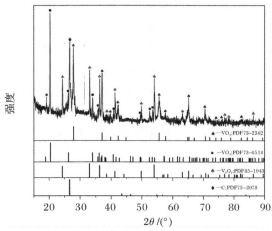

图 6.10　样品两端区域的 XRD (95.49 A/cm^2)

6.5　室温制备三氧化二钒小结

本章我们以 V_2O_5 和炭粉为原料,探究了室温真空条件下用电流辅助技术还原 V_2O_5 制备 V_2O_3 的过程,详细研究了配碳比、电流密度和还原时间对还原率的影响。本章的结论如下:

(1)采用电流辅助技术,在室温和真空度 10 Pa 条件下,配碳比为 0.14 时,采用两阶段还原法制备 V_2O_3,第一阶段在电流密度 70.74 A/cm^2 下预还原 1 h,第二阶段在电流密度为 106.10 A/cm^2 时,室温还原 1 h,使得 V_2O_5 转变为 V_2O_3,还原率可达 98.02%。

(2)计算机仿真结果表明,该法样品的真实温度分布具有对称性和不均匀性,温度最大值与最小值的差的范围较大,样品中心区域温度较高,两端边缘部分温度最低。炭粉在过量的情况下易与 V_2O_3 继续反应生成 V_2C 或 VO。为保证得到 V_2O_3 的纯度,应严格控制配碳比在 0.14 以下。

(3)用黑体辐射模型合理解释了电场-温度场耦合法室温还原 V_2O_5 制备 V_2O_3 的反应机理。电流密度的加大会导致焦耳热效应的增强,从而提高了样品的实际温度。在电流密度为 106.10 A/cm^2 时,其平均温度估算值 965℃与文献记载的还原温度基本符合。

第7章 电场-温度场耦合低温制备氮化钒

7.1 氮化钒低温合成

过渡金属碳化物和氮化物因其优异的化学和物理性能而成为近年来的研究热点。氮化钒（VN）作为过渡金属氮化物的一员，具有极高的硬度、优异的耐腐蚀性、优异的热稳定性和化学稳定性、良好的耐腐蚀性。因此，它作为一种微合金化添加剂被广泛应用于钢铁工业中，以提高晶粒度、强度和硬度。在钢强度相同情况下，添加 VN 可降低钢消耗 $30\% \sim 40\%$ 的钒，从而降低钢材成本。

近年来，低碳制造越来越受到重视，电场-温度场耦合技术在陶瓷、镁冶炼、金属成型等诸多领域得到了成功的应用。该技术可减少传统火焰窑产生的 CO_2 排放量，但目前尚未应用于 VN 合金的合成。

考虑到炭粉作为原材料还原剂价廉且容易获取，原料 V_2O_5 价格低廉，以及真空条件下制备的 VN 合金产品性能稳定，本研究证实了电流辅助技术在真空条件下制备 VN 合金的可行性；系统地研究了反应时间和电流密度对产物中碳、氮含量的影响，讨论了耦合电热场的诱发反应途径。此外，还通过计算机模拟仿真了样品在电热耦合场作用下的真实温度分布。

7.2 低温合成氮化钒实验过程

将购买的原材料在玛瑙研钵中充分研磨 30 min，使得粉末混合物混合均匀；用电子天平称取 0.7 g 研磨好的原材料装入成型模具中，使用压力机在 350 MPa 的轴向压力下保压 180 s，使其成型为 $\phi 6.0~mm \times H9.0~mm$ 的圆柱形生料块体，如图 7.1 所示。

图 7.1 氮化前试样外观图

将成型好的样品用分析天平精确测量其质量并记录后,将其放置到氧化铝瓷舟中,用炭片做正、负电极形成串联电路。将串联好试样的装置依次放入管式炉中,在两端通过法兰将其进行密封。在法兰的两端依次连接上提供电源装置的导线,用于提供电热耦合场中的电场。打开真空泵开关,将管式炉管子中的气体抽尽,使其产生 10 Pa 的真空度,然后设置炉温使其以 5 ℃/min 的速率升温。为了减少 V_2O_5 的挥发损失,炉温应首先被设置为 650 ℃保温一段时间,并且使样品两端流过 3 A 的电流,研究 V_2O_5 的还原程度。在预还原完成后,将炉温升至 900 ℃后打开法兰的阀门向管式炉中通入高纯 N_2,观察压力表,使其达到微正压 0.12 MPa,通过调节调压器使整个串联电路中流过稳定大小的电流。此时进入电热场耦合阶段,样品被内部的焦耳热和外部的炉温同时加热。本节研究了样品两端流过稳定的电流(6~12 A)和不同氮化时间(1~6 h)对形成 VN 产物的影响。待氮化反应完成后,以 5 ℃/min 的降温速率使刚玉管冷却至室温后,打开法兰阀门放气至一个大气压后取出氮化后的产物,装入密封袋封存用于进行测试。

7.3　氧化钒氮化热力学分析

钒氧化物主要包括 V_2O_5、V_2O_4、V_2O_3 和 VO,还原顺序按氧势大小依次为 $V_2O_5 \rightarrow V_2O_4 \rightarrow V_2O_3 \rightarrow VO \rightarrow VC$。在 6.3 节中已经讨论了 V_2O_5 向 V_2O_3 的转变过程,在转变为 V_2O_3 后,氮化阶段其主要发生以下反应:

$$V_2O_3(s) + 3C(s) + N_2(g) = 2VN(s) + 3CO(g) \tag{7.1}$$
$$\Delta G_3^{\ominus} = 417\ 560 - 314T\ (J \cdot mol^{-1})$$
$$V_2O_3(s) + 5C(s) = 2VC(s) + 3CO(g) \tag{7.2}$$
$$\Delta G_4^{\ominus} = 655\ 500 - 475.68T\ (J \cdot mol^{-1})$$
$$VN(s) + C(s) = VC(s) + 1/2\ N_2(g) \tag{7.3}$$
$$\Delta G_5^{\ominus} = 112\ 549 - 72.84T\ (J \cdot mol^{-1})$$

根据自还原过程中标准吉布斯自由能的变化可知,反应式(7.1)和式(7.2)分别在温度 1 057 ℃和 1 105 ℃发生。由反应式(7.3)可以看出,在温度高于 1 271 ℃时,VN 开始向 VC转化,因此控制还原温度在 1 271 ℃以下有利于合成 VN。此外,如果在真空环境下进行上述反应,降低 CO 分压也有利于还原过程的进行。

7.4　五氧化二钒预还原过程

V_2O_5 具有较低的熔点,当采用 V_2O_5 作为原料制备 VN 时,通常需要将 V_2O_5 在低温下还原,使其成为钒的高熔点、低价氧化物。图 7.2 所示为不同预还原炉温下还原样品的 XRD 图谱,其峰位置与标准卡片 VO_2(PDF 76 - 0456)和 V_2O_3(PDF 76 - 1043)的峰值相对应。

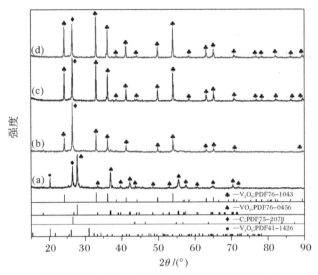

图 7.2　不同预还原温度下还原样品的 XRD 图谱（10.61 A/cm²，10 Pa）

(a)300℃,3 h；(b)500℃,3 h；(c)650℃,1 h；(d)650℃,2 h

VO_2 的衍射峰依次对应的衍射角 2θ 值为 27.8°、33.4°、37.0°、39.7°、42.1°、44.0°、55.5°、57.4°、64.9° 和 70.3°，V_2O_3 的衍射峰对应的衍射角 2θ 值为 24.3°、33.0°、36.2°、41.2°、49.8°、53.9°、63.1°、65.1°、70.7° 和 82.1°。由图 7.2(a) 可以看出，在 300℃还原 3 h 后出现了 VO_2 相，这与相关文献中需要 700℃炉温还原相比，明显降低了还原过程中设备的炉温。当还原温度提升到 500℃时，由图 7.2(b) 可以得出，在 3 h 内 V_2O_5 可以被完全还原成低价钒氧化物 V_2O_3。

为了减少预还原过程中的还原时间，将还原炉温提升到 650℃，在 10.61 A/cm² 的电流密度下分别保温 1 h 和 2 h，还原后样品的 XRD 图谱如图 7.2(c)(d) 所示。通过对比可以看出，图 7.2(c) 和图 7.2(d) 的衍射峰的位置是完全相同的，并且衍射峰的强度也没有明显的变化，可以得出，V_2O_5 在 650℃时还原 1 h 就可得到 V_2O_3。据文献记载，V_2O_5 在 1 100～1 300℃温度下可在 4 h 内被彻底还原成 V_2O_3，但采用电场-温度场耦合的方法在电流密度为 10.61 A/cm² 和设备温度为 650℃的条件下，可在 1 h 内将 V_2O_5 转变成 V_2O_3。这种方法不仅明显降低了还原阶段的设备温度，还缩短了 V_2O_5 转变成 V_2O_3 的时间。通过以上对比可以得出，电场-温度场耦合法在预还原阶段的最佳参数是：设备炉温 650℃，电流密度 10.61 A/cm²，还原时间 1 h。

7.5　三氧化二钒氮化实验结果与分析

由于氮化钒的合成中工艺参数对产物中氮和碳的含量有着明显的影响，所以合成的氮化钒中钒、氮和碳的含量也有着明显的差异。按照我国国家标准 GB/T 20567—2020《钒氮合金》，将含钒、氮和碳元素不同的氮化钒分成了 VN12、VN16 和 VN19，本章中我们将合成 VN16。

查阅相关文献了解到，氮化温度和氮化时间会影响到最终产物中氮和碳的含量。考虑到采用电热耦合场的目的是为了降低制备过程中的环境温度，用样品自身流过电流时产生的焦耳热来弥补降低的温度,所以本节选取了低温炉温 900℃、电流强度 6~12 A 和氮化时间 1~6 h 为合成 VN 的条件,系统地研究了电流密度和反应时间对合成 VN 的影响,测试表征了氮化后产物中碳和氮的含量,确定了在 900℃时合成 VN 的最佳电流密度和反应时间;揭示了电流密度和反应时间两个变量随产物中氮和碳元素的变化规律,并用 COMSOL Multiphysics v5.4 软件模拟仿真了最佳反应条件。

7.5.1　不同电流密度下氮化产物的相变分析

查阅文献可知,在氮化时间达到 4 h 时,氮化反应可以进行完全,因此本节选取氮化时间为 4 h,探究了电流密度对形成 VN 相的影响。图 7.3 所示是在炉温 900℃和氮化时间 4 h 时不同电流密度下获得产物 XRD 图谱。图(a)~(g)对应的制备电流密度分别为 21.22 A/cm²、24.76 A/cm²、28.29 A/cm²、31.83 A/cm²、35.37 A/cm²、38.90 A/cm² 和 42.44 A/cm²。从图中可以看出,电流密度为 21.22 A/cm²、24.76 A/cm²、28.29 A/cm²、31.83 A/cm²,制备的样品均由 VN(JCPDS 35-0768,$a = 4.139$Å)、V_2O_3(JCPDS 34-0187)和 C(JCPDS 75-2078)构成。VN 的衍射峰依次对应的衍射角 2θ 值为 37.6°、43.7°、63.5°、76.2°和 80.3°,V_2O_3 的衍射峰对应的衍射角 2θ 值为 24.3°、33.0°、36.2°、49.8°和 53.9°。由图 7.3 可以看出,随着电流密度的增加,V_2O_3 的衍射峰强度逐渐降低,产物中 VN 相的衍射峰强度明显增强。这表明,在电场-温度场耦合加热作用下,样品自身的真实温度已经达到了氮化阶段的温度需求,反应式(7.1)主要发生在这一阶段,V_2O_3 被直接还原氮化成 VN。由反应动力学分析可知,在不同的温度范围内,反应发生的速率不同。反应式(7.1)的系统在 1 340~1 410 K温度范围内可获得有利的动力学条件,随着电流密度的增大,样品自身的真实温度也会提升,温度的升高使反应物分子活性增强,加快了反应速率,反应式(7.1)得到了有利的动力学反应条件,V_2O_3 逐渐都转变成了 VN 相。

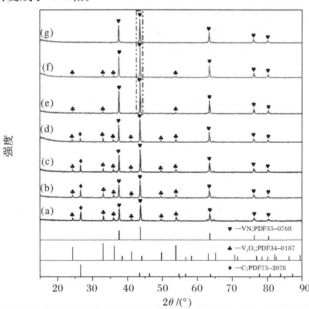

图 7.3　N_2 气氛中不同电流密度下制备产物的 XRD 图谱(900 ℃,4 h,0.12 MPa)
(a)21.22 A/cm²;(b)24.76 A/cm²;(c)28.29 A/cm²;(d)31.83 A/cm²;
(e)35.37 A/cm²;(f)38.90 A/cm²;(g)42.44 A/cm²

图 7.4 所示是图 7.3 中虚线方框圈出区域的放大图,此区域为 VN 在 $2\theta=43.7°$ 位置处衍射峰。

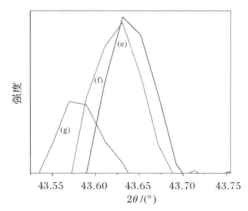

图 7.4 **VN 在 $2\theta=43.7°$ 位置处衍射峰的局部放大图**

与 VN 相邻的 VC 的衍射峰在 $2\theta=43.4°$,VN 与 VC 的衍射峰的位置基本相同。从局部放大图中比较图谱 7.3(e)~(g) 可以看出,VN 的衍射峰位置向低角度位置有微小的偏移,这是由样品自身的真实温度过高,反应式(7.3)发生使 VN 开始转变为 $V(N_{1-x}C_x)$ 造成的。在炉温为 900℃ 时,若电流密度超过 35.37 A/cm²,样品中会生成 $V(N_{1-x}C_x)$ 的固溶体,导致氮化产物中 N 含量降低,C 含量提高。为了保证制备产物中渗入最多的 N 元素,在炉温 900℃ 时电热耦合的最佳氮化电流密度为 35.37 A/cm²。

7.5.2 不同氮化时间下产物的物相转变分析

不同氮化时间下制备产物的 XRD 图谱如图 7.5 所示,其中图(a)是在 N_2 气氛中氮化 1 h 后产物的 XRD 图谱,其主晶相构成主要为 V_6C_5。V_6C_5 的衍射峰对应的衍射角 2θ 值依次为 37.4°、43.5°、63.2°、75.9° 和 79.9°,这表明反应式(7.2)主要在这一阶段进行,这与文献中所描述的结果一致,以 V_2O_3 为原料埋碳还原制备 VN 时,通常 V_2O_3 先被碳化生成 VC 后再渗氮形成 VN。

此外,对比图 7.5 中曲线还可以看出,随着氮化时间的延长,VN 的衍射峰对应的衍射角的位置向高角度位置有微小的偏移,这表明 VC 相在逐渐向 VN 相转变,产物中渗入了更多的 N 元素,生成了更多的 VN 相。V_2O_3 衍射峰的强度随着反应时间的延长在不断降低,当氮化时间达到 4 h 时,V_2O_3 的衍射峰基本完全消失,绝大部分 V_2O_3 已全部转变为 VN,这个结果与文献中所描述的现象一致。观察氮化 4 h 后生成样品的 XRD 图可以发现,仍然存在很微弱的 V_2O_3 的衍射峰,这表明在样品中仍含有少量的 V_2O_3。此外,仔细观察对比曲线[见图 7.5(d)~(f)]可以发现,当反应时间延长时,V_2O_3 的衍射峰仍然存在并且无明显的降低,这说明样品中存在少量未被氮化的 V_2O_3。这种现象是由电场-温度场耦合加热使样品自身的温度分布不均匀造成的,样品两端边缘处温度低于中心温度区域,样品两端边缘部分的实际温度并没有达到氮化所需的温度,所以随着氮化时间的延长,这极少部分的

V_2O_3 仍然存在,未被氮化。电场-温度场耦合加热的不均匀性我们将在 7.5.6 节中详细讨论说明。

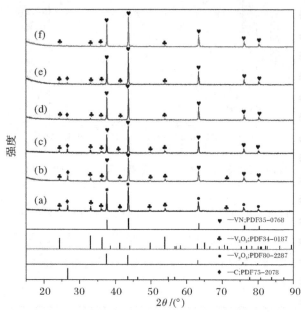

图 7.5　N_2 气氛中不同氮化时间下制备产物的 XRD 图谱(900 ℃,35.37 A/cm²,0.12 MPa)

(a)1 h;(b)2 h;(c)3 h;(d)4 h;(e)5 h;(f)6 h

7.5.3　电流密度对产物中碳、氮元素含量及形貌演变的影响

图 7.6 所示为当炉温 900 ℃、通入微正压 0.12 MPa 氮气、氮化 4 h 时,不同电流密度下氮化产物的碳和氮元素含量的变化趋势图。由图可知,在电流密度为 35.37 A/cm² 时,氮化产物中 N 元素含量最高(达到 17.99%),C 元素含量最低(为 1.76%)。在电流密度由 21.22 A/cm² 增大至 35.37 A/cm² 的过程中,氮化产物中的 N 元素含量呈现逐渐增加的趋势,而 C 元素含量呈现逐渐降低的趋势。当施加在样品上的电流密度超过 35.37 A/cm² 时,氮化产物中的 N 元素含量呈现下降的趋势,而 C 元素含量则呈现上升的趋势,此现象与 7.3 节中热力学分析结果和 7.5.1 节中衍射峰位置向小角度微小偏移现象完全一致。样品自身的温度在电流密度超过 35.37 A/cm² 时已超过最佳氮化温度,导致产物中 N 元素含量降低和 C 元素含量提高,这与文献记载结果相一致。在氮化阶段,当氮化温度高于 1 271 ℃ 时,产物中将形成更多 VC 或 $V(N_{1-x}C_x)$ 固溶体,会使产物中 N 元素含量下降、C 元素含量升高。电场-温度场耦合作用后样品的真实温度可以用焦耳热效应来解释,这部分内容将在 7.5.5 节详细讨论。

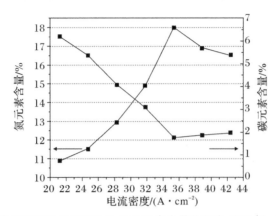

图 7.6 不同电流密度对氮化产物中 C、N 元素含量的影响（900 ℃,4 h,0.12 MPa）

图 7.7 所示是在炉温 900 ℃、氮化时间 4 h 时,不同电流密度下制备产物的 SEM 图。观察产物的 SEM 图可知,电流密度对粉末颗粒的形貌有明显的影响,随着电流密度的增大,粉末颗粒的粒径呈现增大的趋势。在低电流密度下制备的粉末样品的颗粒尺寸相对较小且存在严重的团聚现象。当电流密度达到 35.37 A/cm^2 时,产物中粉末颗粒分布更加均匀,粉末颗粒的尺寸与低电流密度产物相比也显著增大,晶体结构呈现多粒子堆积的形状。当电流密度超过 35.37 A/cm^2 时,粉末颗粒间出现了严重的团聚现象,造成此现象的原因可能是电流过大导致温度过高。此外,还可以发现,每种电流密度下制备出产物的晶粒尺寸大小有明显的差异,造成这一现象的主要原因是电场-温度场耦合加热使得样品自身的温度分布具有明显的不均匀性(在 7.5.6 节将进行计算机模拟仿真,可以明显地观察到样品真实温度分布的不均匀性)。

为了进一步揭示氮化产物中元素的分布,选取在电流密度 35.37 A/cm^2 下氮化 4 h 的产物进行 EDS 表征。图 7.8 所示是产物中 C、N 和 V 元素的分布结果,由图可以发现,V 和 N 元素的分布几乎是重叠的,C 元素在电场中的分布相对均匀。EDS 结果表明,氮化产物为 C、N 和 V 元素的固溶体,考虑到图 7.8 中的分散碳,C 元素含量的高低会对 VN 的质量产生很大影响,所以测试其 C 元素含量是非常必要的,测试结果为 1.76%。此外,用元素分析仪对产物中 O 和 H 元素的含量也进行了测试,并以原子摩尔分数表示了产物的所有组成,见表 7.1。产物中 C 元素的存在可由热力学分析得到解释,在氮化阶段反应式(7.1)和式(7.2)是同时发生的,产物中会同时存在 V_6C_5 和 VN 或 $V(N_{1-x}C_x)$ 固溶体。由于反应式(7.1)获得了良好的动力学条件,所以氮化产物的主晶相是 VN,但由于反应式(7.2)在氮化阶段仍然存在并在进行,所以导致氮化产物中仍存在少量的 V_6C_5 或 $V(N_{1-x}C_x)$ 固溶体,这与氮化产物中元素映射分布结果是一致的。

图 7.7　N_2 气氛下不同电流密度制备产物的 SEM(900 ℃,4 h,0.12 MPa)

(a)21.22 A/cm²;(b)28.29 A/cm²;(c)35.37 A/cm²;(d)42.44 A/cm²

图 7.8　产物的元素分布和能谱图(900 ℃,4 h,35.37 A/cm²)

表 7.1　产物的原子组成百分比

原 子	V	N	C	O	H
摩尔分数/%	49.29	40.61	4.63	1.38	4.09

7.5.4　反应时间对产物中氮元素含量的影响

为了探究电场–温度场耦合法制备 VN 过程中,氮化时间对产物中 N 元素含量的影响,选取耦合条件——炉温 900 ℃ 和电流密度 35.37 A/cm² 系统地研究了氮化 1～6 h 产物中氮元素含量的变化。图 7.9 展示了氮化时间对产物中 N 元素含量的影响,观察曲线的变化趋势可以发现,氮化时间小于 4 h 时,反应时间对产物的 N 元素含量影响较大,氮化时间太短,无法使氮化反应进行完全,导致产物中 N 元素含量较低。总体来看,产物的 N 含量随着氮化时间的延长在不断增加。但是当氮化时间超过 4 h 时,氮化时间对产物的 N 含量影响很小,产物中 N 元素的含量增加较为缓慢,这表明试样在 4 h 内基本实现完全氮化,其 N 元素含量已经达到 17.99%。此外,我们还发现,在氮化反应进行 1 h 后,产物中 N 元素的含量已经达到 10.8%,与文献的结果相比,氮化阶段的反应速率明显提高。通常,反应速率增大意味着反应活化能减小,这也进一步说明,在电场–温度场耦合作用下,氮化反应所需的活化能降低,使得反应速率较传统热辐射方式加快。

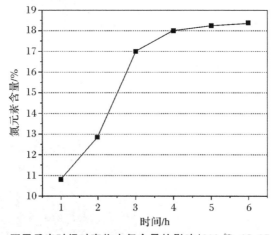

图 7.9　不同反应时间对产物中氮含量的影响(900 ℃,35.37 A/cm²)

在电场–温度场耦合作用下加热样品时,部分热量来源于电流直接产生的焦耳热,相比传统热辐射加热,该方法简化了能量之间的转换过程,可以起到提高传热效率并降低能耗的作用。为了证实这个猜想,我们用电能表分别测量了传统方法和该方法所消耗的电能。新方法在 900 ℃ 炉温、电流密度 35.37 A/cm²、保温 4 h 的条件下,总能耗为 6.084 kW·h,传统方法在 1 300 ℃、保温 4 h 的条件下总能耗为 8.240 kW·h,通过计算可以得出新方法能耗约为传统方法的 73.83%。

7.5.5　电场–温度场耦合下碳化、氮化阶段样品实际温度的估算

样品在氮化阶段电场–温度场耦合作用下的真实温度可根据式(2.5)进行估算,样品的表面积 A 取值为 2.262×10^{-4} m²,辐射系数 ε 的取值为 0.85,估算后不同电流密度下样品

的真实温度见表 7.2,其中 T_1 是电场-温度场耦合后样品的平均温度,ΔT 是样品估算真实温度与炉温的差值。从表可知,随着电流密度的增加,样品的实际温度逐渐升高,这是由于电流密度增大时,样品自身产生的焦耳热增大导致样品自身温度升高。当电流密度为 35.37 A/cm^2 时,试样的实际估算温度达到 1 350 ℃,这个温度满足了氮化阶段热力学所需的温度,与文献记载中所需的温度相贴近。此外,这个温度也接近 1 271 ℃ 的热力学温度,没有使反应式(7.3)大范围发生而影响 VN 中 N 元素的含量。在电流密度超过 35.37 A/cm^2 以后,样品自身的真实温度已远超过 1 271 ℃,热力学上为反应式(7.3)提供了有利的条件,使得产物 VN 中 N 元素含量降低,C 元素含量上升,这合理地诠释了 7.5.1 节和 7.5.3 节中所观察到的现象。

表 7.2　不同电流密度下样品的实际温度估算值(炉温 900 ℃)

电流密度/$(A \cdot cm^{-2})$	21.22	24.76	28.29	31.83	35.37	38.90	42.44
T_1/℃	1 149	1 196	1 252	1 299	1 350	1 401	1 461
ΔT/℃	249	296	352	399	450	501	561

7.5.6　低温电场-温度场耦合制备氮化钒的最佳条件模拟仿真

反应过程中,在稳流状态下样品两端的电压随着反应的进行在不断地发生变化,为了研究反应过程中样品的真实温度,选取了氮化反应的中间过程作为研究对象。由于渗氮是从样品的表面渗入到内部,所以假设样品的最外层生成的是 VN,中心区域生成的是 V_6C_5,介于最外层和中心区域的为 V_2O_3。基于上述假设,利用仿真软件 COMSOL Multiphysics v5.4 对样品的三维几何结构进行了仿真建模。如图 7.10 所示,它是由 126 331 个四面体网格组成的。仿真过程中用到的材料的物理性能参数见表 7.3。

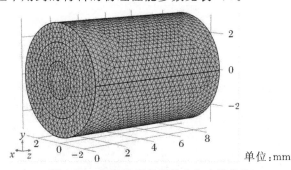

单位:mm

图 7.10　氮化阶段样品的几何建模结构

表 7.3　材料的物理性能

材料种类	两端电压/V	电导率/$(S \cdot m^{-1})$
V_2O_3	6.6	482.287 8
V_6C_5	5.5	578.745 3
VN	5.0	636.619 8

电场-温度场耦合作用下进入稳定状态后样品的真实温度模拟仿真结果如图 7.11 所示,其中图(a)是样品的真实温度分布,图(d)为样品的等温线分布,图(b)(c)为样品的等温

面分布。由仿真结果可知,整个样品自身温度最大值可达 1 420.90 ℃,最小值为
1 310.17 ℃,高温区域主要分布在样品的中心,低温区域主要分布在样品两端的边缘区域。
样品的真实温度呈现出阶梯状,从中心区域温度向两端呈现出递减的趋势,样品的温度分布
具有明显的不均匀性。在 7.5.2 节中,我们发现延长氮化时间并不能使得 V_2O_3 的衍射峰
完全消失,这是边缘部分的温度低,极少部分 V_2O_3 没有参与氮化反应造成的,但这只是很
少的一部分。造成样品自身温度分布不均匀的主要原因是:在进入电场-温度场耦合状态
后,样品自身的温度要明显高于周围环境温度,这就使得样品表面会与周围环境产生辐射传
热,此外管内的 N_2 还会形成对流换热,导致样品的表面温度低于内部温度。在这种状态
下,样品表面和内部就会产生温差,高温区域通过热传导向低温区域传递热量,这就造成样
品的真实温度分布是从中间向两端递减分布。此外,通过仿真还可以得出,样品温度分布的
温差主要由材料的导热系数决定,导热系数与温差的大小成反比,即导热系数越大温差越
小,导热系数越小温差越大。仿真模拟得到的温度范围基本达到了氮化阶段所需的温度,仿
真结果与实验结果和热力学分析的结果相吻合。

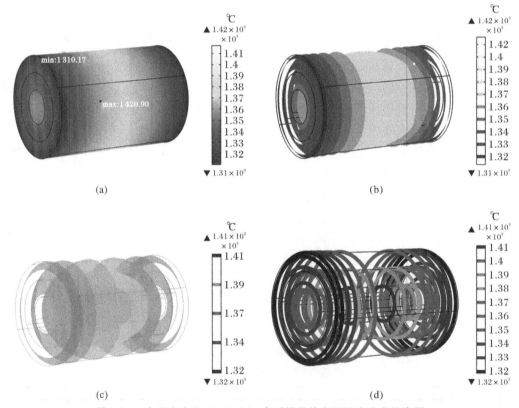

图 7.11　电流密度为 35.37 A/cm² 时样品的实际温度分布仿真图

(a)样品的实际温度分布;(b)样品表面的等温面分布;(c)样品的等温表面;(d)样品的等温线分布

7.5.7　产物中不同区域的元素分布

为了证实仿真结果中样品两端边缘部分温度低是造成少量 V_2O_3 未被氮化的原因,在
氮化过程完成后,取出样品分别刮取其一端的中心和边缘区域的粉末作为检测对象,并对这

两个区域的样品进行了 TEM 测试,如图 7.12 所示。

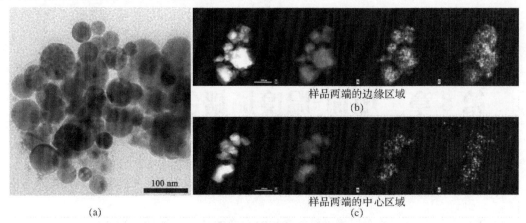

样品两端的边缘区域
(b)

样品两端的中心区域
(c)

(a)

图 7.12　氮化产物的 TEM 和 EDS 结果 (900℃,35.37 A/cm²,4 h)

其中,从图 7.12(a)展示的样品的形貌图,可以看出颗粒呈现球状,颗粒的大小分布不均匀,这与 7.5.3 节中扫描电镜观察到的结果一致。图 7.12(b)(c)展示的分别是样品一端的边缘区域和中心区域的元素映射分布结果,由图和各元素含量结果可以明显看出,O 元素在边缘区域分布较为密集,其含量高达 17.22%;中心区域氧元素分布较为分散,含量为 4.74%。这个数据与仿真模拟的结果是完全吻合的,与实验得到的结果也是一致的,由于两端温度低,边缘区域确实存在极少量 V_2O_3 未被氮化,但这只是少量的。

7.6　氮化钒合成小结

本章在电场-温度场耦合作用下成功制备了 VN 产品,探究了电流密度和氮化时间对产物中 N 和 C 元素含量的影响,并对耦合后样品的温度分布及样品微观形貌进行了揭示。本章的主要结论如下:

(1)在电场-温度场耦合条件为炉温 650 ℃、电流密度 10.61 A/cm²、真空度 10 Pa 时,V_2O_5 可以在 1 h 内被迅速还原为 V_2O_3。

(2)在耦合条件为炉温 900 ℃、电流密度 35.37 A/cm² 和 0.12 MPa 氮气压力时氮化 4 h 可成功制备出 VN,样品中含氮量为 17.99%,含碳量为 1.76%。

(3)当电流密度超过 35.37 A/cm² 时,样品中 VN 开始转变为 VC 或 $V(N_{1-x}C_x)$ 固溶体,导致样品中 N 含量开始下降,C 含量开始增加。

(4)计算机模拟仿真结果表明,由于试样本身的热传导和热辐射,试样的实际温度分布具有明显的不均匀性,但试样的总体温度范围与氮化阶段所需的温度基本一致。

(5)将该法与传统的制备方法进行了对比,发现前者在节约能源的同时减少了化石燃料燃烧造成的污染,减少了碳排放。此外,该法在传统生产中还可以延长窑炉的使用寿命。

第8章 电场-温度场耦合烧结氮化钒

8.1 氮化钒烧结

据统计大约有85%的金属钒以钒铁和钒氮合金的形式被添加到钢铁生产中,用以提高钢的强度、韧性、延展性、耐热性及抗热疲劳性等综合机械性能,同时还可使钢材具有良好的可焊接性。目前,钒氮合金作为一种新型的合金添加剂,可替代钒铁用于微合金化钢的生产,这主要是由于钒氮合金具有以下优点:

(1)钒氮合金比钒铁具有更好的强化和晶粒细化作用。

(2)在使钢材达到相同强度的条件下,钒氮合金与钒铁相比可以节约20%~40%的钒用量。

(3)钒氮合金使用方便,损耗少,采用高强度防潮包装,可直接加入炉中使用。

针对钢铁生产中使用的钒氮合金,工业上对其表观密度有一定的要求,在达到表观密度3.00 g/cm³后可用作钢铁生产中的添加剂。目前钒氮合金生产过程中烧结阶段所需的温度范围在1 400~1 800 ℃之间,高温环境有利于粉末样品的致密化,提高钒氮合金的表观密度,但高温环境会造成工业窑炉寿命的缩短以及大量CO_2气体的排放。

在本章中,电流辅助技术将被用于钒氮合金的烧结过程中,使用该技术的主要目的是降低烧结过程中设备的高温和减少CO_2气体的排放,实现在低炉温环境中获得高表观密度的VN产品。本章还系统研究了不同炉温下获得工业级密度VN产品所需的电流密度和烧结时间,利用焦耳热效应解释了该电场-温度场耦合后样品的实际温度,此外,还通过计算机模拟仿真了样品在耦合电热场作用下的真实温度分布。

8.2 氮化钒烧结实验过程

样品在炉温900 ℃、电流密度35.37 A/cm²、0.12 MPa氮气气氛的条件下,氮化4 h完成氮化过程后,又继续以5 ℃/min的升温速率使炉温达到1 200 ℃,之后在此温度下依次保温1 h、2 h、3 h。同时在样品两端依次施加了6 A、8 A、10 A和12 A的电流,使试样进入电场-温度场共同加热阶段,探究不同电流密度和不同烧结时间对烧结产物微观形貌和表观密度的影响。在得到上述实验结果后,又针对不同温度(1 150 ℃、1 250 ℃和1 300 ℃)重复上述工作,探究不同温度下达到烧结所需产物的表观密度和烧结时间。待烧结过程完成后,以5 ℃/min的降温速率冷却刚玉管至室温,打开阀门取出烧结后的产物用于测试表征。

8.3 氮化钒烧结实验结果与分析

本节探究了电流密度、烧结炉温和烧结时间对产物表观密度的影响,主要目的是给出在不同炉温下达到国家标准《钒氮合金》(GB/T 20567—2020)最低标准密度所需的电流密度和烧结时间。根据《钒氮合金》,钒氮合金按化学成分不同分为 VN12、VN16 和 VN19 三个牌号,其化学成分符合表 8.1 的规定。其中 VN12 和 VN16 牌号的表观密度应不小于 3.00 g/cm³,VN19 牌号产品的表观密度应不小于 2.6 g/cm³。由 7.5.3 节可知,本章制备的钒氮合金氮和碳含量满足 VN16 牌号要求。

表 8.1 钒氮合金的牌号和化学成分

牌号	化学成分(质量分数)/%				
	V	N	C	P	S
VN12	77.0~81.0	10.0~<14.0	≤10.0	≤0.06	≤0.10
VN16		14.0~<18.0	≤6.0		
VN19	76.0~81.0	18.0~20.0	≤4.0		

8.3.1 电流密度对产物密度和形貌的影响

图 8.1 所示是在不同炉温下,烧结产物的表观密度随电流密度的变化趋势图。整体看来,随着烧结电流密度的增大,样品的表观密度呈现递增的趋势。这是由于样品在进入电场-温度场耦合加热状态之后,电流密度的增大使得样品自身产生的焦耳热增加,导致样品自身的温度升高,样品自身产生了收缩致密化,使得体积减小,密度增大。由图可看出,在炉温 1 200 ℃,烧结电流密度达到 42.44 A/cm² 时,烧结过程只需进行 1 h,产物的表观密度就可达 3.20 g/cm³。随着炉温的继续升高,在 1 250 ℃环境中,当电流密度达到 35.37 A/cm² 时,烧结 1 h 就可得到满足国家标准对钒氮合金规定的表观密度,其表观密度值达到 3.08 g/cm³。在炉温升至 1 300 ℃时,只需烧结电流密度达到 28.29 A/cm²,就可在 1 h 之内使 VN 快速烧结,其表观密度可达到 3.14 g/cm³。

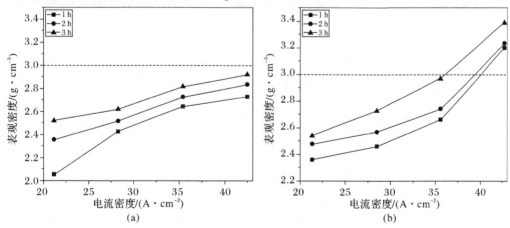

图 8.1 不同电流密度对烧结产物表观密度的影响(0.12 MPa)

(a)1 150 ℃;(b)1 200 ℃;

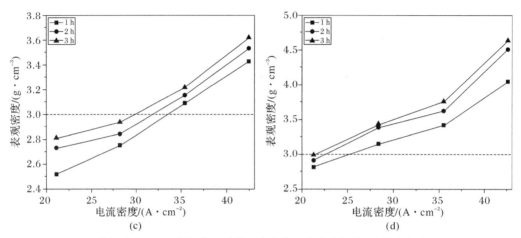

续图 8.1　不同电流密度对烧结产物表观密度的影响(0.12 MPa)

(c)1 250 ℃；(d)1 300 ℃

通过对比以上达到国家标准要求的表观密度的烧结条件可以发现,随着炉温的升高,达到 VN16 的标准表观密度所需的烧结电流的大小呈现降低的趋势。这是由于电场作用使得样品自身产生的焦耳热和温度场产生的辐射热是互补的作用,在样品所需的烧结温度一定的情况下,烧结炉温和电流密度成反比关系,炉温高时所需的烧结电流密度低。

为了进一步揭示电流密度对烧结产物表观密度的影响,选取了在炉温 1 200 ℃、烧结时间 1 h 时不同电流密度下烧结产物的 SEM 图,如图 8.2 所示。由烧结产物的微观形貌图可以看出,随着电流密度的增大,产物的晶粒大小呈现出增大的趋势,晶粒之间的间隙也不断减小,呈现出致密化的状态,样品的体积在减小,质量一定的情况下密度呈现出增大的趋势,这与测试烧结样品的表观密度的变化规律相一致。

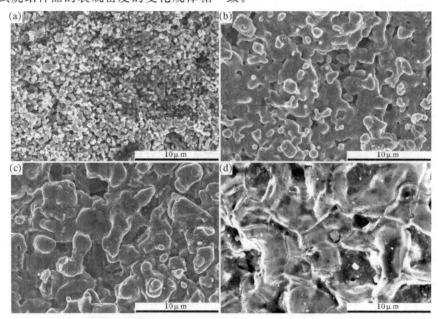

图 8.2　不同电流密度下烧结产物的 SEM 图(1 200 ℃,1 h,0.12 MPa)

(a)21.22 A/cm²；(b)28.29 A/cm²；(c)35.37 A/cm²；(d)42.44 A/cm²

8.3.2　烧结时间对产物密度和形貌的影响

为了进一步探究烧结时间对烧结产物表观密度的影响,选取了不同炉温、不同电流密度下烧结 1 h、2 h、3 h 产物的表观密度结果,如图 8.3 所示。观察同一温度和电流密度下烧结产物表观密度随时间的变化可以发现,随着烧结时间的延长,产物的表观密度呈现增大的趋势,但增速渐缓,样品在 1 h 内就基本完成烧结过程。考虑到节约能源、减少 CO_2 的排放量,应尽可能缩短烧结过程的烧结时间,因此在电场-温度场耦合法烧结 VN 过程中应将烧结时间控制在 1 h。通过观察还可发现,在控制烧结时间为 1 h 时,耦合条件达到表 8.2 所示的结果即可实现工业用钒氮合金的烧结过程。

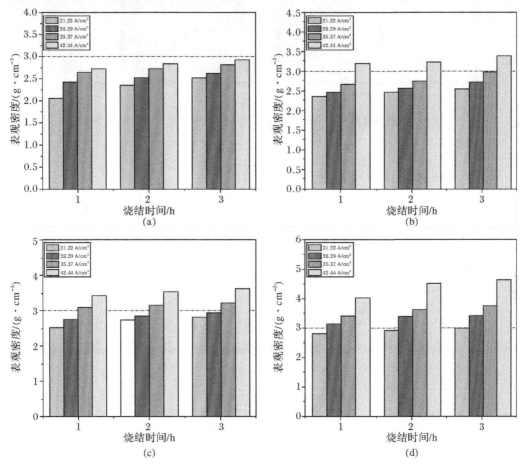

图 8.3　不同烧结时间对产物表观密度的影响(0.12MPa)

(a)1 150 ℃;(b)1 200 ℃;(c)1 250 ℃;(d)1 300 ℃

表 8.2　氮化钒电热耦合烧结条件(1 h,表观密度不小于 3.00 g/cm³)

耦合条件编号	炉温/℃	电流密度/(A·cm⁻²)
1	1 200	≥42.44
2	1 250	≥35.37
3	1 300	≥28.29

图 8.4 所示是在炉温 1 200 ℃、电流密度 42.44 A/cm² 条件下不同烧结时间得到的产物的 SEM 图。通过观察不同烧结时间产物的微观形貌可以发现,随着烧结时间的延长,晶粒之间的间隙逐渐减小,呈现出致密化的状态,样品的体积由于收缩而减小,表观密度呈现逐渐增大的趋势,这与封蜡法测试的样品的表观密度的变化趋势相一致。

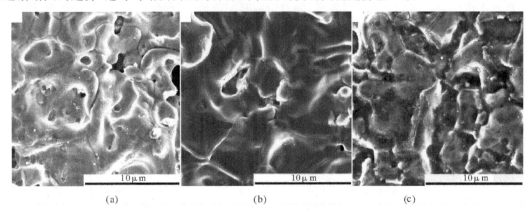

(a)   (b)   (c)

图 8.4　不同烧结时间下产物的 SEM 图(1 200℃,42.44 A/cm²,0.12 MPa)

(a)1 h;(b)2 h;(c)3 h

8.3.3　烧结温度对产物密度和形貌的影响

在 8.3.1 节和 8.3.2 节中我们发现,炉温对烧结产物表观密度有一定的影响。为了进一步揭示炉温对烧结产物表观密度的影响规律,探究了炉温 1 150 ℃、1 200 ℃、1 250 ℃和 1 300 ℃条件下烧结产物表观密度的变化规律,如图 8.5 所示。

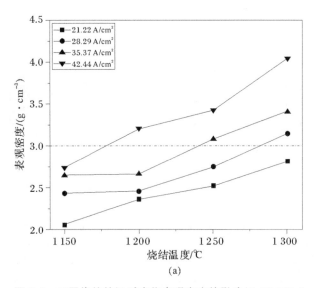

(a)

图 8.5　不同烧结炉温对产物表观密度的影响(0.12 MPa)

(a)1 h;

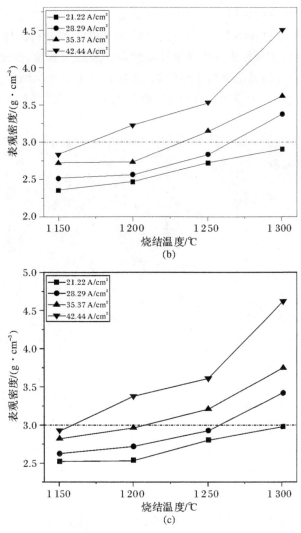

续图 8.5　不同烧结炉温对产物表观密度的影响(0.12 MPa)

(b)2 h；(c)3 h

　　由图 8.5 可以看出,随着炉温的升高,烧结产物的表观密度呈现出逐渐增大的趋势,这是由于在同一耦合电场条件下,随着炉温的升高,样品自身的温度也在不断升高,样品体积不断收缩,表观密度呈现出递增的趋势。此外,通过观察还可发现,炉温越高,样品的表观密度越容易实现致密化;炉温越低,样品的表观密度越难实现致密化。这是由电加热的不均匀性引起的,因为随着炉温的升高,样品自身的导热系数增大,样品两端与中心区域的温差不断缩小,两端低温部分也实现了致密化的过程,体积整体缩小,从而更容易达到致密化的状态。

　　为了进一步揭示样品表观密度随温度的变化关系,选取了炉温分别为 1 150 ℃、1 200 ℃、1 250 ℃和 1 300 ℃时电流密度为 42.44 A/cm² 、烧结 1 h 后产物的 SEM 图,如图 8.6 所示。由微观形貌图可以看出,随着炉温的升高,产物的晶粒大小呈现出逐渐增大的趋势,晶粒之间的间隙也在不断减小,烧结产物变得越来越致密,体积不断缩小,表观密度逐渐增大,这和测试结果表观密度的变化规律相一致。这是由于在电场-温度场耦合作用下,随着炉温的升高,样品自身的温度也在不断升高,与此同时,温度的升高使得固体样品导热系数增大,有利于电场作用产生的焦耳热快速传导至样品两端以及边缘区域,使得样品中心区域与两端的温差减小,样品自身的温度更趋于均匀化,这就有利于整个烧结样品晶粒的结晶,使得样品不同区域的差异性减小,样品宏观表观密度增大,微观晶粒不断增大,间隙缩小呈现致密化。

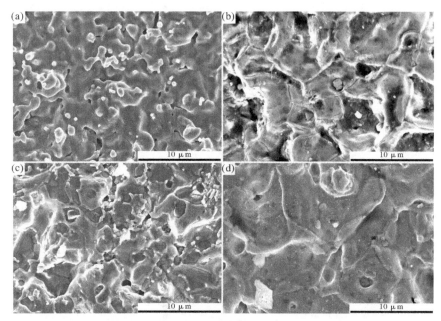

图 8.6　不同烧结炉温下产物的 SEM 图(42.44 A/cm² ,1 h,0. 12 MPa)

(a)1 150℃;(b)1 200℃;(c)1 250℃;(d)1 300℃

8.3.4　电场-温度场耦合下烧结阶段样品实际温度的估算

样品在烧结阶段电场-温度场耦合作用下的实际温度可根据式(2.4)进行估算,样品的表面积 A 取值为 2.262×10^{-4} m²,辐射系数 ε 的取值为 0.9,估算后不同电流密度下样品的实际温度见表 8.3。由估算结果可知,在不同炉温下,随着电流密度的增大,样品自身的温度也在不断升高,这是由于在样品进入电场-温度场耦合加热阶段后,随着电流密度的增大,样品两端电压也在不断增大,焦耳热效应的加剧使得样品自身的真实温度也在不断提升。高温环境有利于烧结样品晶粒的长大和致密化,引起了样品的体积缩小、表观密度增大。

由 8.3.1 节表观密度结果可知,在 21.22 A/cm² 、28.29 A/cm² 、35.37 A/cm² 和 42.44 A/cm² 电流密度条件下,炉温 1 150 ℃时未达到最低密度要求,主要是由于此时烧结最高温度约为 1 448 ℃,未达到最低烧结密度所需温度。而在炉温为 1 200 ℃、电流密度为 42.44 A/cm² 时,估算实际温度为 1 501 ℃;在炉温为 1 250 ℃时、电流密度为 35.37 A/cm² 时,估算实际温度为 1 496 ℃;在炉温为 1 300 ℃、电流密度为 28.29 A/cm² 时,估算实际温度为 1 508 ℃。可以发现,这三种耦合条件估测温度相近,样品的表观密度均可达到 3.00 g/cm³。

表 8.3　烧结阶段不同炉温和电流密度下样品的实际温度($T_1/℃$)估算

电流密度/(A·cm^{-2})		21.22	28.29	35.37	42.44
炉温 $T_0/℃$	1 150	1 290	1 338	1 390	1 448
	1 200	1 332	1 377	1 431	1 501
	1 250	1 394	1 441	1 496	1 556
	1 300	1 451	1 508	1 561	1 621

8.3.5　电场−温度场耦合下样品烧结条件模拟仿真

利用黑体辐射模型估算的样品的真实温度为平均温度,而电热耦合场加热的样品温度分布具有不均匀性。为了进一步揭示样品的真实温度分布规律,对不同炉温下样品的温度分布进行了模拟仿真计算,仿真结果如图 8.7 所示。可以看到,样品的真实温度分布具有明显的不均匀性,温度整体呈对称分布,两端边缘部分温度较低,中心区域温度较高。

其中图 8.7(a)是炉温 1 150 ℃、电流密度 42.44 A/cm^2 时样品的真实温度仿真结果,可以看到,最高温为 1 503.48 ℃,最低温为 1 422.42 ℃,温差为 81.06 ℃。在样品的两端发现温度较低,未能使得两端部分的区域实现完全烧结,从而导致其表观密度较低,这和样品的表观密度的测试结果相一致,在 1 150 ℃、电流密度 42.44 A/cm^2 时烧结的样品表观密度低于 3.00 g/cm^3。图 8.7(b)是炉温 1 200 ℃、电流密度 42.44 A/cm^2 时样品的真实温度仿真结果,最高温为 1 547.21 ℃,最低温为 1 478.96 ℃,温差为 68.25 ℃,样品两端的部分与图(a)比明显升高,这就使得样品整体的温度提高,有利于烧结过程,表观密度增大,而样品的表观密度实际测试也与此符合,其值达到了 3.00 g/cm^3 以上。图 8.7(c)(d)分别是炉温 1 250 ℃、电流密度 35.37 A/cm^2 和炉温 1 300 ℃、电流密度 28.29 A/cm^2 时样品的真实温度仿真结果,温差分别为 46.97 ℃和 35.38 ℃。图 8.7(c)(d)与图 8.7(b)温度基本接近,但图 8.7(c)(d)温差较小,这是由温度升高,样品自身导热系数增大引起的,较小的温差有利于样品的烧结过程。

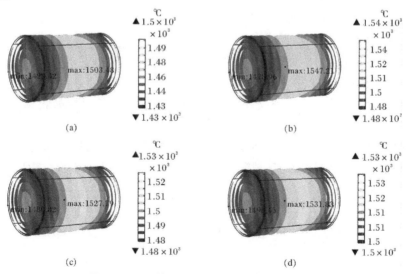

图 8.7　不同炉温下仿真样品的等温面分布图

(a)1 150 ℃、42.44 A/cm^2；(b)1 200 ℃、42.44 A/cm^2；(c)1 250 ℃、35.37 A/cm^2；(d)1 300 ℃、28.29 A/cm^2

为了验证仿真结果的正确性,选取了炉温 1 150 ℃、电流密度 42.44 A/cm² 、烧结 1 h 条件下的样品,用扫描电镜依次观察了该样品一端边缘和中心区域的微观形貌,如图 8.8 所示。其中图 8.8(a)是边缘区域,图 8.8(b)是中心区域,通过对比可以发现,边缘区域存在较多的孔隙,晶粒相比于中心区域也较小,其致密度也小于样品中心区域,这与仿真得到的温度分布趋于一致。

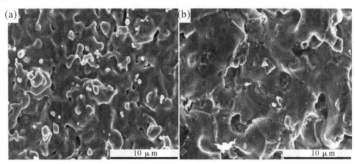

图 8.8 样品的边缘和中心区域的 SEM 图(1 150 ℃ ,42. 44 A/cm² ,1h,0. 12 MPa)

(a)边缘区域;(b)中心区域

8.4 氮化钒烧结小结

本章在样品氮化的基础上探究了电热-温度场法烧结 VN 的耦合条件。以国家标准规定的表观密度作为衡量标准,探究了耦合条件和烧结时间对样品表观密度的影响。本章得到的结论如下:

(1)在以下 3 种电场-温度场耦合条件下,于 0.12 MPa 氮气压力气氛中烧结 1 h 可使样品的表观密度达到要求,实现其表观密度大于 3.00 g/cm³ 。

a.炉温为 1 200 ℃,电流密度不小于 42.44 A/cm² ;

b.炉温为 1 250 ℃,电流密度不小于 35.37 A/cm² ;

c.炉温为 1 300 ℃,电流密度不小于 28.29 A/cm² 。

(2)电流密度和炉温对样品表观密度的影响较大,随着炉温的升高,达到最低表观密度 3.00 g/cm³ 所需的电流密度在逐渐减小。

(3)样品在 1 h 内基本可以完成烧结过程,烧结时间的延长对样品表观密度值的影响较小。

(4)模拟仿真结果表明,样品的整体真实温度分布具有不均匀性,但温度分布具有对称性,两端边缘部分温度较低,中心区域温度较高。此外,随着炉温的升高,样品温度分布的温差在不断减小,有利于提高样品真实温度分布的均匀性。

氮化钒制备总结与展望

本篇利用电流辅助技术开发了一种制备钒氮合金的新方法——电场-温度场耦合法,该法有效降低了传统制备方法所需的窑炉温度。重点介绍了室温下以炭粉为还原剂还原 V_2O_5 制备 V_2O_3,以 V_2O_5 和炭粉制备氮化钒以及氮化钒的烧结 3 个过程。其主要结论如下:

(1)在室温和真空度 10 Pa 条件下,采用电流辅助技术还原 V_2O_5 制备 V_2O_3 过程中,考虑到 V_2O_5 的挥发损失,采用两阶段还原法:第一阶段需在电流密度 70.74 A/cm² 下预还原 1 h;第二阶段在配碳比为 0.14、电流密度为 106.10 A/cm² 时还原 1 h 可以使得 V_2O_5 转变为 V_2O_3,还原率达到 98.02%。模拟仿真结果表明,样品的真实温度分布具有不均匀性,温度分布呈对称梯度分布,由中心向两边依次递减,两端边缘部分与中心区域温差较大,边缘部分存在极少量 V_2O_5 未被还原为 V_2O_3,这是导致转换率不能达到 100% 的原因。

(2)在 VN 制备过程中,在炉温 900 ℃、电流密度 35.37 A/cm² 和氮气压力 0.12 MPa 条件下氮化 4 h 可成功制备出 VN,样品中含氮量为 17.99%,含碳量为 1.76%。当电流密度超过 35.37 A/cm² 时,样品中 VN 开始转变为 VC 或 $V(N_{1-x}C_x)$ 固溶体,导致样品中氮含量开始下降,碳含量开始增加。该方法与传统制备方法相比,在节约能源的同时也减少了化石燃料燃烧造成的污染和碳排放。此外,该法在传统生产中还可延长窑炉的使用寿命。

(3)低温合成 VN 之后,在 0.12 MPa 氮气气氛中,样品可在以下 3 种电场-温度场耦合条件下,1 h 内实现其烧结致密化,使样品表观密度大于 3.00 g/cm³,达到国家标准。

a.炉温为 1 200 ℃,电流密度不小于 42.44 A/cm²;

b.炉温为 1 250 ℃,电流密度不小于 35.37 A/cm²;

c.炉温为 1 300 ℃,电流密度不小于 28.29 A/cm²。

此外,电流密度和炉温对样品表观密度的影响较大,随着炉温的升高,达到最低表观密度 3.00 g/cm³ 所需的电流密度在逐渐减小。

(4)利用黑体辐射模型可合理解释电场-温度场耦合法的反应机理,估算样品真实温度平均值。此外,计算机模拟仿真结果表明,由于试样本身的热传导和表面热辐射作用,试样的实际温度分布具有对称性和不均匀性,两端边缘部分温度较低,中心区域温度较高。炉温越高,导热系数越大,样品整体温度分布温差范围越小,趋于均匀化。

传统方法制备钒氮合金都需要在高温下才能完成,电场-温度场耦合技术借助电流辅助作用可以在低炉温下完成钒氮合金制备过程。该方法与传统热辐射方法相比,可提高能量的转换效率,节约能耗,减少化石燃料燃烧造成的污染和二氧化碳的排放,同时该低温工艺也可以延长传统窑炉的使用寿命,起到降低生产成本的作用。在 2020 年《巴黎协定》"碳中和"的美好愿景下,该法也存在被工业化生产应用的可能性。但该法也存在一些问题,例如电加热的不均匀性导致的温差、电接触的良好与否、样品的形状等都会影响实验的结果。针对温差大的问题,可考虑加长样品长度,截取中间区域作为成品;在电接触方面,可考虑设计使用一体化电极降低接触偶然性。此外,由于制备钒氮合金的原料在成型压块后具有良好的导电性,室温下采用大电流辅助技术合成氮化钒也可以尝试。

参 考 文 献

[1] 廖世明,柏谈论. 国外钒冶金 [M]. 北京:冶金工业出版社,1985.

[2] 吴跃东. 高品质氮化钒铁合金的短流程制备与高温反应机理研究 [D]. 北京:北京科技大学,2019.

[3] 杨君. 氮化钒的市场与技术现状及应用前景 [J]. 技术与装备,2007(9):24 - 26.

[4] 杨守志. 钒冶金 [M]. 北京:冶金工业出版社,2010.

[5] 文喆. 国内外钒资源与钒产品的市场前景分析 [J]. 世界有色属,2001(11):7 - 8.

[6] 王雄. 五氧化二钒提取和氮化的工艺研究 [D]. 长沙:中南大学,2009.

[7] 杨宝祥,何金勇,张桂芳. 钒基材料制造 [M]. 北京:北京工业大学出版社,2014.

[8] 杨绍利. 钒钛材料 [M]. 北京:冶金工业出版社,2012.

[9] 邹建新,李亮. 钒钛产品生产方法与设备 [M]. 北京:化学工业出版社,2014.

[10] 赵秦生,李中军. 钒冶金 [M]. 长沙:中南大学出版社,2015.

[11] 黄道鑫,陈厚生. 提钒炼钢 [M]. 北京:冶金工业出版社,2000.

[12] 余方新,谢佑卿. 金属钒、铌、钽的电子结构和物理性质 [J]. 稀有金属,2004 (5):921 - 925.

[13] 陈厚生. 化工百科全书 [M]. 北京:化学工业出版社,1993.

[14] 于三三. 一步合成法合成碳氮化钒的研究 [D]. 沈阳:东北大学,2009.

[15] GUPTA C K, KRISHNAMURTHY N. Extractive metallurgy of vanadium (process metallury) [M]. Netherlands:Elsevier,1992.

[16] 杨光泉,应惠芳. 钒及其化合物的化学性质和生物学行为 [J]. 微量元素与健康研究, 2004,21(2):57 - 59.

[17] 方民宪,陈厚生. 碳热还原法制取 VC、VN 和 V(C,N)的热力学原理研究 [J]. 矿冶, 2007,16(3):46 - 51.

[18] 程国鹏. 偏钒酸铵直接制备氮化钒的研究 [D]. 西安:西安建筑科技大学,2017.

[19] 大连理工大学无机化学教研室. 无机化学 [M]. 5 版. 北京:高等教育出版社,2006.

[20] 邹晓勇,欧阳玉祝,彭清静. 含钒石煤无盐焙烧酸浸生产五氧化二钒方法的研究 [J]. 化学世界,2001 (3):117 - 119.

[21] 王喜庆. 高炉冶炼钒钛磁铁矿 [M]. 北京:冶金工业出版社,1994.

[22] 丙肠桔,龚胜,龚竹青. 从石煤中提取五氧化二钒的方法研究 [J]. 稀有金属,2007 (5): 670 - 676.

[23] ZAINVLIN Y G. 还原五氧化二钒制取三氧化二钒——用金属作为还原剂得到纯产

品:SU1006375[P].1983 - 03 - 23.

[24] 吴晓丹,明宪权.以五氧化二钒生产三氧化二钒的实验研究[J].稀有金属与硬质合金, 2015,43(1):15 - 17.

[25] 刘公召,霍巍,安源.生活煤气还原偏钒酸铵制备 V_2O_3 的研究[J].矿冶工程,2005,25 (6):61 - 65.

[26] 夏广斌,杨军,彭虎,等.微波还原法制备三氧化二钒的工艺研究[J].矿冶工程,2010, 30(6):72 - 74.

[27] MORIN F J. Oxides which show a mental-to-insulator transition at the Neel temperature [J]. Physical Review Letters,1959,3(1):34.

[28] ZHONG M. Design and verification of a temperature - sensitive broadband metamaterial absorber based on VO_2 film [J]. Optical Materials,2020,109:1 - 5.

[29] YU Z Y,LIU Y,ZHANG Z H,et al. Controllable phase transition temperature by regulating interfacial strain of epitaxial VO_2 films [J]. Ceramics International,2020, 46:12393 - 12399.

[30] RAHIMI E,SENDUR K. Temperature-driven switchable-beam Yagi-Uda antenna using VO_2 semiconductor-metal phase transitions [J]. Optics Communications,2017, 392:109 - 113.

[31] DRISCOLL T,KIM H T,CHAE B G,et al. Memory metamaterials [J]. Science, 2009,325:1518 - 1521.

[32] MURAOKA Y,HIROI Z. Metal - insulator transition of VO_2 thin films grown on TiO_2(001) and (110) substrates [J]. Appl Phys Lett,2002,80:583 - 585.

[33] 齐涛,宁桂玲,华瑞年,等.控制 NH_4VO_3 分解及产物间反应制备 VO_2 的研究[J].材料导报,2010,24(16):91 - 93.

[34] SONG L W,HUANG W X,ZHANG Y B,et al. Preparation of VO_2 thin films and study on its thermogenic phase transition characteristics [J]. Functional Materials, 2013,44(8):1110 - 1112.

[35] XIAO X,CHENG H,DONG G,et al. A facile process to prepareone dimension VO_2 anostructures with superior metal-semiconductor transition [J]. Cryst Eng Comm, 2013,15(6):1095 - 1106.

[36] ZHANG H,WU Z,YAN D,et al. Tunable hysteresis in metal-insulator transition of nanostructured vanadium oxide thin films deposited by reactive direct current magnetron sputtering [J]. Thin Solid Films,2014,552:218 - 224.

[37] VERNARDOU D,PATERAKIS P,DROSOS H,et al. A study of the electrochemical performance of vanadium oxide thin films grown by atmospheric pressure chemical vapour deposition [J]. Microelectronics Reliability,2011,51(12):2119 - 2123.

[38] XU L J,WANG F F,ZHOU Y C,et al. Fabrication and wear property of in-situ micro-nano dual - scale vanadium carbide ceramics strengthened wear-resistant

composite layers [J]. Ceram Int,2021,47:953 - 964.

[39] KWON H,MOON A,KIM W,et al. Investigation of the conditions required for the formation of V(C,N) during carburization of vanadium or carbothermal reduction of V_2O_5 under nitrogen [J]. Ceram Int,2018,44:2847 - 2855.

[40] PENG X Y,HUANG C,ZHANG B,et al. Vanadium carbide nanodots anchored on N doped carbon nanosheets fabricated by spatially confined synthesis as a high-efficient electrocatalyst for hydrogen evolution reaction [J]. Journal of Power Sources,2021, 490:1 - 6.

[41] ZHANG C,WANG D,WAN Y C,et al. Vanadium carbide with periodic anionic vacancies for effective electrocatalytic nitrogen reduction [J]. Mater Today,2020,40:18 - 25.

[42] NAM S,THANGASAMY P,OH S,et al. A dualion accepting vanadium carbide nanowire cathode integrated with carbon cloths for high cycling stability [J]. Nanoscale,2020,12:20868 - 20874.

[43] LI B,QIAN B,XU Y,et al. Additive manufacturing of ultrafine - grained austenitic-stainless steel matrix composite via vanadium carbide reinforcement addition and selective laser melting:formation mechanism and strengthening effect [J]. Mater Sci Eng A,2019,745:495 - 508.

[44] WU E H,ZHU R,YANG S L,et al. Influences of technological parameters on smelting-separation process for metallized pellets of vanadium-bearing titanomagnetite concentrates [J]. J Iron Steel Res Int,2016,23:655 - 660.

[45] WU Y D,ZHANG G H,Chou K C. A novel method to synthesize submicrometer vanadium carbide by temperature programmed reaction from vanadium pentoxide and phenolic resin [J]. Int J Refract Metals Hard Mater,2017,62:64 - 69.

[46] CHEN Y F,WANG M Y,LÜ A J,et al. Green preparation of vanadium carbide through one-step molten salt electrolysis [J]. Ceramics International,2021,47:28203 - 28209.

[47] KLOTZ U E,SOLENTHALER C,ERNST P,et al. Alloy compositions and mechanical properties of 9% ~ 12% chromium steels with martensitic-austenitic microstructure [J]. Mater Sci Eng A,1999,272:292 - 293.

[48] TRIPATHY P K,ARYA A,BOSE D K. Preparation of vanadium nitride and its subsequent metallization by thermal decomposition [J]. J Alloys Compd,1994,209:175 - 176.

[49] LIU W C,ZHANG W B,KANG L,et al. Vanadium nitride nanoparticles as anode material for lithium ion hybrid capacitor applications [J]. J Wuhan Univ Technol Mater Sci Ed,2019,34(6):1274 - 1278.

[50] LIU Y,CHANG J G,LIU L Y,et al. Study on the voltage drop of vanadium nitride/ carbon composites derived from the pectin/VCl_3 membrane as a supercapacitor anode material [J]. New J Chem,2020,44:6791 - 6798.

[51] DEWANGAN K,PATIL G P,KASHID R V,et al. V_2O_5 precursor - templated syn-

thesis of textured nanoparticles based VN nanofibers and their exploration as efficient fiel d emitter[J]. Vacuum,2014,109:223 - 229.

[52] GAO M,XU X F,LI H. Investigation on preparation of vanadium nitride hard coating by in-situ method technique [J]. Mater Lett,2020,274:1 - 3.

[53] PANJIAN P,DRNOVSEK A,KOVAC J,et al. Oxidation processes in vanadium - based single-layer and nanolayer hard coatings [J]. Vacuum,2017,138:230 - 237.

[54] TOTH L E. Transition Metal Carbides and Nitrides [M]. NewYork:Academic Press, 1971.

[55] LIU Y,WU Q H,LIU L Y,et al. Vanadium nitride for aqueous supercapacitors:A topic review [J]. J Mater Chem A,2020,8:1 - 33.

[56] LU X H,YU M H,ZHAI T,et al. Correction to high energy density asymmetric quasi-solid-state supercapacitor based on porous vanadium nitride nanowire anode [J]. Nano Lett,2013,13(6):2628 - 2633.

[57] TIAN L,MIN S X,WANG F,et al. Metallic vanadium nitride as a noble-metal-free cocatalyst efficiently catalyze photocatalytic hydrogen production with CdS nano particles under visible light irradiation [J]. J Phys Chem,2019,10:1 - 40.

[58] 李银丽. 凝胶法制备氮化钒的研究 [D]. 西安:西安建筑科技大学,2016.

[59] 孙凌云,柯晓涛,蒋业毕,等. 钒氮合金的应用及展望[J]. 四川冶金,2005,27(4):12 - 17.

[60] 杨才富,张永权. 钒氮微合金化技术在 HSLA 钢中的应用[J]. 钢铁,2002,37(11):42 - 47.

[61] 刘兴乾. 钒在钢中的应用 [J]. 钢铁钒钛,1983,4:52 - 59.

[62] RUSSWI D,WILLE P. High Strength weldable reinforcing bars [C]//Micvoalloying' 95,Pittsburgh,PA,USA:1995:337 - 393.

[63] 孙凌云. 钒氮微合金化对非调质钢组织和性能的影响 [D]. 昆明:昆明理工大学,2006.

[64] 周灿栋. 高氮 35CrMoV 钢的制备和研究 [D]. 上海:上海大学,2001.

[65] 赵亮,张朝阳,巨建涛,等. 钒铁与钒氮合金生产 HRB500 钢筋的对比实验研究 [J]. 材料热处理,2007,36(18):35 - 37.

[66] 董友珍,刘洋. 过渡金属氮化物在超级电容器中的应用 [J]. 黑龙江大学自然科学学报, 2014,31(4):490 - 497.

[67] 杨宝震,赵志伟,陈飞晓,等. 氮化钒在超级电容器中的应用进展 [J]. 电子元件与材料, 2017,36(8):25 - 31.

[68] 陈胜洲,刘玉珍,陈雨鹏,等. 氮化钒的制备及其电化学性能 [J]. 广州大学学报(自然科学版),2013,12(2):20 - 23.

[69] 伍银波,刘全兵. 用于非对称超级电容器的 VN 制备及性能研究 [J]. 研究与设计电源技术,2018,42(8):1201 - 1203.

[70] WEN Z H,CUI S M,PU H H,et al. Metal nitride/graphene nanohybrids:general synthesis and multifunctional titanium nitride/graphene electrocatalyst [J]. Adv Mater,2011,23(45):5445.

[71] DONG S M,CHEN X,GU L,et al. Facile preparation of mesoporous titanium nitride microspheres for electrochemical energy storage [J]. ACS Appl Mater Interfaces,2011,3(1):93.

[72] GAO Z H,ZHANG H,CAO G P,et al. Spherical porous VN and NiO$_x$,as electrode mater for asymmetric supercapacitor [J]. Electrochim Acta,2013,87(1):375 – 380.

[73] LU X,YU M,ZHAI T,et al. High energy density asymmetric quasi – solid – state supercapacitor based on porous vanadium nitride nanowire anode [J]. Nano Lett,2013,13(6):2628.

[74] ZHAO J,XU S,YANG J,et al. Fabrication and electrochemical properties of porous VN hollow nanofibers [J]. J Alloys Compd,2015,651:785 – 792.

[75] LIU C,LI Y,HUA J,et al. Real-time cutting tool state recognition approach based on machining features in NC machining process of complex structuralpart [J]. Int Adv Manuf Technol,2018,97:229 – 248.

[76] LI C,TANG Y,CUI L,et al. A quantitative approach to analyze carbon emissions of CNC-based machining systems [J]. Intell Manuf,2015,26(5):911 – 922.

[77] FRANZ R,MITTERER C. Vanadium containing self-adaptive low-friction hard coatings for high-temperature applications:A review [J]. Surf Coat Technol ,2013,228:1 – 13.

[78] CAI Q,LI S,PU J,et al. Effect of multicomponent doping on the structure and tribological properties of VN-based coatings [J]. Alloy Compd,2019,806:566 – 574.

[79] 刘怡飞,包改磊,李助军,等. 沉积气压对氮化钒（VN）涂层微结构及其性能的影响 [J]. 润滑与密封,2021,46(5):68 – 74.

[80] 张新波,张娅娟. 过渡金属氮化物催化性能研究进展 [J]. 工业催化,2011,19(1):11 – 15.

[81] CAI P,YANG Z,WANG C,et al. Synthesis of nanocrystalline VN via thermal liquid-solid reaction [J]. Materials Letters,2006,60(3):410 – 433.

[82] WU M,GUO H,LIN Y N,et al. Synthesis of highly effective vanadium nitride (VN) peas as a counter electrode catalyst in dye – sensitized solar cells [J]. J Phys Chem C,2014,118(24):12625 – 12631.

[83] CHOI J G,HA J,HONG J M. Synthesis and catalytic properties of vanadium interstitial compounds [J]. Applied Catalysis A,General,1998,168(1):47 – 56.

[84] 甘赠国,黄志宇,庞纪峰. 过渡金属碳化物的催化研究进展 [J]. 精炼石油化工进展,2007,8(6):37 – 41.

[85] ROLDAN M A,LÓPEZ-FLORES V,ALCALA M D,et al. Mechanochemical synthesis of vanadium nitride [J]. Journal of the European Ceramic Society,2010,30(10):2099 – 2107.

[86] 王雄,陈白珍,肖文丁,等. 微波加热制备氮化钒工艺 [J]. 稀有金属材料与工程,2010,39(5):924 – 927.

[87] 丁喻,周继承,傅惠华. 大型工业微波炉在氮化钒试生产中的应用 [J]. 钢铁钒钛,2008

(4):18 - 21.

[88] 王亦男,杨勇,崔雯,等.五氧化二钒制取氮化钒的工艺设计及关键设备的选择 [J]. 有色矿冶,2018,34(5):27 - 29.

[89] 卫琛浩,朱军,唐洋洋,等. 氮化钒制备技术现状 [J]. 兵器材料科学与工程,2015,38 (1):121 - 124.

[90] 邓铁明,刘海泉,陈文明.国内外钒氮合金的研究进展及应用前景 [J].宁夏工程技术, 2004,3(4):343 - 344.

[91] 褚志强,郭学益,田庆华,等.碳热还原氮化法制备氮化钒 [J].粉末冶金材料科学与工程,2015,20(6):965 - 970.

[92] 董江,薛正良,余岳.V₂O₅还原氮化一步法合成氮化钒 [J].太原理工大学学报,2014, 45(2):168 - 171.

[93] 徐瑞,吴跃东,周英聪,等.碳热还原氮化法制备高品质氮化钒的研究 [J].江西冶金, 2019,39(2):1 - 6.

[94] 邓莉,刘颖,姜中涛,等.碳热还原氮化法制备碳氮化钒的研究 [J].功能材料,2010,41 (5):840 - 843.

[95] CHEN Z C,XUE Z L,WANG W,et al. One - step method of carbon thermal reduction and nitride to produce vanadium nitrogen alloy [J]. Advanced Materials Research,2012,476:194 - 198.

[96] 徐先锋,王玺堂.还原氮化五氧化二钒制备氮化钒的研究 [J].科研与生产,2003,41 (2):17 - 20.

[97] 孙涛,刘建雄,谢杰,等.氮化钒制备技术的发展及应用 [J].粉末冶金技术,2009,27 (1):58 - 61.

[98] 王功厚,陈延民,朱元凯.碳化钒、碳氮化钒生产工艺条件的实验室研究 [J].钢铁钒钛, 1988(2):19 - 24.

[99] 卢志玉.高密度钒氮微合金添加剂制备研究 [D].沈阳:东北大学,2005.

[100] MERKERT R F. Method of producing a composition containing a large amount of vanadium and nitrogen:US 4040814 [P]. 1977 - 08 - 09.

[101] 曹泓,刘颖,赵志伟,等.碳热还原氮化法制备氮化钒合金的研究 [J].功能材料,2007, 38(增刊):3296 - 3298.

[102] 于三三,付念新,高峰,等.一步法合成碳氮化钒的研究 [J].钢铁钒钛,2007,28(4):1 - 5.

[103] CARPENTER R D. Vanadium carbide process:US 3383196A [P]. 1968 - 05 - 14.

[104] 赵志伟,宋伟强,关春龙,等.前驱体碳化/氮化法制备纳米氮化钒粉末 [J].中国陶瓷, 2009,45(11):59 - 61.

[105] 朱军,程国鹏,王欢,等.偏钒酸铵一步法制备氮化钒的研究 [J].钢铁钒钛,2017,38 (4):6 - 11.

[106] 冯国荣.一种制备氮化钒的方法:CN 17756661A [P]. 2006 - 05 - 24.

[107] QIN M L,WU H Y,CAO Z Q,et al. A novel method to synthesize vanadium nitride

nanopowders by ammonia reduction from combustion precursors [J]. Journal of Alloys and Compounds,2019,772:808 – 813.

[108] PAN H J,ZHANG Z B,PENG J H,et al. Densification of vanadium nitride by microwave – assisted carbothermal nitridation [J]. Advanced Materials Research, 2011,201:1787 – 1792.

[109] YONG C H,DONG H S,HAN S U,et al. Production of vanadium nitride nano – powders from gas – phase VOCl$_3$ by making use of microwave plasma torch [J]. Materials Chemistry and Physics,2007,101:35 – 40.

[110] CHEN L Y,GU Y L,SHI L,et al. A room – temperature synthesis of nanocrystalline vanadium nitride [J]. Solid State Communications,2004,132:343 – 346.

[111] 李银丽,李彦龙,张千霞,等. 凝胶法制备氮化钒的研究 [J]. 矿冶,2018,27(5):68 – 70.

[112] TAYLOR G F. Apparatus for making hard metal compositions:US1896854A[P]. 1933 – 02 – 07.

[113] INOUE K. Method of electrically sintering discrete bodies:US3340052A[P]. 1967 – 09 – 05.

[114] GOETZEL C G,MARCHI V S. Electrically activated pressure-sintering (spark sintering) of titanium-aluminum-vanadium alloy powders [J]. Moden Developments Metallurgy,1971,4:50 – 127.

[115] 张久兴,刘科高,周美玲. 放电等离子烧结技术的发展和应用 [J]. 粉末冶金技术, 2002,20(3):129 – 134.

[116] 高濂,宫本大树. 放电等离子烧结技术 [J]. 无机材料学报,1997,12(2):129 – 133.

[117] YANG J L,WANG G F,ZHAO T,et al. Study on the experiment and simulation of titanium alloy bellows via current-Assisted forming technology [J]. Application of Advanced Characterization Techniques for Engineering Materials,2018,70(7):118 – 123.

[118] 江双双,汤泽军,杜浩,等. 钛合金电流辅助成型工艺研究进展 [J]. 精密成型工程, 2017,9(2):7 – 13.

[119] WANG X P,KONG F T,HAN B Q,et al. Electrochemical corrosion and bioactivity of Ti-Nb-Sn-hydroxyapatite composites fabricated by pulse current activated sintering [J]. Journal of the Mechanical Behavior of Biomedical Materials,2017,75:222 – 227.

[120] SHI C C,ZHANG K F,JIANG S S,et al. Pulse current auxiliary forging of sintered TiAl alloys based on the investigation of dynamic recrystallization and phase transformation [J]. Materials Characterization,2018,135:325 – 336.

[121] LAVAGNINI I R,CAMPOS J V,PALLONE E M. Microstructure evaluation of 3YSZ sintered by Two-Step Flash Sintering [J]. Ceramics International,2021,47: 21618 – 21624.

[122] FRASNELLI M, PEDRANZ A, BIESUZ M, et al. Flash sintering of Mg-doped tricalcium phosphate (TCP) nanopowders [J]. Journal of the European Ceramic Society, 2019, 39: 3883 - 3892.

[123] SPRECHER A F, MANNAN S L, CONRAD H. On the temperature rise associated with the electroplastic effect in titanium [J]. Scripat Metallurgica, 1983, 17(6): 769 - 772.

[124] ROSCHUPKIN A M, BATARONOV I L. Physical basis of the electroplastic deformation of metals [J]. Russian Physics Journal, 1996, 39(3): 230 - 236.

[125] HAO L, ZHANG Y, KUBOMURA R, et al. Preparation and thermoelectric properties of $CuAlO_2$ compacts by tape casting followed by SPS [J]. Journal of Alloys and Compounds, 2021, 853: 1 - 8.

[126] 郭俊明, 陈克新, 刘光华, 等. 放电等离子(SPS)快速烧结可加工陶瓷 Ti_3AlC_2 [J]. 稀有金属材料与工程, 2005, 34(1): 132 - 134.

[127] CSAKI S, LUKAC F, HULAN T, et al. Preparation of anorthite ceramics using SPS [J]. Journal of the European Ceramic Society, 2021, 41: 4618 - 4624.

[128] ZHANG J F, WANG L J, SHI L, et al. Rapid fabrication of Ti_3SiC_2-SiC nano - composite using the spark plasma sintering -reactive synthesis (SPS - RS) method [J]. Scripta Materialia, 2007, 56: 241 - 244.

[129] 丁俊豪, 李恒, 边天军, 等. 电塑性及电流辅助成形研究动态及展望 [J]. 航空学报, 2018, 39(1): 1 - 14.

[130] 曹凤超. 电流辅助钛合金波纹管成形及质量控制 [D]. 哈尔滨: 哈尔滨工业大学, 2013.

[131] 王博, 张凯锋, 赖小明, 等. SiC_p/2024Al 复合材料板材脉冲电流辅助拉伸成形 [J]. 锻压技术, 2012, 37(5): 22 - 26.

[132] COLOGNA M, RASHKOVA B, RAJ R. Flash sintering of nanograin zirconia in < 5 s at 850℃ [J]. J Am Ceram Soc, 2010, 93(11): 3556 - 3559.

[133] 傅正义, 季伟, 王为民. 陶瓷材料闪烧技术研究进展 [J]. 硅酸盐学报, 2017, 45(9): 1211 - 1218.

[134] 苏兴华, 吴亚娟, 安盖. 陶瓷材料闪烧机理研究进展 [J]. 硅酸盐学报, 2020, 48(12): 1 - 8.

[135] JIANG T Z, WANG Z H, ZHANG J, et al. Understanding the flash sintering of rear-earth-doped ceria for solid oxide fuel cell [J]. Journal of the American Society, 2015, 98(6): 1717 - 1723.

[136] ZAPATA-SOLVAS E, BONILLA S, WILSHAW P R, et al. Preliminary investigation of flash sintering of SiC [J]. Journal of the European Ceramic Society, 2013, 33: 2811 - 2816.

[137] BIESUZ M, SGLAVO V M. Flash sintering of alumina: effect of different operating conditions on densification [J]. Journal of the European Ceramic Society, 2016, 36

(10):2535 - 2542.

[138] PRETTE A L G,COLOGNA M,SGLAVO V,et al. Flash - sintering of Co_2MnO_4 spinet for solid oxide fuel cell applications [J]. Journal of Power Sources,2011,196: 2061 - 2065.

[139] SU X H,BAI G,JIA Y J,et al. Flash sinteringof sodium niobate ceramics [J]. Materials Letter,2019,235:15 - 18.

[140] WU H J,ZHAO P,JING M H,et al. Magnesium production by a coupled electric and thermal field [J]. Vacuum,2021,183:1 - 7.

[141]LI Z F,LU S H,ZHANG T,et al. Electric assistance hot incremental sheet forming: An integral heating design [J]. The International Journal of Advanced Manufac turing Technology,2018,96:3209 - 3215.

[142] JING M H,ZHAO P,CHEN T D,et al. Investigation on calcination mechanism of tricalcium silicate by a coupled electric - thermal field [J]. Construction and Buliding Materials,2021,313:1 - 12.

[143] DISALVO F J,CLARKE S J. Ternary nitrides:A rapidly growing class of new materials [J]. Solid State & Materials Science,1996,1:241 - 243.

[144] KIENER J,TOSHEVA L,PARMENITER J. Carbide,nitride and sulfide transition metal-based macrospheres [J]. J Eur Ceram Soc,2016,27:1 - 2.

[145] DINH K N,LIANG Q H,DU C F,et al. Nanostructured metallic transition metal carbides,nitrides,phosphides,and borides for energy storage and conversion [J]. Nano Today,2019,727:1 - 3.

[146] ZHONG L S,ZHANG S X,WANG X,et al. The investigation on friction and wear roperties of cast iron matrix surface compact vanadium carbide layer [J]. Vacuum, 2020,178:1 - 6.

[147] 朱军,王欢,王斌,等. 三氧化二钒的制备工艺及粉体合成研究进展 [J]. 中国有色冶金,2016(5):77 - 80.

[148] 王安仁,陈立平,张庆春. V_2O_5 制备 VN 的还原氮化机理 [J]. 过程工程学报,2013, 13(4):704 - 709.

[149] ZHOU Y C,WANG Y,CHOU K C,et al. Synthesis of high-quality ferrovanadium nitride by carbothermal reduction nitridation method [J]. Journal of Iron and Steel Research International,2021,28:255 - 262.

[150] WU Y D,ZHANG G H,CHOU K C,et al. Preparation of high quality ferrovana - dium nitride by carbothermal reduction nitridation process [J]. Journal of Mining and Metallurgy,Section B:Metallurgy,2017,53(3):383 - 390.

[151] YU S S,FU N X,GAO F,et al. Chemical kinetics of synthesizing vanadium carboni- tride by one step method [J]. Chinese Journal of Rare Metals,2008,32(1):84 - 87.

[152] WANG X T,ZHOU Z F,ZHANG B G,et al. Fabrication of vanadium nitride by

carbothermal nitridation reaction [J]. Key Engineering Materials,2007,280:1463 - 1466.

[153] DONG J,XUE Z L,YUE Y,et al. Synthesis of vanadium nitride with reduction and nitridation by one-step method from V_2O_5 [J]. Journal of TaiYuan University of Technology,2014,45(2):170 - 171.

[154] KNIZIKEVICIUS R. Comparison of methods for deriving desorption activation energy [J]. Vacuum,2015,115:58 - 60.

[155] DUAN X H,SRINIVASAKANNAN C,ZHANG H,et al. Process optimization of the preparation of vanadium nitride from vanadium pentoxide [J]. Arabian Journal for Science and Engineering,2015,40:2133 - 2139.

[156] ULKIR O,ERTUGRUL I,GIRIT O,et al. Modelling and thermal analysis of micro beam using COMSOL Multiphysics [J]. Thermal Science,2021,25(1):41 - 49.

[157] DONG J,BIESUZ M,SGLAVO V M,et al. Athermal electric field effects in flash sintered zirconia [J]. Advances in Applied Ceramics,2021,120(4):193 - 201.

[158] KIM D H,HONG W E,RO J S,et al. Thermal deformation of glass backplanes during Joule-heating induced crystallization process [J]. Vacuum,2011,85:847 - 852.

[159] YANDRI E. The effect of Joule heating to thermal performance of hybrid PVT collector during electricity generation [J]. Renewable Energy,2017,111:344 - 352.

[160] SHAO H,SHAN D,BAI L J,et al. Joule heating-induced microstructure evolution and residual stress in Ti-6Al-4V for U-shaped screw [J]. Vacuum,2018,153:70 - 73.

[161] GHADIKOLAEI S S, HOSSEINZADEH KH, GANJI D D. Numerical study on magnetohydrodynic CNTs-water nanofluids as a micropolar dusty fluid influenced by non-linear thermal radiation and joule heating effect [J]. Powder Technology, 2018,340:389 - 399.

[162] 徐春霞. 一种制备钒氮合金的方法:CN103952512A[P]. 2014 - 07 - 30.

[163] 刘浏,杨勇,吴伟,等. 一种生产钒氮合金的方法和装置:CN101603132A[P]. 2009 - 12 - 16.

[164] 张帅. 一种钒氮合金及其生产方法:CN107699779A[P]. 2018 - 02 - 16.

第三篇

电场-温度场耦合还原金属镁

【摘要】现代工程应用中轻质镁金属材料的需求量日益增长。中国是产镁大国,皮江法作为传统制镁工艺,面临还原温度高、能耗高及污染环境和还原罐寿命短等问题。

本篇首次采用电场-温度场耦合冶炼金属镁,主要研究结果如下:

(1)以硅铁为还原剂,在电场和温度场的耦合加热作用下,对煅烧后的白云石进行低温真空还原从而获得金属镁。当施加 950 V/cm 的起始直流场强时,在炉温 700 ℃、电流密度 1.18 A/cm^2 的条件下,经过 150 min 的反应,氧化镁的还原率可达到 88.35%。X 射线衍射(XRD)和电子探针显微分析(EPMA)的结果表明,该方法获得的金属镁的纯度为 98.54%。

(2)用兰炭代替硅铁作为还原剂,在电场和温度场的耦合加热作用下,对煅烧后的白云石进行低温真空还原从而获得金属镁。结果表明,在 900℃ 炉温、510 V/cm 外加起始直流电场、10.61 A/cm^2 的电流密度的条件下,经过 80 min 的反应,氧化镁的还原率高达 95.61%。同时,根据 XRD 和 EPMA 的结果可知,该方法可以获得纯度为 89.37% 的粉末状金属镁。

(3)以硅热法还原为代表,在电场和温度场耦合加热作用下,进一步研究了样品两端所用电极的种类对该方法还原金属镁的影响。结果表明,使用硅铁、石墨和碳化硅电极均可以在最佳工艺条件下还原出金属镁,且还原效果无较大差异。这三种电极均参与了反应,且反应前、后存在不同程度的质量变化,但均表现出正极减重和负极增重。

【关键词】金属镁;电场-温度场耦合;煅白;硅铁;兰炭;电极反应

第9章 金属镁制备概述

9.1 金属镁还原研究背景

9.1.1 金属镁的性质

镁为碱土族金属元素,呈银白色,原子序号为 12,英文名称为 magnesium,元素符号为 Mg,相对原子质量是 24.305 0,其电子排布为 $1s^2 2s^2 2p^6 3s^2$,熔点和沸点分别为 651 ℃ 和 1 107 ℃。金属镁作为现代最轻质的工程建筑材料,它的密度是常见金属铁的 1/4、钛的 2/5、铝的 2/3,室温 20 ℃ 下仅为 1.74 g/cm^2,自身无磁性且具有一定的延展性和热消散性[3]。此外,金属镁可与多种金属任意熔合形成各种合金固溶体,有着优良的机械性能,同时因其易于加工且导热减震性能十分优异,在航天制造、笔记本电脑、汽车、手机等领域被大规模应用。

金属镁的原子核核外最外层的两个电子极易失去,形成带两个正电子的金属阳离子,大多状态下镁以离子键同其他离子结合形成化合物。因性质活泼,它易与氧气反应形成氧化镁,同时其结构较为疏松且孔隙较多,在湿润的空气中也容易被腐蚀生成氢氧化镁。金属镁可在氮气中与之反应形成氮化镁,也可与卤族气体单质反应生成卤化镁,在高温下亦可与碳、硫等多种非金属元素发生反应。此外,它可与多种无机、有机酸发生反应,置换出氢气。镁主要的物理性质见表 9.1。

表 9.1　金属镁主要的物理性质

物理性质	数　值	单　位
原子序数	12	—
相对原子质量	24.303 5	—
电子排布	$1s^2 2s^2 2p^6 3s^2$	—
原子半径	162	pm
原子体积	13.99	g/cm^3
密度(室温 20℃)	1.738	g/cm^3
熔点	651	℃

续 表

物理性质	数 值	单 位
沸点	1 107	℃
闪点	500	℃
电阻率(室温 20℃)	43.9	nΩ·m
热导率	155	W/(m·K)
膨胀系数(25℃)	24.8	μm/(m·K)
杨氏模量	45	GPa

9.1.2 镁的资源分布

金属镁在地球上的存量极为庞大,其地壳中占比约为 2.35%,略少于铝、铁,位列第八,据粗略计算,其总量高于 1 亿吨。金属镁以各种化合物的形式广泛地分布于自然界的各种固体矿石和液体矿资源之中。固体矿石种类庞杂,在 200 多种金属镁的化合物中,白云石、菱镁石和水氯镁石等最为常见。据已探明的存量数据,地球上白云石存量在 200 亿吨左右,菱镁矿约为 120 亿吨,蛇纹石存量也在百亿吨级别。液体矿资源主要由盐湖水和海水组成,海水中镁存量初步统计为 6×10^8 亿吨,可见其存量之大,见表 1.2。

表 1.2 主要镁矿物种类及镁含量

矿物名称	主要成分分子式	矿物中镁含量/%
白云石	$CaCO_3 \cdot MgCO_3$	13.2
菱镁石	$MgCO_3$	28.8
水镁石	$Mg(OH)_2$	41.6
水氯镁石	$MgCl_2 \cdot 6H_2O$	12.0
光卤石	$KCl \cdot MgCl_2 \cdot 6H_2O$	8.8
橄榄石	$MgCl_2 \cdot SiO_2$	34.6
蛇纹石	$3MgCl_2 \cdot 2SiO_2 \cdot 2H_2O$	26.3
滑石	$3MgCl_2 \cdot 4SiO_2 \cdot H_2O$	19.2
硫酸镁石	$MgSO_4 \cdot H_2O$	17.6
盐湖	$MgCl_2 \cdot KCl$	7.77
海水	$MgCl_2 \cdot NaCl$	0.13

中国镁资源具有种类全、分布广的特点,占地球总量的 22.5%。这其中,白云石在 40 亿吨左右,多地均有发现,且易于开采,菱镁矿在 34 亿吨左右,占地球菱镁矿总量的 28%,且品位高。新疆等地盐湖镁储量巨大,仅柴达木盆地镁盐资源储量就在 48 亿吨左右。

9.1.3　镁的应用

因镁密度小、性质活泼,且于电磁屏蔽、减震性、导热传质等方面均有出色的表现,所以在空天制造、冶炼成型、微电子等方面被广泛使用,前景光明。目前,镁大致被用于以下几方面。

1.还原剂

金属镁凭借其高化学活性,可作为还原剂通过还原四氯化钛($TiCl_4$)、四氯化锆($ZrCl_4$)和四氯化铪($HfCl_4$)来生产钛、锆和铪(Ti、Zr 和 Hf)等难熔金属,通过还原铀和铍的氟化物(UF_4 和 BeF_2)来生产铀、铍(U、Be)等稀有金属。

2.脱硫、脱氧剂

由于金属镁极易和硫、氧等非金属元素发生反应,因而在金属冶炼领域常被用作脱硫剂和脱氧剂。在钢铁冶炼中,用金属镁替代碳化钙(CaC_2)脱硫,不仅可节约成本、降低污染,而且可使钢的物理机械性能大幅度提高。在金属铸造中,用金属镁脱氧可降低金属中氧化亚铁含量,避免其对性能的影响。

3.球化剂

铸铁浇注过程中,若在铁水中掺入少量的金属镁,可球化铸铁中的碳,使其呈球状并石墨化,从而提高铸铁的延展性和机械强度。金属镁作为新型球化剂,在该领域使用量正逐年攀升。

4.轻量化材料

利用金属镁密度小、易与多种金属形成任意比例的合金这一优势,开发了多种合金。金属镁被添加到铝合金中可大幅度提高其机械性能,如机械强度和加工性能,同时其抗腐蚀效果大大增强。铸造的镁合金构件可大幅度降低其重量,因而被应用于空天制造、汽车、高铁等领域。镁及其合金是未来轻量化领域的一大研究重点材料。

5.电子材料

金属镁在电磁屏蔽上的优异表现及其较小的密度,被电子通信领域快速应用。金属镁易于回收的特点更是成为绿色环保材料的代名词,是电子通信领域的一大热门材料。得益于近些年该领域的飞速发展,镁及其合金的需求也在不断加大,成为带动金属镁用量增长的一大动力。

6.生物医学材料

作为动植物不可或缺的矿物元素,镁在新陈代谢、机能运作等方面起着至关重要的作用。此外,镁还是促进动物骨骼和牙齿形成的主要及必要元素。将镁合金用作骨骼替代材料,由于其与生物本体的适配性,可以大幅度降低对人体的再次伤害,同时其密度也与原骨骼较为接近。此外,镁合金在降解方面效果极好,可被用于心脑血管疾病的治疗。

7.储氢材料

在 250 ℃ 左右的温度、正常大气压下,金属镁可以和氢气发生反应生成氢化镁(MgH_2),该化合物在低于正常大气压下或高于 250 ℃ 的温度下可发生分解反应产生氢气(H_2),且该化合物与通常的金属氢化物相比,存在明显的储能优势,具有极好的应用前景。

9.2　镁生产工艺发展现状

英国的 Joseph Black 于 1755 年通过观察石灰(CaO)里存在的少量苦土(MgO)成分发现了镁元素。Anton Rupprecht 于 1792 年利用木炭(C)热还原苦土而突破性地制备出镁,但其纯度较差。其后,Davy 和 Bussy 分别利用电解氧化镁和钾还原氯化镁($MgCl_2$)得到了纯度较高的镁,而后者产量较大。英国的 Michael Faraday 于 1833 年在实验室中通过电解熔融的 $MgCl_2$ 制得镁。

金属镁的工业化源于德国的 Robeet Wilhelm Bunsen,他在 1852 年创造性地建设了电解池,并将其用于无水 $MgCl_2$ 的电解,从而获取金属镁。德国的 Griesheim Elektron 在此基础上,于 1886 年对制钾后所得的杂质 $MgCl_2$ 进行电解,首次实现了金属镁的商用生产。从此,冶炼金属镁进入工业化生产阶段,其后是对该技术的不断改良,其生产工艺统称为电解法。硅(Si)被用于还原制备金属镁是在 1924 年,但当时并没有大规模制备镁,商业化的生产是 1942 年加拿大科学家皮江(L. M. Pidgeon)通过硅铁去热还原煅烧后的白云石实现的,这个工艺以其名字得名为皮江法,此后对还原工艺的改进方法统称为硅热法。

生产工艺种类纷繁复杂是金属镁冶炼的一大特点。与其他领域不同的是,金属镁的冶炼并没有一种工艺能够主导其行业,时至今日,根据原料来源、还原手段、冶炼温度、副产品等生产参数的差异,从原矿中提取镁的方法达数十种之多。其中,电解法和硅热法为从原矿中提取镁的主要工艺。

9.2.1　电解法

在电解法中,通过直流电将电解池里的 $MgCl_2$ 中的氯离子和镁离子变成氯气和单质镁,其反应方程式为

$$MgCl_2(aq) \rightarrow Mg(s) + Cl_2(g) \tag{9.1}$$

电解法整个过程大致可以归结为 $MgCl_2$ 电解原料的制备、$MgCl_2$ 脱水和提纯、$MgCl_2$ 电解、副产品氯气的收集和利用这几个步骤,其流程如图 9.1 所示。根据其原料来源和电解池的差异,将电解法分为道乌法、氧化镁氯化法、光卤石法、AMC 法和诺斯克法。

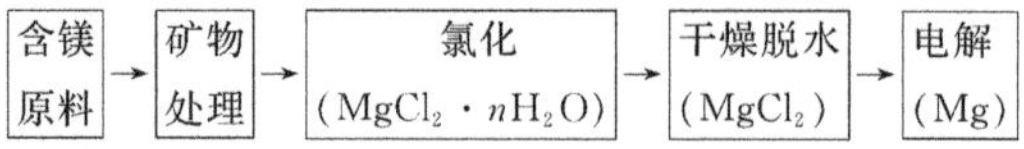

图 9.1　电解法提取金属镁的工艺流程图

1.道乌法

道乌法因美国道乌化学公司于 1916 年的发明而得名,这种方法是用海水中的 $MgCl_2$ 和经过煅烧处理的白云石作原料进行电解提取金属镁的工艺。氯化镁和经煅烧处理后的白云石经过化

学反应得产物氢氧化镁,该产物用盐酸(该工艺的副产品)酸化便可以得到 $MgCl_2$ 溶液,经过多道蒸发、结晶、提纯等工序最终得到 3/2 水合氯化镁($MgCl_2 \cdot 1.5H_2O$),将其直接电解,进而获得金属镁。该方法用于提取金属镁的流程如图 9.2 所示。

2. 氧化镁氯化法

氧化镁氯化法是德国的 Interessen-Gemeinschaft 公司于 20 世纪初创造的新型金属镁电解工艺,利用自然界天然存在的菱镁矿,对其进行 $700 \sim 800\ ℃$ 的煅烧处理,将其产物氧化镁和含碳类的还原剂均匀混合后在 $1\ 000\ ℃$ 的温度下用氯气(该法电解副产物)进行氯化处理,最终得到高纯度的无水 $MgCl_2$ 熔体,并于专用电解池中经 $730\ ℃$ 的高温电解,进而获得金属镁。该方法用于提取金属镁的流程如图 9.3 所示。

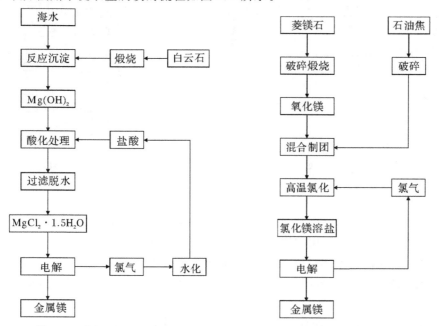

图 9.2　道乌法提取金属镁的流程　　图 9.3　氧化镁氯化法提取金属镁的流程

3. 光卤石法

光卤石法主要被苏联的金属镁冶炼工厂大规模使用,这种方法对自然界天然存在的光卤石进行除杂工艺,除去其中的杂质氯化钠(NaCl),再进行干燥脱水工艺处理,得到无水光卤石($MgCl_2 \cdot KCl$),将其于电解池中进行电解,进而获得金属镁。该方法用于提取金属镁的流程如图 9.4 所示。

4. AMC 法

AMC 法因澳大利亚镁业公司(AMC)最先投产使用而得名,这种方法是用菱镁矿作为原料进行电解的提取金属镁工艺。菱镁矿经过氯气(该法电解的副产物)与氢气反应形成的盐酸溶液作用后,其产物 $MgCl_2$ 溶液和氨气(NH_3)在有机溶剂 Gylcol(乙二胺-乙烯溶液)的帮助下生成六氨合氯化镁($MgCl_2 \cdot 6NH_3$),经高温 $550\ ℃$ 加热分解后生成无水 $MgCl_2$,即可在特定电解池中被用于后续的电解,进而获得金属镁。该方法利用氨气可以置换出水合氯化镁中的结晶水,完美地解决了氯化镁在脱水干燥工艺中的水解难题,此外氨气在该过程中可以被冷却收集后重复使用。该方法用于提取金属镁的流程如图 9.5 所示。

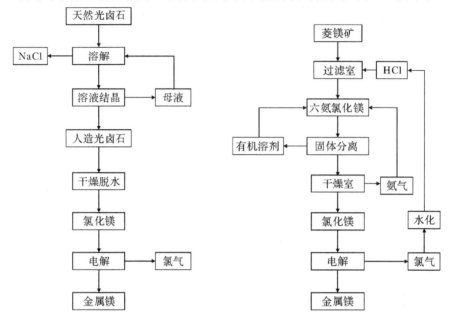

图 9.4　光卤石法提取金属镁的流程　　图 9.5　AMC 法提取金属镁的流程

5.诺斯克法

诺斯克法因挪威的 Norsh-Hydro 公司于 1978 年在 Porsgrunn 工厂将该法投产使用而得名。这种方法同道乌法所用的原料相同,即海水中的 $MgCl_2$ 和经过煅烧处理的白云石。但两工艺存在一定的差异,诺斯克法中 $MgCl_2$ 和经煅烧处理后的白云石经过化学反应后得到产物氢氧化镁,该产物不采用盐酸酸化工艺,而是直接进行高温煅烧处理,将得到的轻烧产物氧化镁与焦炭、卤水、氯化钠均匀混合成团后,经过 1 000~1 200 ℃ 的高温用氯气(该法电解的副产物)进行氯化处理,最终得到 $MgCl_2$ 熔体,其可在特定电解池中用于直接电解,进而获得金属镁。

这些通过电解 $MgCl_2$ 来提取金属镁的方法,尽管可以实现大规模工业化生产且机械化程度较高,但仍存在许多问题,如用电解法提纯金属镁的前期投资过大,生产规模较大,工艺纷繁复杂,无水 $MgCl_2$ 的制成技术较难,设备容易被腐蚀导致维护费用较高。此外,电解法得到的产品金属镁的纯度较低,成本相对较高,导致在市场竞争中存在较大的劣势。

9.2.2　热还原法

在热还原法中,常常以含碳酸镁的原始矿物(如菱镁矿和白云石)为原料,在高温下借助活泼金属或非金属质的还原剂将氧化镁中的镁元素置换出来,进而得到金属镁单质,其反应方程式为

$$MgO(s) + X \rightarrow Mg(g) + XO \tag{9.2}$$

热还原法的整个过程大致可以归结为白云石和菱镁矿的煅烧分解、原料混合、制团成块及高温热还原炼镁这几个步骤,其工艺流程如图 9.6 所示。按使用还原剂的差别可将热还

原法分为硅热法、碳热法、碳化钙热法和其他合金热法。

图 9.6　热还原法提取金属镁工艺流程

1. 硅热法

在热还原法冶炼金属镁中,硅铁还原剂应用得最为广泛。该法利用硅铁还原剂在高温下[同时添加少量氟化钙(CaF_2)]还原煅烧后的白云石来冶炼金属镁,根据其高温加热方式及冶炼工艺的差异,大致可以分为皮江法(Pidgeon Process)、波尔扎诺法(Bolzano Process)、马格内姆法(Magnetherm Process)及 MTMP 法(Mintek Thermal Magnesium Process)几种方法。

(1)皮江法。这种方法是在德国人于 1934 年用单质硅冶炼金属镁的基础上,用 75# 硅铁合金、煅白和少量氟化钙均匀混合制团后,在化石燃料的作用下加热至 1 200 ℃ 左右的高温,于真空度 10 Pa 左右的镍铬合金还原罐中,经过数小时的持续高温还原进而得到金属镁的。该过程所发生的化学反应如下:

$$2\,MgO\,(s) + 2\,CaO\,(s) + (x Fe)\,Si\,(s) \rightarrow 2\,Mg\,(g) + Ca_2SiO_4(s) + xFe(s)$$

$$(9.3)$$

这种方法存在一系列的优点,如冶炼工艺简单易行、投资规模可控、短期内可快速收益。另外,通过这种方法冶炼出的金属镁纯度较高,因而备受人们的青睐。我国可用于这种方法的原料(即白云石和菱镁矿等)矿藏丰富、品级较高,同时我国化石燃料和人工成本较低,非常有利于这种方法的推广投产。因此,自从 20 世纪中叶开始,皮江法便迅速成为我国金属镁冶炼领域的首选方法,据不完全统计,该法生产的金属镁可占总产量的九成以上。但这种方法属于劳动密集型,高污染和高能耗问题也是人们一直诟病之处。该工艺的生产流程图如图 9.7 所示。

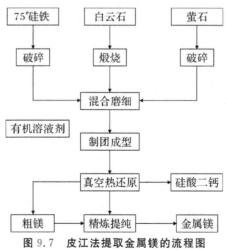

图 9.7　皮江法提取金属镁的流程图

(2)波尔扎诺法。波尔扎诺法因意大利的波尔扎诺小镇的一个镁冶炼工厂首次使用而得名。这种方法在皮江法的基础上,采用和皮江法相同的原料即 75# 硅铁合金、煅白和少量氟化钙均匀混合制团后,在内部通过金属电阻加热间接加热混合后的原料,反应温度和炉内压强均与皮江法无太大差异。这种加热方式相比皮江法而言,有效地改善了热传导方式,极大地提高了能量的利用效率,但是这种方法的投料、取渣等过程仍存在较大的问题,自动化程度仍处于较低的水平。

(3)马格内姆法。马格内姆法是法国的 Pechiney-Ugine-Kuhlman 公司于 20 世纪 60 年代提出的:在皮江法的基础上,通过引入经过高温煅烧的铝土矿或者金属铝充当助溶剂,可使反应废渣在炉内有效地排出,以实现半连续化生产的目的,大大提高了金属镁冶炼速度,同时所用的炉子采用电源加热升温,有效地降低了化石燃料燃烧对环境的污染。这种方法在 1 500~1 600 ℃ 的高温和 5~10 KPa 的炉内压力下即可冶炼,该条件下的原料均为液体形态,因而这种方法又被称为熔渣液态半自动硅热法。与皮江法相比,这种方法可缩短反应时间,自动化程度较高,一定程度上提高了金属镁的冶炼效率,但目前仍存在一些问题,如过高的温度真空性存在一定困难,且安全性也存在一些问题,最重要的是这种方法冶炼所得的金属镁纯度远比不上皮江法,且生产成本上无法与皮江法拉开差距。该过程发生的化学反应式为

$$2\ MgO(s) + 2\ CaO(s) + (x\ Fe)\ Si(s) + nAl_2O_3(s) \rightarrow 2\ Mg(g) +$$
$$Ca_2SiO_4 \cdot nAl_2O_3(s) + x\ Fe(s) \tag{9.4}$$

(4)MTMP 法。MTMP 法是南非的 Mintek 公司与 ACC、Eskom 这两家公司在 20 世纪后期一起研发的金属镁冶炼方法。这种方法也是用硅铁作为高温下的还原剂,同煅白、少量氟化钙一起均匀混合后投入 1 700~1 750 ℃ 的高温炉中进行反应进而得到金属镁。这种方法不同于上述几种方法的是,直接在常压条件下进行反应,打破了长期以来的真空冶炼限制,同时采用直流电加热的方式给高温电阻炉供热,以达到反应所需的温度。这种方法的高温电阻炉加热方式有效地降低了对化石能源的依赖,缓解了化石燃料对环境造成的污染,真空环境的打破使得这种方法可实现自动化连续运行,极大地提高了金属镁的冶炼效率。此外,这种方法的成本和投入方面与皮江法相比也存在一定的优势。但此工艺目前仍处于小型实验和理论研究当中,Mintek 公司预计在不远的将来会大规模推广并投产。

2.碳热法

碳热法是利用还原性较强的含碳材料(如木炭、焦煤等)作为新一代还原剂于高温作用下冶炼金属镁的方法。这种方法最早的记录可追溯到 20 世纪 30 年代,奥地利的 F. Hansgirg 将菱镁矿经过高温煅烧的产物氧化镁和炭均匀混合压制成团后,在 1 800 ℃ 以上的高温电弧炉中进行反应,产物镁蒸气和一氧化碳气体(CO)在低温中性气体的大量热交换下,温度短时间内迅速降低,得到了最终产物,即冷凝镁粉。这种方法的化学反应式为

$$MgO(s) + C(s) \rightarrow Mg(g) + CO(g) \tag{9.5}$$

这种方法利用廉价的碳材料代替皮江法中的 $75^{\#}$ 硅铁还原剂,一定程度上降低了冶炼金属镁的成本,但其所涉及的反应属于可逆反应,在标准大气压下,当温度大于 1 800 ℃ 的临界温度时,该反应向金属镁生成的方向进行,而当温度小于 1 800 ℃ 临界温度时,该反应向氧化镁生成的方向进行。由此可见,这种方法的难点在于如何避免逆反应的发生,并使得到的产物为冷凝镁粉(镁粉在空气中极易被氧化同时易发生爆炸,导致生产安全方面存在较

大的问题,且镁粉的后续重新处理会导致工序复杂和成本增加)。

近年来,我国戴永年院士团队在其真空冶金国家工程实验室中对真空环境下用碳质材料还原氧化镁进行了大量的实验室实验,并取得了该方法冶炼金属镁的相关理论数据,一定程度上掌握了这种方法的冶炼流程等技术问题,并自主研制了用于金属镁碳热冶炼法科学研究的实验室炉子,但目前尚未进行大规模的实践和投产。

3.碳化钙热法

碳化钙热法是利用还原性较强的碳化钙作为新型还原剂于高温作用下通过还原煅白和菱镁矿中的氧化镁来达到冶炼金属镁的方法。这种方法最早可以追溯至英国的 Murex Ltd 公司在 1 900 ℃用碳化钙置换出氧化镁中的镁,在真空度为 100 Pa 的环境下,温度可降低至 900~1 100 ℃。该方法所用的碳化钙相对于 75# 硅铁而言,价格方面存在巨大的优势,但其较低反应活性及容易吸水变质的特点,一定程度上限制了这种方法的推广。此外,据相关研究报道,氧化镁的还原率比较低,大约在 70%上下,且产物金属镁纯度较差,因此目前这种方法已无太大的工业应用前景。这种方法的化学反应式为

$$MgO(s) + CaC_2(s) \rightarrow Mg(g) + CaO(s) + 2C(s) \qquad (9.6)$$

近年来,以东北大学彭建平等人为代表的学者们对碳化钙热法冶炼金属镁进行了细致的研究,以煅白、碳化钙和少量的氟化钙为原料,开始了一系列的相关实验,在 1 150 ℃的高温环境下,保持真空度为 1~2 Pa,最终反应结束时镁的还原率为 80%左右,远高于同条件下 75# 硅铁的 70%还原率。此外还针对碳化钙还原煅白的热力学条件进行了理论分析计算,取得了许多成果。

4.其他合金热法

国内外从事金属镁冶炼的一些科研人员在替代 75# 硅铁合金的基础上还创造出了一系列金属及其合金,用它们来作为还原剂进行金属镁的高温冶炼。按还原剂的不同,其他合金热法大致可分为铝热法、钙热法、单质硅热法、硅铝热法和硅铜合金法。下面就铝热法、钙热法和硅铜合金法作简要的介绍。

(1)铝热法。铝热法是用金属单质铝代替硅铁和煅白,与少量氟化钙均匀混合制团后,在 1 150 ℃左右的高温下进行还原冶炼,其产物主要为镁铝尖晶石($CaAl_4O_7$)和镁蒸气,镁蒸气经过冷凝结晶作用而得到金属镁。该过程所发生的化学反应式为

$$6MgO(s) + CaO(s) + 4Al(s) \rightarrow 6Mg(g) + CaAl_4O_7(s) \qquad (9.7)$$

Wang 等人经过实验证明了这种方法的可行性,当金属单质铝粉稍微过量时,在 1 200 ℃反应 2 h 后,铝热法还原率高达 90%。和 75# 硅铁相比较,金属单质铝的高活性是这种方法的一大优势。另外,在反应过程中,由于高的环境温度和金属单质铝的低熔点特性,该反应从皮江法的固-固反应变为固-液反应,从而导致反应物能够接触得更加充分,最终提高冶炼的效率。此外,该方法涉及的反应所需理论温度要低于皮江法,使得镍铬合金还原罐寿命延长,从而降低冶炼金属镁成本。但是金属铝的价格较硅铁无太大优势,限制了这一方法的工业化应用。

(2)钙热法。钙热法是利用工业液态钙还原的一种方法。这种方法是利用液态钙置换

出氧化镁中的镁元素。夏德宏等人从热力学角度出发分析了液态钙作为还原剂在镁冶金领域上的理论的可操作性,并自主设计了这种方法的冶炼还原装置,实验表明,当温度在 860～1 090 ℃时便可以收集到金属镁。由于氧化镁完全沉浸于液态钙中,两者能够充分地接触,固-液反应提高了反应速率,同时该反应废渣为氧化钙,容易处理再利用。该过程所发生的化学反应式为

$$MgO\,(s) + Ca\,(l) \rightarrow Mg\,(g) + CaO(s) \tag{9.8}$$

(3)硅铜合金法。在皮江法的基础上用硅铜合金替代硅铁来达到冶炼金属镁的方法称为硅铜合金法。汪浩等人利用 30% 硅含量的硅铜合金熔点(1 096 ℃)低的特性,在 1 250 ℃左右的环境温度、炉膛压强为 10 Pa 时还原煅白中的氧化镁,使得皮江法的固-固反应变为固-液反应,反应物接触更为充分,一定程度上加快了反应速率,最终计算得到该条件下氧化镁的还原率为 85.4%。该过程所发生的化学反应和皮江法一致,仅涉及反应物形态的差异。

9.3 电流辅助技术的产生及应用

9.3.1 电流辅助技术的发展

电流辅助技术的出现最早可以追溯至 1933 年的有关专利,它们主要是通过放电、施加电流的方式来达到对粉体或者金属材料烧结、连接的目的。其后,20 世纪 50 年代至 70 年代,Lenel、Inoue 等人发明了利用电火花进行辅助烧结的技术,该技术在各个领域的材料研究中被迅速推广,还以它为基础衍生出了多种商业技术,如脉冲电流辅助烧结(Pulse Current Auxiliary Sintering,PCAS)、放电等离子体烧结(Spark Plasma Sintering,SPS)、电流辅助成形(Electrically-Assisted Forming,EAF)和闪烧(Flash Sintering,FS)等。

上述这些以电流辅助为基础的新型技术与传统上单一的加热手段相比,比较突出的优势在于能够大幅度降低烧结或者成型的环境温度,并能够使最终的材料拥有优异的性能。此外,由于采用多能量来源同时作用于材料,其时间也随之变短,同时大幅度降低的环境温度使得热损耗极速减小,这些均有利于在烧结或成型时降低成本、节能减排。

9.3.2 电流辅助技术的应用

电流辅助技术发展至今已应用在多个领域,根据原材料的差异,其应用主要概括为以下几方面。

1. 用于粉末冶金的 SPS 技术

放电等离子烧结能够使粉末在真空环境下通过利用直流脉冲电流并结合高温加热、模具轴向施压等方式,使粉末中各个颗粒的表面快速活化,从而达到对粉末进行烧结的目的。SPS 通常具有样品受热均匀、低温快速等优点,此外,最终得到的烧结体晶体组织均匀、细化,且晶粒排列呈高度致密态。

1988 年 SPS 设备在日本研制成功后,该技术迅速成为新材料制备领域的热点,近年来,该技术在我国亦掀起了一股研究热潮,多所科研机构和高校均在此方面取得了一定的研究进展。Li 等人利用 SPS 技术研究了 Ti$_2$AlNb 合金在不同热处理工艺下的组织形貌和性能表现,结果发现,调节 B2 颗粒的尺寸和 O 相的含量可以提高硬度,细化后的 B2＋O 组织更有利于析出强化及提高 Ti$_2$AlNb 材料的机械性能。Feng 等人在 1 000 ℃ 下使用 SPS 技术在 5 min 的极短时间合成了高度致密化的 TiB/B 材料,且发现不断提高烧结温度,其最终 TiB 的晶粒尺寸会呈正相关增大。

2. 用于金属成形的 EAF 技术

若对金属等某些材料施加电流后,将会产生电塑性效应,使得材料的成形性能表现出明显的差异,基于该效应的塑形加工工艺即为电流辅助成形(EAF)技术。这种新型技术可以显著提高材料塑形性能,且加工温度低,可以大幅缩短工艺周期,延长设备寿命。

Cao 等人利用 EAF 技术在低压大电流作用下于数十秒内将钛管加热至成形温度,并经过后续工艺处理制成钛波纹管,极大地缩短了加工时间,提高了生产效率,同时克服了传统成形工艺因低温塑性差而导致的成品率低的问题。Wu 等人通过 EAF 技术在 750 ℃ 成形了组织均匀且性能良好的 DP1180 钢板材,并研究了电流密度对延伸率等性能的影响。

3. 用于陶瓷烧结的 FS 技术

闪烧是 2011 年美国的印裔教授 Raj 在研究 3YSZ 陶瓷材料的低温快速制备时发现并命名的,通过对处于 850 ℃ 的环境温度下的样品施加一个 120 V/cm 的直流电场,在极短的时间(小于 5 s)内,样品达到高度致密,并得出施加样品的外加电场能够抑制陶瓷烧结过程中晶粒的生长的结论,此后国内其他人也利用该技术对其他陶瓷进行了研究。

Hao 等人利用闪烧技术于 545 ℃ 的低温下对样品施加 70 V/cm 的直流外加电场,经过数秒的烧结制备出了高度致密的氧化钆掺杂的二氧化铈(Ce$_{0.8}$Gd$_{0.2}$O$_{1.9}$,GDC),为固体燃料电池(SOFC)中电解液的低温、低成本制备提供了一条行之有效的途径。Su 等人成功制备了锆钛酸铅(PZT)和等摩尔比混合的铌酸钾、铌酸钠的铌酸钾钠(KNN)等压电陶瓷的前驱体,并结合闪烧技术成功实现了该功能陶瓷在低温下的快速制备,扩宽了闪烧技术在陶瓷领域的应用范围。此外,Fu 等人对闪烧所可能涉及的烧结机理进行了总结,得出了焦耳热效应、直流电场下缺陷和扩散效应等机制,这些机制可用于解释陶瓷闪烧过程中的低温快速致密化现象。

9.4　真空冶炼技术的特点及应用

冶金即从含各种金属的原矿石中通过各种提炼手段获得金属及其合金化合物,而后制备成具有各种性能的金属材料。从青铜时代的铜冶炼至近代的钢铁冶炼的数千年里,各地域的人们均在不断探索不同的冶炼技术,以期用更低的成本来获得更优质的产品。为了解决空气中氧气等杂质气体对金属冶炼过程的影响与干扰,一个由真空主导的冶炼环境的技术应运而生,即真空冶炼技术,从此冶金领域发生了根本性的变化。

自 19 世纪 60 年代首篇有关于真空冶炼金属的专利诞生,历经数十年的实验室探究及小型实验发展,终于在 1923 年德国首次利用该技术成功地冶炼了以镍为基础的镍基合金,其后于 1938 年在德国的 Bochum Veren 炼钢厂的液钢脱气处理上创造性地利用了真空技术并取得了显著的效果。发展至 20 世纪 50 年代,真空冶炼技术逐步用于各种金属及其化合物的还原、精炼、分离等领域。

9.4.1　真空冶炼技术的特点

真空冶炼技术为在小于常压环境下通过高温作用对金属及其合金材料进行冶炼和加工的一种技术。真空中气体的成分和大气中存在明显的差异,因而使用该技术时,所涉及的化学、物理变化所需的条件会有别于大气环境,对金属及其合金材料的冶炼和加工亦呈现出有别于大气环境中的特点。真空冶炼技术的特点可概括为以下几点。

1. 降低反应温度

在真空环境中,由于气体压强低,对于有气体生成的化学反应或者因一些因素而导致的体积增大的物理变化,会出现有利于向反应正向进行的效果,如金属的气化、金属化合物的受热分解、还原产生气体的过程,在该环境下均可以提高反应速度,有利于反应快速完成。此外,在真空环境下,这些反应发生所需的温度会大幅度下降,可使常压下难以发生的超高温反应变为可能,如硅热法炼镁发生的起始温度在该环境下为 950 ℃左右,远低于大气环境下的 2 350 ℃,亦如金属碳酸盐受热分解所需温度在该环境下要远低于大气环境下的。

2. 无气体杂质存在

在真空环境下,由于气体含量大幅度下降,极少甚至没有杂质气体能够参与并影响主反应的进行。因而在真空环境下进行金属处理时,不会出现因杂质参与而产生气孔或发生氧化等现象。由于真空环境处于单独的体系,其内气体的组成及含量处于明晰的范围内,便于人为掌控。

3. 分子分散

在真空环境下,由于低的真空度,金属及其化合物的气体分子常以分散的形式存在,且气体团聚效果较差,它们的尺寸通常在 10～100 nm,在气体冷凝后容易变成超细粉末、超薄金属膜。

4. 污染性小

真空冶炼技术常常用电能作为其加热的能量来源,由于摒弃了常压冶炼的化石燃料加热,该冶炼过程中产生的污染气体大幅度减少,更符合当今“碳中和”理念。

9.4.2　真空冶炼技术的应用

真空冶炼技术发展至今已有 100 多年,由于其优异的冶炼特点,迅速地出现在了各金属冶炼的应用领域,并处于越来越重要的地位。真空冶炼技术的应用可概括为以下几方面。

1. 金属的分离和提纯

在真空环境中,固定温度下的单一金属元素存在唯一恒定的蒸气压,利用这一特点,可通过在真空中挥发程度的差异将粗金属中的杂质去除,提纯得到最终所需的高纯度金属及其合金。在分离提纯时,如果所需金属的沸点高于杂质金属元素,在分离时可对杂质金属元素进行升温气化,使其与所需金属分离,从而达到提纯的效果。该方法可有效地用于废料金属的分类回收利用。

2. 金属低温制备

在真空环境中,超高温反应的温度大幅度降低,且无杂质反应,因而可用来冶炼在大气环境中无法冶炼的金属及其化合物,如金属镁、金属钠等。在真空环境下,通常采用活泼易于反应的金属或非金属单质来置换出所需的原始矿物中的金属元素,达到冶炼的目的。此外,非金属单质(如碳)在成本等方面存在明显优势,始终是金属真空还原的首选材料,并成为该领域的一大研究热点,备受关注。

3. 高性能合金的熔炼

在真空环境中,可免除氧气等杂质气体的影响和干扰,因此近年来在真空冶炼技术中备受关注,特别是航天航空中所需的钛合金材料在该环境中熔炼可避免金属在熔炼阶段氧化、引入杂质等问题,因而利用该环境可大幅度提高钛合金材料的耐高温、抗冲击等性能。

4. 超细金属粉体材料的制备

利用真空环境中金属及其化合物气体分子分散这一特点,可将金属固体升华成气体后进行冷凝处理,得到超细金属粉体材料。该材料由于比表面积大、反应活性较高,可用于传感器的感应材料(超细氧化锌粉体)、固体燃料(超细金属铝粉体)等。

5. 金属表面强化

利用真空中金属及其化合物气体分子分散这一特点,还可以将真空冶炼技术用于对基体材料进行表面镀膜。采用化学、物理手段对基体材料镀膜后,可使材料获得抗高温、耐磨、抗腐等优异性能。

9.5　多场耦合金属镁还原工艺的提出

皮江法作为目前中国金属镁冶炼的主要生产方法,在世界原镁市场起着至关重要的作用,但是皮江法因高温所带来的高能耗、高污染问题亟待解决。为了帮助解决这一问题,本书拟以传统皮江法的原料为基础,利用当下新型的电流辅助技术对金属镁冶炼进行低温还原的探索,来到达降低炉温、减少污染的目的,从而开发出一种全新的节能环保、绿色可持续的电场-温度场耦合硅热法还原金属镁的冶炼方法,并探究反应时间、起始直流场强、电流密度这 3 种因素对氧化镁还原效果的影响。

随后在此基础上,以价格低廉的新型还原剂兰炭代替价格高昂的硅铁,同时结合电流辅助技术还原煅白中的氧化镁,以期开发出一种成本更低的新型电场-温度场耦合碳热法还原金属镁的方法,并探究不同因素对其还原效果的影响。最后以电场-温度场耦合硅热法还原金属镁为例,用不同的电极材料来探究电场和温度场耦合加热作用下电极所带来的影响,为新型金属镁低温冶炼提供电极方面的研究支持。其主要内容有以下几方面。

(1)以硅铁为还原剂,在电场和温度场的耦合加热作用下,对煅烧后的白云石进行低温硅热还原实验从而获得金属镁,并研究反应时间、起始直流场强、电流密度这三个独立变量对电场-温度场耦合硅热法还原金属镁的还原效果的影响规律,得出最佳的冶炼金属镁条件,此外,利用焦耳加热效应对该方法的反应机理进行解释。

(2)以兰炭为还原剂,在电场和温度场的耦合加热作用下,对煅烧后的白云石进行低温碳热还原实验从而获得金属镁,并研究反应时间、起始直流场强、电流密度这三个独立变量对电场-温度场耦合碳热法还原金属镁的还原效果的影响规律,得出最佳的冶炼金属镁条件,此外,利用焦耳加热效应对该方法的反应机理进行解释。

(3)以硅热法还原为代表,研究电场和温度场耦合加热作用下,样品两端电极的差异对该方法炼镁的影响,并研究该过程中电极质量的变化情况,通过反应前后元素的变化来确定其可能存在的反应,综合分析确定在使用该方法进行金属镁冶炼时的最佳电极类别。

第10章 还原金属镁实验原材料与分析方法

本章所用到的煅白、硅铁和萤石粉等原材料均来自陕西榆林某金属镁冶炼工厂,兰炭来源于陕西神木某煤化公司,该实验测试数据主要来源于 X 射线衍射分析仪、电子探针显微分析仪、X 射线荧光光谱仪及多功能检测仪等设备。本章主要对实验过程中的原材料、试验设备和测试过程及分析方法进行详细介绍。

10.1 实验所用的原材料

10.1.1 煅白

本实验中所用的煅白是白云石于 1 000 ℃ 的高温下保温 2 h 后分解而得到的,其烧失量在 47% 左右,用 X 射线荧光光谱分析仪测定煅白的主要化学成分及其含量见表 10.1,用 X 射线衍射仪测得煅白的物相组成如图 10.1 所示。由测试结果可知,此煅白主要由氧化镁和氧化钙组成,且杂质含量较低,MgO 与 CaO 的质量比值为 1.23,满足热还原法冶炼金属镁对煅白原料的要求。将煅烧后的白云石在行星球磨机中充分磨细后过 130 目标准筛,其粒径小于 0.113 mm,稍后放于鼓风干燥箱中于 105 ℃ 干燥保存待用。

表 10.1 煅白的主要化学成分及其含量

化学成分	MgO	CaO	SiO$_2$	Al$_2$O$_3$	Fe$_2$O$_3$	总计
质量分数/%	44.23	54.32	0.35	0.21	0.68	99.79

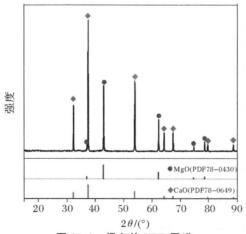

图 10.1 煅白的 XRD 图谱

10.1.2　硅铁

硅与铁能够以任意比例形成硅铁合金,硅铁为目前金属镁冶炼领域中常用的还原剂,该实验采用工业炼镁生产过程中常用的 75# 硅铁合金,即硅含量在 75% 以上。图 10.2 所示是 75# 硅铁合金的主要晶体组成图,由图可知,其主要物相为 Si 和 $FeSi_2$,硅含量较高。这是由于,在硅含量较高的硅铁合金生产中通常加水快速冷却以提高单质硅的含量。将硅铁矿石于破碎机中破碎后,经行星球磨机充分磨细后过 130 目标准筛,其粒径小于 0.113 mm。

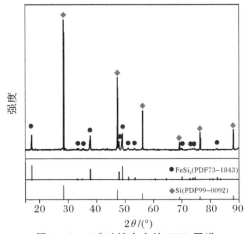

图 10.2　75# 硅铁合金的 XRD 图谱

10.1.3　兰炭

兰炭是以陕西神木的侏罗精煤块在 600 ℃ 左右的温度下干馏而成,颜色呈浅灰色。兰炭作为一种新型的还原材料,以高固定碳、高化学活性、低廉的价格等优点被应用于金属冶炼领域。兰炭的主要组成及含量见表 10.2。将兰炭于破碎机中破碎,在球磨机中充分磨细后过 260 目标准筛,其粒径小于 0.053 mm。

表 10.2　兰炭的主要组成及其含量

组　成	固定碳	灰分					硫　分	挥发分
		SiO_2	CaO	Fe_2O_3	Al_2O_3	MgO		
质量分数/%	75.78	6.90	4.56	4.43	3.65	0.33	2.32	2.03

10.1.4　萤石

萤石,别称氟石,主要成分为氟化钙,在本实验中作为催化剂,可以有效地提高煅白和还原剂(硅铁和兰炭)的表面能,有利于加速热还原反应的进行和提高金属镁的产率。

10.1.5　原料成型

本实验使用常温单轴压力装置成型。将混合均匀的原料放入成型模具中,在轴向压力作用下进行单轴压制,使试样成为规则形状和尺寸的坯体,以便后续实验的进行。成型装置如图 10.3 所示。

图 10.3　成型装置示意图

10.2　金属镁还原电极

10.2.1　硅铁电极

采用现有的硅含量在 75% 的硅铁合金,用角磨机加工至 20 mm×20 mm×3 mm 片状,其主要晶体物相组成如图 10.2 所示。

10.2.2　石墨电极

用角磨机将石墨加工成 20 mm×20 mm×3 mm 片状,其主要晶体物相组成如图 10.4 所示。由图可知,其物相全由 C 组成。

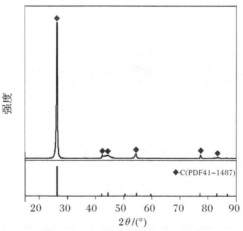

图 10.4　石墨电极的 XRD 图谱

10.2.3　碳化硅电极

碳化硅电极为电阻炉加热原件中的硅碳棒加工所得,用角磨机加工至 14 mm×14 mm×3 mm 片状,其主要晶体物相组成如图 10.5 所示。

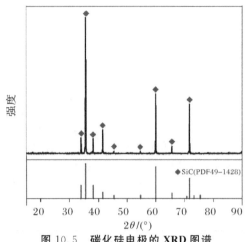

图 10.5　碳化硅电极的 XRD 图谱

10.3　电-热耦合金属镁还原装置及材料测试

　　本实验所使用的耦合场还原设备由笔者所在课题组独立设计并装配。设备实物图如图 10.6 所示,它主要由直流电源、真空炉和真空泵三部分组成。直流电源工作模式分为恒流模式和恒压模式,可分别提供 0~1 000 V(精度 0.1 V)的直流电压和 0~3 A(精度 0.01 A)的直流电流,真空炉内使用的氧化铝刚玉管可在 1 500 ℃ 的高温下长时间工作,在真空泵的帮助下管内气压可快速降至 1 Pa 以下,且热还原过程中能够长时间保持良好的气密性。多功能电表可用于测定耦合场还原金属镁过程中各个阶段上该设备所消耗的电能。基本设备与材料测试仪器见表 10.3 和表 10.4。

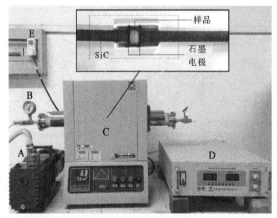

A—抽气泵;B—真空表;C—刚玉;D—直流电源;E—多功能表

图 10.6　还原装置实物图

表 10.3　实验所用的基本设备

实验设备	型　号	生产厂商
材料抗折抗压试验机	TYE-300D	无锡建仪仪器机械有限公司
高温箱式炉	KSL-1700X	合肥科晶材料技术有限公司
环保型颚式破碎机	GM/EP-150×125	南昌光明化验设备有限公司
行星球磨机	XQM-0.4A	中国长沙天创粉磨技术有限公司
高速旋转粉碎研磨仪	FM100	北京格瑞德曼仪器设备有限公司
电热鼓风干燥箱	101-1ASB	北京科伟永兴仪器有限公司
分析天平	METTER TOLEDO-AL204	梅特勒-托利多仪器有限公司
直流恒压恒流电源	1 000 V，3 A	南通嘉科电源制造有限公司
单温区管式炉	GSL－1500X	合肥科晶材料技术有限公司
旋片式真空泵	2XZ－2	上海雅谭真空设备有限公司

表 10.4　材料测试仪器

实验仪器	型　号	生产厂商
多功能电表	P06S-10A	宁波新诚公司
X 射线荧光光谱分析仪	XRF-1800	日本岛津公司
场发射扫描电子显微镜	S-4800	日本日立制作所
X 射线衍射仪	D8 ADVANCE	德国布鲁克公司
电子探针分析仪	JXA-8100	日本电子株式会社

10.4　金属镁还原测试分析及计算方法

10.4.1　物相分析

本实验中试样的物相组成采用德国布鲁克公司的 X 射线衍射仪（XRD）测定。该仪器放射源为 Cu Kα，角度（2θ）为 $15°\sim90°$。XRD 以布拉格方程作为理论基础，可对构成物质的晶体进行定性与定量分析。定性分析是利用标准卡片衍射数据对所测数据进行分析，从而得出试样的晶体组成；定量分析是对衍射花样强弱进行分析，从而得到试样中各晶体的含量。

10.4.2　微区形貌与能谱分析

本实验中所得的反应渣和冷凝物（即金属镁）的形貌和不同元素组成及含量采用日本电子株式会社的电子探针分析仪（EPMA）。它是电子显微镜和 X 射线光谱分析仪组合而成的设备。该仪器兼具能谱定性分析（EDS）和波谱定量分析（WDS）功能，分析范围广，可对元素周期表中的 5~92 号元素的元素进行定性分析。其原理是通过使用约 1 mm 的电子束照射在试样表层区域,分析该区元素所激发的特征 X 射线的波长强度来得到其成分和含量。

10.4.3　成分分析

本实验中反应前、后的试样镁元素含量采用日本岛津公司的顺序扫描 XRF-1800 型 X 射线荧光光谱分析仪(XRF)测定。它是一种元素分析的手段,主要技术参数为:X 射线管为 4 kW 薄窗,Rb 靶材。它可分析元素周期表中的 8~92 号元素。其原理是利用原级 X 射线光子使被测试样产生次级特征 X 射线,元素所产生的射线的特征波长得到元素种类,同时可对被测样品进行元素定性分析和定量分析。

10.4.4　氧化镁还原率计算

通过氧化镁的还原率来衡量反应过程中不同实验变量对还原效果的影响,其氧化镁还原率计算方法为

$$\alpha = \frac{m_1 \cdot w_1 - m_2 \cdot w_2}{m_1 \cdot w_1} \times 100\% \tag{10.1}$$

式中:α 是氧化镁还原率;m_1 是未反应试样的质量(g);m_2 是反应后试样(还原渣)的质量(g);w_1 是未反应试样中镁元素的含量;w_2 是反应后试样(还原渣)中镁元素的含量。

10.4.5　黑体辐射模型

一切物体(自身温度大于绝对零度)都在辐射电磁波。黑体仅能够辐射电磁波和吸收电磁波,不反射电磁波,且所有发出来的电磁波都是自身辐射产生的。当试样处在真空环境的管式炉中,被加热到一定温度后,热辐射损耗远远大于和环境之间热交换所损耗的能量,此时可以将试样近似看作一个理想化的黑体。

如果假设试样在电场与热场耦合加热状态下温度是均匀分布的,那么试样的温度与辐射能量之间的关系可以用斯特藩-玻尔兹曼定律来表示,其公式为

$$P = \sigma T \tag{10.2}$$

式中:P 是单位面积的辐射功率(W/m²);σ 是斯特藩-玻尔兹曼常数,为 5.67×10^{-8} W/(m² · K⁴);T 是绝对温度,$T = t + 273.15$ K。

样品温度的升高是在电场作用下试样的焦耳热效应所消耗的电能导致的,而升高后的温度与此时辐射能量之间的关系可以表示为

$$P + \frac{W}{\varepsilon A} = \sigma T_1 \tag{10.3}$$

式中:W 是试样加热所消耗的功率(W);ε 是试样的辐射系数,绝对黑体为 1;A 是试样的表面积(m²);T_1 是试样的实际温度(K)。

将式(10.3)代入式(10.2)可得实际温度与炉温的之间的关系,即

$$T_1 = \left(T_0^4 + \frac{W}{A} \right)^{\frac{1}{4}} \tag{10.4}$$

$$T_1 = T_0 + \Delta T \tag{10.5}$$

式中:ΔT 是样品因焦耳加热效应而增加的温度(K)。

10.4.6　电极失(增)重率计算

电极失(增)重率计算公式为

$$\beta = \frac{m_2 - m_1}{m_1} \times 100\% \tag{10.6}$$

式中:β 是电极失(增)重率,增重为正,反之为负;m_1 是未反应前电极的质量(g);m_2 是反应后电极的质量(g)。

第11章 电场-温度场耦合硅热法还原金属镁

11.1 硅热法概述

作为现代工程应用中最轻质的金属,镁的密度仅为常见金属铁的 1/4、钛的 2/5 和铝的 2/3。同时,镁及其合金由于具有卓越的导热性、加工性、减震性、电磁屏蔽等性能,被广泛用于航天制造、汽车、手机和电子信息等领域。因此,镁被认为是 21 世纪最有前景的轻质功能性材料。

地球上大量存在的各种含镁矿石,如菱镁矿($MgCO_3$)、白云石($CaCO_3 \cdot MgCO_3$)和碱式碳酸镁[$MgCO_3 \cdot Mg(OH)_2$]均可用作提取金属镁的原料。此外,海水和镍红土矿亦可分别用作提取氯化镁($MgCl_2$)和氧化镁(MgO)的原料。基于上述原料,金属镁的生产主要包括电解氯化镁法和热还原氧化镁法。

在热还原法中,皮江法因其原料丰富和产物纯度高等优势在现代工业生产中应用最为广泛。在该法中,采用硅铁合金在 1 200 ℃ 左右的温度、真空度为 10～20 Pa 下,去热还原煅白中的氧化镁,经过 8～10 h 后获得金属镁产品,其涉及的化学反应为

$$2\,MgO\,(s) + 2\,CaO\,(s) + (x\,Fe)\,Si\,(s) \rightarrow 2\,Mg\,(g) + Ca_2SiO_4\,(s) + x Fe\,(s)$$

$$(11.1)$$

然而,长时间高温使得该过程极度消耗能量,同时,由于原材料长时间处于较高的冶炼温度下,冶炼设备中的还原罐通常需要有较好的耐高温性能,而满足此类需求的镍铬合金高温还原罐价格昂贵,且在该冶炼环境下的使用寿命通常仅数月之久。这就导致金属镁的价格居高不下。此外,冶炼过程中由于大量使用化学燃料而对环境造成了严重的污染。

为了应对这些挑战,近年来的研究集中在以其他还原剂取代硅铁合金上。碳可以有效地还原氧化镁。然而,镁蒸气的冷凝及它与一氧化碳(CO)的分离仍具有一定的挑战。碳化物被用于还原氧化镁时,存在活性低、还原性差的问题,此外还会产生大量废物。铝热法在冶炼温度方面有突出的优势,然而铝的价格限制了该法的推广。另一个策略是用硅铜合金,将固-固反应变为固-液反应以加速冶炼过程,但该合金的价格仍是昂贵的。

从现有技术来看,以硅铁作为还原剂的皮江法仍然是当代热还原镁的主流技术。在皮江法工艺中可以使用氩气代替真空环境,通过回收氩气的热量来降低能量的耗损,但是氩气增加了生产成本。此外,波尔扎诺法利用金属电阻间接加热还原罐内的团块,提高了能量的

热效率,然而,其炉温仍然在 1 250 ℃左右。马格内姆法将铝土矿添加到团块中,成功地降低了反应渣的熔点,实现了冶炼镁的半连续化,MTMP 法则在马格内姆法的基础上进一步突破,保障了该过程在正常压力下的连续工作。马格内姆法和 MTMP 法都通过提高自动化程度提高了生产效率,但两者均需要 1 600～1 700 ℃的高温冶炼环境。

因此,当代皮江法工艺仍面临着能耗高、设备温度高、持续污染严重等问题,迫切需要开发一种低温生产金属镁的新技术。

近年来,电流辅助技术已经成功应用于陶瓷、金属成型等领域,其一大特点在于可以显著降低反应所需的炉体温度。迄今为止,尚没有将该技术应用于镁冶炼领域。

在本章中,将电流辅助技术用于在低温装置中生产镁金属,同时对该方法制备的金属镁的形貌和纯度进行分析。然后,系统地研究反应时间、起始直流场强和电流密度等独立变量对氧化镁还原效果的影响。最后,利用焦耳加热效应解释该电场-温度场耦合硅热法还原所诱发反应的机理,并在讨论结果中加以阐述。

11.2　电场-温度场耦合硅热法的实验过程

用电子天平以 78.5:18:3.5(质量比)的比例准确称量干燥后的煅白、硅铁($75^\#$合金)和萤石粉,并置于行星球磨罐中使其充分混合均匀,结束后过 130 目筛(粒径小于 113 μm)并将混合料密封放置。取一定量的混合料,用成型装置在 60 MPa 的轴向成型压力下保压 180 s,压制成 ϕ18 mm×H6.3 mm 的圆柱块体,如图 11.1 所示。

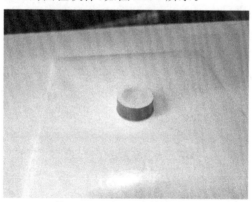

图 11.1　硅热法的试块外观图

用分析天平准确称量该块体的质量并记录后,将其置于瓷舟中,放入实验真空管式炉,待两侧法兰装置密封后,用抽气泵使真空炉内压力降至 10 Pa。稍后以 5 ℃/min 的升温速率加热管式炉。在 700 ℃的炉温下,通过调节施加在试块两端的起始直流电场来使样品上产生电流。当电流达到 1.00 A(预先设定)时,试样进入电场-温度场共同加热阶段,此时通过改变试块的反应时间(30 min、60 min、90 min、120 min、150 min)来研究该因素对还原过程的影响。针对不同的电流(1.50 A、2.00 A、2.50 A 和 3.00 A)重复上述步骤。在 3.00 A 电流下,通过改变试块两端所施加的起始直流电场,将炉温从 700 ℃变为 800 ℃、900 ℃、1 000 ℃、1 100 ℃,并在不同的反应时间下再次进行实验。反应后,以 5 ℃/min 的降温速度冷却至室温后打开放气阀门并收集还原渣和凝结物,进行测试。工艺流程如图 11.2 所示。

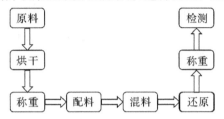

图 11.2　电场-温度场耦合硅热法流程

11.3　电场-温度场耦合硅热法的实验结果与分析

真空还原过程是金属镁冶炼工艺中最为关键的一环,其过程工艺参数对于金属镁的还原效果起着至关重要的作用。通常,对于一个还原反应,其进行的程度与配比、温度、时间和真空度等因素密切相关。因而在保证配料比一定且还原装置内真空度为 10 Pa 的情况下,选取温度为 700~1 100 ℃、反应时间为 30~150 min、电流强度为 1.00~3.00 A 的还原条件,分别系统地研究了反应时间、起始场强和电流密度对氧化镁还原效果的影响,通过式(10.1),用氧化镁的还原率来表示其还原程度,由此得出不同反应因素对氧化镁还原率的影响规律。

11.3.1　反应时间对氧化镁还原率的影响

图 11.3 所示为在还原温度为 700 ℃、装置内真空度为 10 Pa 及样品两端直流电场为 950 V/cm 时,不同电流密度下氧化镁的还原率随反应时间的变化曲线。在电流密度保持一致时,通过延长反应时间,氧化镁的还原率均明显增大,当反应刚开始时,氧化镁的还原率迅速增大,但随着反应的进行,其还原率的增加速度逐渐变小。在电流密度为 1.18 A/cm² 的情况下,当反应时间由 30 min 延长到 90 min 时,其还原率由 56.62% 迅速提高至 77.65%,随着反应的继续进行,当反应时间为 150 min 时,氧化镁的还原率到达最终的 88.35%。

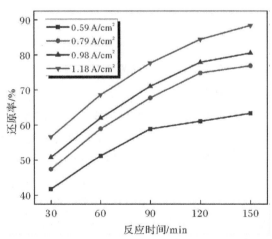

图 11.3　不同电流密度下反应时间对 MgO 还原率的影响(700 ℃,10 Pa,950 V/cm)

与皮江法在 1 200 ℃和 10 Pa 的条件下还原 150 min 所得的 80％左右的还原率相比，该方法的还原率略高。相比单一热源加热，采用电流辅助手段输送给样品的能量损失量小，因而采用该方法的优势在于通过提高传热效率节省了能量。通过电表的测量可知，电炉从室温升至 700 ℃，并在 700 ℃下保温 150 min，其功耗为 3.306 kW·h；从室温升至 1 200 ℃并保温 150 min 的功率为 7.934 kW·h；在 1.18 A/cm² 的电流密度下持续 150 min（耦合场加热阶段的电压为 45～73 V）时，样品的功耗为 0.443 kW·h。综合可得，新方法的能耗（3.749 kW·h）约为传统电加热皮江法（7.934 kW·h）的 47％。

为了解氧化镁还原率与反应时间的关系，用 XRD 测得不同反应时间下还原渣的图谱，如图 11.4 所示。Ca_2SiO_4(PDF86-0397) 和 MgO(PDF87-0652) 的衍射峰被用来观察还原渣成分的变化。该工艺得到的产物为硅酸二钙，与皮江法工艺的产物相同。随着反应时间的延长，氧化镁的衍射峰强度不断降低，而硅酸二钙的衍射峰强度逐渐增加，这与图 11.3 的结果一致。

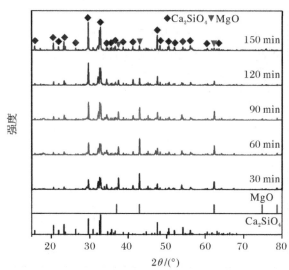

图 11.4 不同反应时间下还原渣的 XRD 图谱(950 V/cm,1.18 A/cm²,700 ℃,10 Pa)

研究表明，硅与煅白的还原反应为等距离的固-固反应，其反应速率仅与 Si 原子和 MgO·CaO 分子之间的距离有关。随着反应时间的延长，氧化镁和硅原子不断地被消耗，导致其距离增大，因而该反应还原速率变慢。另外，从动力学方面也可采用缩核模型来解释反应速率的变化，阳离子(Ca^{2+} 和 Mg^{2+})的扩散系数可以用来确定反应速率。随着反应的进行，Mg^{2+} 的浓度随着氧化镁数量的减少而降低，从而降低了 Mg^{2+} 的扩散率。因此，随着反应时间的增加，反应速率减小，氧化镁的还原率增大(见图 11.3)。

11.3.2 起始直流场强对氧化镁还原率的影响

当样品两端的外加起始直流电场增加至某一值(临界值)时，可以看到电流密度突然从零极速增大到预定值，然后试样便开始进入耦合场加热状态。电流密度随外加起始电场的改变而发生的变化行为如图 11.5 所示。随着炉温的逐渐升高，样品进入耦合场所需的起始直流场强随之不断减小，在炉温为 1 100 ℃、1 000 ℃、900 ℃、800 ℃和 700 ℃，临界场强分别高于 550 V/cm、650 V/cm、780 V/cm、860 V/cm 和 950 V/cm 时,样品便可进入耦合场加热阶段。结果表明,炉温越低,进入耦合场加热阶段需要越高的外加起始直流电场。

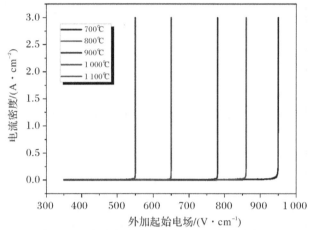

图 11.5　电流密度随起始直流场强的变化行为

图 11.6 所示为在装置内真空度为 10 Pa 及通过样品的电流强度为 1.18 A/cm² 时,不同外加起始直流电场下氧化镁的还原率随反应时间的变化曲线。

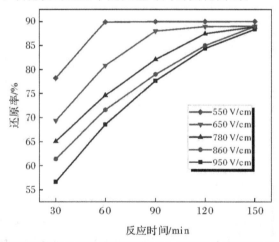

图 11.6　不同起始直流电场下反应时间对 MgO 还原率的影响(10 Pa,1.18 A/cm²)

随着起始直流场强的减小(对应于炉温的升高),氧化镁的还原率明显增大。当电流密度相同时,在 950 V/cm 的起始直流电场下经 150 min 后氧化镁的还原率为 88.35%,但在 550 V/cm 的起始直流电场下仅经 60 min 后氧化镁的还原率为 89.90%。由图 11.5 可知,这是因为 550 V/cm 时的炉温要高于 950 V/cm 时的炉温(550 V/cm 和 950 V/cm 的场强分别对应于炉温 1 100 ℃ 和 700 ℃)。

该电场-温度场耦合硅热法还原反应属于吸热反应,从反应热力学上可知,温度是影响吸热反应中反应速率的重要因素。炉温较高,有利于样品内部的传热与传质,且样品向外部环境辐射的热量大大减少,即样品的能量损失极大降低,留出了更多的能量去进行反应,从而加快了反应速率,减少了完成反应的时间。从反应动力学上可以看出,炉温越高,Mg^{2+} 和 Ca^{2+} 的扩散系数越高,从而增大了反应速率,这与热力学的分析结果一致。

11.3.3　电流密度对氧化镁还原率的影响

由图 11.5 可知,当炉温为 700 ℃,该样品两端施加的起始直流场强高于 950 V/cm 时,将有电流流经样品。图 11.7 所示为在装置内真空度为 10 Pa 时,不同反应时间下氧化镁还原率随电流密度的变化曲线。

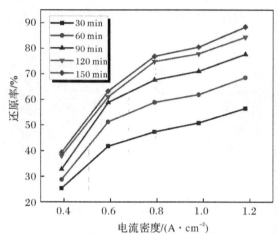

图 11.7　不同反应时间下电流密度对 MgO 还原率的影响(700 ℃,10 Pa,950 V/cm)

在给定某一电流密度的情况下,氧化镁的还原率随电流密度的增加而迅速增大,当反应时间为 150 min 时,流经样品的电流密度从 0.39 A/cm^2 增加到 1.18 A/cm^2,与之对应的氧化镁还原率从 39.35% 增加到 88.35%。同时,对该条件下反应后剩余渣进行了 XRD 表征,硅酸二钙和氧化镁在此过程中的衍射峰变化如图 11.8 所示,随着电流密度的增加,反应渣中的氧化镁的衍射峰强度明显减弱,说明随电流密度的增大,渣中的氧化镁反应更加彻底,这一现象与图 11.7 所得的结论一致。焦耳加热效应可以被用于解释这一耦合场加热阶段中的电流变化所引起的还原率的改变情况,对这一机理将在 11.5 节详细讨论。

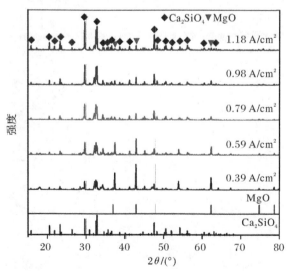

图 11.8　不同电流密度下还原渣的 XRD 图谱(950 V/cm,1.18 A/cm^2,700 ℃,10 Pa)

11.4　电场-温度场耦合硅热法的产物表征

在炉温为 700 ℃ 时,对样品两端施加 950 V/cm 的起始直流电场且流经样品的电流密度为 1.18 A/cm² 的反应后可得电场-温度场耦合硅热法还原的产物,如图 11.9 所示。然后,对反应渣和冷凝物进行下一步的微观形貌表征与分析。

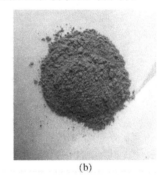

(a)　　　　　　　　　　　　(b)

图 11.9　还原产物的宏观形貌

(a)冷凝物;(b)反应渣

11.4.1　反应渣表征

图 11.10 所示为炉温 700 ℃、直流场强 950 V/cm、电流密度 1.18 A/cm² 及反应时间为 150 min 时反应渣的微观形貌图及元素能谱图,结合 EDS 分析结果(元素含量见表 11.1)可知,反应渣中仍有镁元素存在,但其含量较少,仅为总质量的 1.02%,说明反应渣中仍有少量的氧化镁未被还原,该条件下煅白中的氧化镁未能完全被还原,是因为该电场-温度场耦合还原金属镁的过程属于固-固反应,不能在有限的时间内完成。

图 11.10　反应渣元素分布及能谱图

表 11.1　反应渣 EDS 分析结果

元素	Ca K	Si K	O K	Fe K	Mg K	总计
质量分数/%	24.68	11.55	60.68	2.07	1.02	100
摩尔分数/%	12.57	8.40	77.42	0.76	0.85	100

11.4.2　冷凝物表征

图 11.11(a)是炉温 700 ℃、直流场强 950 V/cm、电流密度 1.18 A/cm^2 及反应时间为 150 min 条件下冷凝物的 XRD 分析图谱,从图中可以看出,该冷凝物的衍射峰完全是由 Mg(PDF35−0821)组成的,因而从刚玉炉膛内部收集的冷凝物全部是金属镁。为了进一步分析该冷凝物的结晶形貌和纯度,对其进行了 EMPA 表征。由图 11.11(b)可以看出,该冷凝物具有致密的块状结构,表明金属镁结晶良好。如图 11.11(c)所示,该冷凝物的镁元素含量高达 98.54%,由此可见,通过电场-温度场耦合还原硅热法,可以得到高纯度的金属镁。

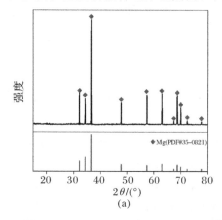

(a)

(b)

(c)

图 11.11　700 ℃、10 Pa、950 V/cm、1.18 A/cm^2 和 150 min 下冷凝物分析结果

(a)XRD 分析图谱;(b)微观形貌;(c)元素含量分析结果

在炉温 700 ℃、直流场强 950 V/cm、电流密度 1.18 A/cm^2 及反应时间为 150 min 下冷凝物的 EMPA 表征结果,见图 11.12 和表 11.2。冷凝物的 A 点镁含量达到 96.65%,B 点镁含量达到 100%(见图 11.12)。这可能是因为在表征过程中,一些镁单质被空气氧化而形成氧化镁。

图 11.12　冷凝物的 EPMA 照片(700 ℃,10 Pa,950 V/cm,1.18 A/cm²)

表 11.2　图 11.12 中各点组成

位 置	含量/%				主要化学组成
	O	Mg	Si	Ca	
A	3.35	96.65	0	0	Mg＋MgO
B	0	100.00	0	0	Mg

11.5　电场-温度场耦合硅热法的实际温度估算

该试样的表面积为 $8.65×10^{-4}$ m²,通过式(10.4)可以计算出不同电场和温度场下样品开始和结束的实际温度(T_I 和 T_E),其结果见表 11.3。由这些结果可以明显看出,当样品处于耦合场加热阶段时,其实际温度在 887~1 272 ℃之间,此温度区间可以有效地满足硅铁还原煅白中氧化镁的热力学温度需求。

表 11.3　在不同电场和温度场下样品的真实温度(℃)

T_0 ℃	E V·cm⁻¹	0.39 A/cm²		0.59 A/cm²		0.79 A/cm²		0.98 A/cm²		1.18 A/cm²	
		T_I	T_E	T_I	T_E	T_I	T_E	T_I	T_E	T_I	T_E
700	950	887	970	955	1 057	1 012	1 130	1 063	1 193	1 109	1 248
800	860	931	1 008	983	1 082	1 029	1 146	1 071	1 202	1 109	1 253
900	780	985	1 051	1 022	1 111	1 056	1 163	1 087	1 211	1 116	1 254
1 000	650	1 058	1 103	1 084	1 147	1 109	1 187	1 132	1 224	1 155	1 258
1 100	550	1 134	1 164	1 150	1 193	1 166	1 221	1 181	1 247	1 196	1 272

图 11.13 所示为在不同起始直流电场作用下,反应开始和结束时焦耳加热效应随电流密度的升温曲线。该反应过程中,由于氧化镁中的 Mg^{2+} 在此过程中会持续被还原,形成镁蒸气从而离开样品,并且硅铁还原剂中硅单质也会被不断氧化形成硅酸二钙,这导致试样的电阻不断地增大,使得焦耳热效应一直增强,因此得到的结束时样品的实际温度明显高于开始时的。随着反应的不断进行,样品的实际温度不断升高,这更进一步促进了剩余氧化镁的还原反应,从而提高了还原率。

当样品处于电场-温度场耦合加热时,随着电流密度的增大,由焦耳热效应所带来的温度升高也更加明显,从而导致材料的实际温度升高。温度的升高导致晶格振动增强,材料体系变得更加不稳定,同时,温度的升高也导致反应的平衡蒸气压急剧增加。以上这些过程使得该反应的还原速率增大。因此,电流密度越大,氧化镁的还原效果越好,即还原率更高,这合理地解释了图 11.7 中观察到的变化趋势。

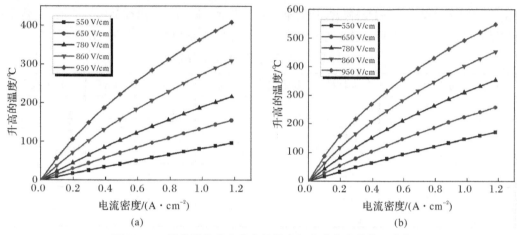

图 11.13   因焦耳热效应升高的温度与电流密度的关系曲线
(a)反应开始;(b)反应结束

11.6   硅热法还原金属镁电极选择实验

第 9 章和第 10 章已经证实了电场-温度场耦合还原金属镁的还原效果,同时探究了该过程中相关因素对氧化镁还原效果的影响及其规律,此外也通过黑体辐射模型,使用焦耳加热效应对该反应机理进行了合理的解释,实现了低温化、低污染金属镁生产,取得了一定的成功。

在应用该技术的过程中需使用相关材料作为电极,且发现在电场-温度场耦合还原金属镁的过程中所用的电极材料(硅铁片电极、石墨片电极)会出现质量变化的情况,这在一定程度上阻碍了该工艺大规模、工业化的应用。

考虑到现有生产技术成熟程度和冷凝产物的品质情况,本章在前面内容的基础上着重以电场-温度场耦合硅热法还原过程为例,通过采用不同材质的电极片(硅铁片、石墨片和碳化硅片)来探究电极对该过程的影响以及电极自身的变化情况。通过反应前、后电极质量的变化情况,并结合 SEM 表征结果,分析电极可能发生的反应,通过对比以期寻找最优的电极来着重解决未来工业化过程中电极选材的问题,为自动化大规模生产提供更详细的工艺参数。

用电子天平以 78.5∶18∶3.5(质量比)的比例准确称量干燥后的煅白、硅铁(75# 合金)和萤石粉,并将其置于行星球磨罐中使其充分混合均匀,然后过 130 目筛(粒径小于 113 μm)并将混合料密封放置。取一定量的混合料用成型装置在 60 MPa 的轴向成型压力下保压 180 s,压制成 φ18 mm×H6.3 mm 的圆柱体块体。待称量两个硅铁电极片的质量后将其放于样品两侧共同置于氧化硅瓷舟中,放入实验真空管式炉中,待两侧法兰装置密封后,用抽气泵使真空炉内压力降至 10 Pa。稍后以 5 ℃/min 的升温速率加热管式炉,在 700 ℃ 的炉温下,通过事先设定的 950 V/cm 的起始直流电压来使样品产生电流。当电流达到 3.00 A (预先设定)时,试样进入电场和温度场的耦合场共同加热阶段,此后将样品在该耦合场下作用 150 min,稍后针对不同材料的电极重复上述步骤。反应结束后,以 5 ℃/min 的降温速度冷却刚玉管,待降至 200 ℃ 后自然降温,达到室温后打开放气阀门并取出样品两端电极片,稍后称重记录后进行下一步测试。实验条件及电极情况见表 11.4,该炉温曲线如图 11.14 所示。

表 11.4 电极实验条件及电极情况

序 号	正极材料	负极材料	起始场强/(V·cm⁻¹)	电流密度/(A·cm⁻²)	反应时间/min
1	硅铁	硅铁	950	1.18	150
2	硅铁	石墨	950	1.18	150
3	硅铁	碳化硅	950	1.18	150
4	石墨	硅铁	950	1.18	150
5	石墨	石墨	950	1.18	150
6	石墨	碳化硅	950	1.18	150
7	碳化硅	硅铁	950	1.18	150
8	碳化硅	石墨	950	1.18	150
9	碳化硅	碳化硅	950	1.18	150

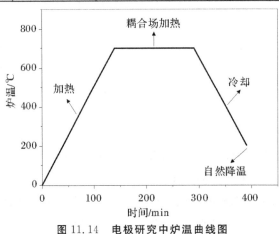

图 11.14 电极研究中炉温曲线图

11.7 硅热法电极实验结果与讨论

为了后续在工业化生产中的大规模推广及应用,本实验所采用的电极片(硅铁、石墨和碳化硅)中的化合物均可能会与试样发生化学反应。在硅热法最优实验基础上,通过反应前、后的电极质量,结合式(10.6)可得不同材质电极片的具体质量变化率(失重率和增重率）。将反应后的电极片与试样接触的一面用小刀轻轻刮下些许样品,采用 EDS 分析其元素种类及含量变化,以便与反应前电极片进行对比,探究其可能存在的化学反应。

11.7.1　正极材料的影响

图 11.15 所示为在还原温度为 700 ℃、直流场强为 950 V/cm、装置内真空度为 10 Pa、电流密度为 1.18 A/cm² 及反应时间为 150 min 时,不同正极材料的质量损失率。由图 11.15 可以看出,无论何种材料作为正极,反应后其质量均减少,由于电极材料存在于低的真空度下,且这些材料的熔、沸点均远高于此前计算得到的 1 272 ℃,排除了电极因物理变化造成质量损失的可能。此外,在该温度下,正极材料与样品中的某些成分存在发生化学反应的可能,其具体涉及的反应将结合能谱的元素分析结果进行确认。另外,无论负极材料的种类如何改变,正极材料的质量损失率由大到小依次为硅铁＞石墨＞碳化硅,这可能是因为在该条件下正极作为还原剂参与反应时,其活性大小依次为硅铁＞石墨＞碳化硅。对于未来的工业化而言,应选择活性最差的碳化硅来保证正极的长时间使用。

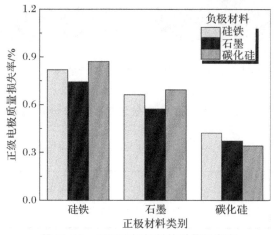

图 11.15　不同正极材料的质量损失率

为了进一步确定这些电极发生了何种具体的化学反应,对正极材料与试样接触面进行扫描电镜及能谱分析,其结果如图 11.16 和表 11.5 所示。

(a)

(b)

图 11.16　不同正极材料反应前后的 SEM 照片

(a)硅铁电极反应前;(b)硅铁电极反应后

续图 11.16　不同正极材料反应前后的 SEM 照片

(c)石墨电极反应前;(d)石墨电极反应后;(e)碳化硅电极反应前;(f)碳化硅电极反应后

表 11.5　图 11.16 中各区域的元素分析结果

区　域	含量/%					
	C	O	Mg	Si	Ca	Fe
1 区	0	0	0	80.60	0	19.40
2 区	100.00	0	0	0	0	0
3 区	38.55	0	0	61.45	0	0
A 点	0	41.02	2.67	45.13	8.85	2.33
B 点	0	48.50	0.12	27.60	8.93	14.85
C 点	0	59.14	0	24.97	8.17	7.72
D 点	50.39	33.06	1.51	4.24	10.52	0.28
E 点	76.90	12.78	0.04	2.60	7.68	0
F 点	50.83	26.26	0	6.37	16.44	0.10
G 点	27.63	15.45	0.14	48.73	8.05	0
H 点	11.63	6.54	0	77.06	4.77	0
J 点	26.65	15.90	0.42	45.89	9.61	1.53

　　由正极材料反应前、后的元素对比可知,当正极材料为硅铁时,反应后的电极界面上增加了 O、Mg、Ca 元素,据此可以推测出硅铁与样品中的煅白发生了如下反应:

$$2\,MgO\,(s) + 2\,CaO\,(s) + (x Fe)\,Si\,(s) \rightarrow 2\,Mg\,(g) + Ca_2SiO_4\,(s) + x Fe\,(s)$$

　　当正极材料为石墨时,反应后电极界面上增加了 O、Mg、Si、Ca 等元素,据此可推测出石墨电极与样品中的煅白发生了如下反应:

$$MgO(s) + C(s) \rightarrow Mg(g) + CO(g)$$

当正极材料为碳化硅时,反应后电解界面上增加了 O、Mg、Ca 等元素,据此可得碳化硅电极与样品中的煅白发生了如下反应:

$$2\ MgO(s) + SiC(s) \rightarrow 2\ Mg(g) + SiO_2(s) + C(g)$$

11.7.2　负极材料的影响

图 11.17 所示为在还原温度为 700 ℃、直流场强为 950 V/cm、装置内真空度为 10 Pa、电流密度为 1.18 A/cm² 及反应时间为 150 min 时,不同负极材料的增重率。

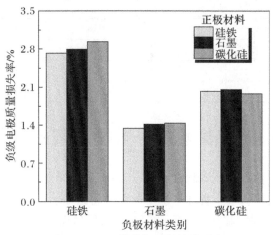

图 11.17　不同负极材料的增重率

由图 11.17 可以看出,无论何种材料作为负极,经过反应后其质量均增加:①根据之前的研究可知,这些电极均会发生化学反应,但应表现出质量减少现象;②负极表面均存在不同程度的黑色物质附着,该物质应为造成增重的原因,该物质的具体成分有待进一步分析。无论正极材料的种类如何改变,负极材料的增重率大小均为硅铁>碳化硅>石墨,这可能是在该条件下负极粘黏该黑色物质的强弱有关,若对于工业生产而言,应选择粘黏能力最弱的石墨为负极材料。

为了进一步确认黑色附着物的具体成分,以硅铁粘黏效果最好的硅铁作为负极材料进行实验,并对其表面的黑色物质进行了扫描及元素分析,结果见图 11.18 和表 11.6。

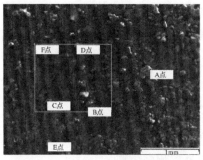

图 11.18　黑色附着物的 SEM 照片

由分析结果可知,该物质由 O、Mg、Si、Ca、Fe 元素组成,并结合硅热法原料及生成物质分析,大致认为其主要成分为氧化钙,并含有少量的氧化硅、硅酸二钙及氧化镁。这些黑色附着物的存在可能是在电流作用下,负极对其有吸引作用,导致这些物质向负极方向靠拢,并成团附着于负极上。

表 11.6　图 11.18 中各点的元素分析结果

点	含量/%				
	O	Mg	Si	Ca	Fe
A	33.05	38.16	3.19	16.72	8.88
B	0	0	0	100.00	0
C	15.06	1.97	2.69	79.29	0.99
D	14.56	1.19	4.80	79.45	0
E	9.05	1.96	2.12	86.87	0
F	15.74	3.21	5.77	72.99	2.29

11.8　电场-温度场耦合硅热法还原金属镁小结

本章介绍了一种电场-温度场耦合硅热法还原金属镁的新方法,详细地分析了影响还原率的各种因素和还原过程的反应机理。本章的主要结论如下:

(1)当炉温为 700 ℃时,施加一个 950 V/cm 的外加起始直流电场,可用硅热法来制备金属镁,且在电流密度为 1.18 A/cm^2 的情况下,经 150 min 的反应,该工艺的氧化镁还原率高达 88.35%。

(2)随着炉温的增加,进入耦合场加热阶段所需的外加起始直流场强降低,同时,炉温的增加可使氧化镁还原率明显提高。此外,反应时间的延长也能提高其还原率。

(3)用黑体辐射模型可以合理地解释电场-温度场耦合硅热法的反应机理。电流密度的加大会导致焦耳加热效应的增强,从而提高样品的实际温度,进一步提高氧化镁的还原率。随着反应的进行,由于样品中硅和氧化镁持续被消耗,其电阻不断增加,从而导致焦耳加热效应增强,促进了样品实际温度的升高。

(4)XRD 和 EPMA 分析结果表明,该工艺所制备的金属镁纯度为 98.54%,且结晶效果良好,但由于固-固反应时间有限,样品中的 MgO 并不能被完全还原。

(5)该工艺为传统电加热还原金属镁提供了一条新的途径,相比用化石燃料作为能量来源而言大大减少了污染,同时,该低温工艺也可延长传统高温合金还原罐的使用寿命。

(6)正极存在较为明显的质量损失,这与电极和原料中煅白的化学反应有关。其中碳化硅电极损失率最小,在正极材料方面较硅铁、石墨优势较为明显,可以最大限度地保障正极更长时间的使用。

(7)负极会附着黑色物质,导致其质量增加,这可能与电流作用下负极对氧化钙等物质的吸引有关。其中石墨对其吸引力最弱,与硅铁和碳化硅相比更适合作为负极材料,可以尽可能地避免频繁清理,以实现连续化的生产。

第12章 电场-温度场耦合碳热法
还原金属镁

12.1 碳热法概述

在传统硅热法冶炼中,还原剂(即硅铁)的费用在成本中仍占据着极大的份额,大约在15%～20%之间,这一因素是导致金属镁的价格居高不下的重要原因。碳作为一种廉价、高效的还原剂,在替代硅铁上极具前景。相较于硅热法,在此基础上发展而来的碳热法是一种更经济、清洁的方法。

碳热还原中,在极低的真空度下,通过1 500～1 600 ℃的高温,氧化镁可以被碳质材料还原成镁蒸气,此外,该过程还会产生一氧化碳,其涉及的反应式为

$$MgO(s) + C(s) \rightarrow Mg(g) + CO(g)$$

在碳热法中,目前以清洁能源作为主要热量来源,如电阻加热、太阳能等,该加热手段极大地避免了化石能源的污染。在其发展中,曾以低温氢气注入反应后的混合气体中,通过低温稀释来达到冷凝镁粉且最大限度地阻碍逆反应进行的目的,但最终的产物纯度和产率均表现不佳。

尽管该方法存在诸多的困难,但人们仍未放弃对该方法的研究。在冷凝的问题上,人们先后开发了在气相内冷凝、在液体中冷凝以及在固体表面冷凝的技术,其中最为人们所瞩目的是澳大利亚开发的拉瓦尔喷嘴极速冷凝技术,该技术可以在极短的时间内快速使镁蒸气大幅度降温(>10⁶℃/s)。Chubukov等人将碳热法产物镁蒸气置于由固体颗粒(钢、氧化物及碳化物等)组成的移动设备上,最大程度地避免了逆反应的发生,促进了镁的生产,最终产率在85%左右。无论采用何种方法,目前得到的产物均为粉末状镁,需要进一步处理,但镁粉自燃的特性造成了后续处理的困难。

Chen等人对纯的氧化镁等摩尔比混合不同碳质还原剂进行了研究,比较了不同还原剂的效果,最终得出在碳还原中焦炭更具有优势的结论。Tian等人通过团块失重情况分析了温度对碳还原过程的影响,发现温度越高还原效果越好,并于1 550 ℃时达到最高的团块失重率。Xie等人则认为真空还原可以提高镁蒸气的蒸发速率,同时减小镁蒸气的扩散阻力,此外,真空度的降低促进了镁蒸气在固体表面的冷凝结晶。目前的研究仍采用极高的温度,不可避免地造成了能源浪费。

前面已经证明了电场-温度场耦合硅热法还原金属镁在实验室条件下的可操作性,并于

低温下取得了显著的效果,而兰炭作为新型的含碳还原剂,尚未有人用其还原煅白来制备金属镁。

在本章中,结合电流辅助技术,在低温装置中进行碳热法还原金属镁的行为研究,并对由该方法制备的金属镁的形貌和纯度进行分析。同时,详细地研究反应时间、起始直流场强和电流密度等因素对氧化镁还原效果的影响。最后,利用焦耳加热效应解释了该反应中电场-温度场耦合碳热法还原所诱发反应的机理,并在讨论结果中加以阐述。

12.2　电场-温度场耦合碳热法的实验过程

用电子天平以氧化镁:碳(摩尔比)=1:2的比例准确称量干燥且磨细后的煅白和兰炭粉体,然后以煅白和兰炭粉体总质量的5%称取萤石粉,并将其置于行星球磨罐中使其充分混合均匀,再过130目筛(粒径小于113 μm)并将混合料密封放置,各原料对应的量见表12.1。取一定量混合料,用成型装置在60 MPa的轴向成型压力下保压180 s,压制成ϕ6.0 mm×H9.0 mm的圆柱块体,如图12.1所示。用分析天平准确称量该块体的质量并记录后将其置于氧化硅瓷舟中,放入实验真空管式炉,待两侧法兰装置密封后,用抽气泵使真空炉内压力降至10 Pa。稍后,以5 ℃/min的升温速率加热管式炉。在900 ℃的炉温下,通过调节施加在试块两端的起始直流电场来使样品产生电流。当电流达到2.00 A(预先设定)时,试样进入电场和温度场的耦合场共同加热阶段,此时通过改变试块的反应时间(20 min、40 min、60 min、80 min)来研究该因素对还原过程的影响。稍后针对不同的电流(2.33 A、2.66 A和3.00 A)重复上述步骤。在3.00 A电流下,通过改变试块两端所施加的起始直流电场,将炉温从900 ℃变为1 000 ℃、1 100 ℃、1200 ℃,并在不同的反应时间下再次进行实验。反应结束后,以5 ℃/min的降温速度冷却刚玉管,待降至室温后打开放气阀门并收集还原渣和凝结物,稍后进行下一步测试。

表 12.1　碳还原实验所用的配料比

原　料	配料质量/g
煅白	0.30
兰炭	0.81
萤石	0.19

图 12.1　碳热法的试块外观图

12.3 电场-温度场耦合碳热法的实验结果与分析

根据前面对电场-温度场耦合硅热法还原金属镁中氧化镁还原率的影响因素研究,得出了反应时间、起始直流场强、电流密度这三个因素影响其还原率的相关规律,本章仍在仅改变还原剂的情况下,继续研究这些因素对碳还原的影响规律。在还原装置内真空度为 10 Pa 时,选取还原温度为 900～1 200 ℃、反应时间为 20～80 min、电流强度为 2.00～3.00 A 的还原条件,分别系统地研究了反应时间、起始直流场强和电流密度对氧化镁还原效果的影响,通过式(10.1)用氧化镁的还原率来表征其还原程度,由此得出不同反应因素随氧化镁还原率的变化规律,为电场-温度场耦合碳热法还原金属镁的研究提供一些实验研究基础。

12.3.1 反应时间对氧化镁还原率的影响

在还原温度为 900 ℃、装置内真空度为 10 Pa、样品两端外加起始直流电场为 510 V/cm 的条件下进行了还原反应实验,得出了不同电流密度下反应时间对氧化镁的还原率的影响规律,其关系变化曲线如图 12.2 所示。

由图 12.2 可以看出,在某一相同的电流密度下,随着反应时间的延长,氧化镁的还原率明显增加。当反应刚开始的时候,反应迅速进行,氧化镁的还原率急速增加,说明初始阶段的增加速率(即反应速率)较大,随着反应的不断发生,反应速率逐渐减小。当流经样品的电流密度为 10.61 A/cm² 时,反应从初始时刻进行到 40 min,其还原率迅速增大到 72.88%,但反应继续进行 40 min,即反应时间为 80 min 时,氧化镁的还原率增大到本实验中最高的 95.61%。由式(12.1)可知,作为参与该过程的反应物的碳和氧化镁,随着反应的不断发生持续地消耗,它们之间的有效接触越来越少,因而在宏观上表现出反应的还原速率不断变小,但反应仍处于进行当中,故表现出还原率增大的现象。

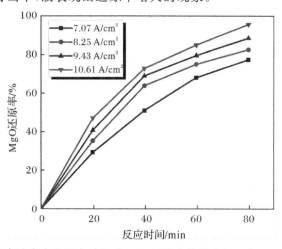

图 12.2 **不同电流密度下反应时间对 MgO 还原率的影响(900 ℃,10 Pa,510 V/cm)**

为进一步了解氧化镁的还原率与反应时间的关系,得到了电流密度为 10.61 A/cm² 时不同反应时间下的还原渣的 XRD 衍射图谱,其结果如图 12.3 所示。

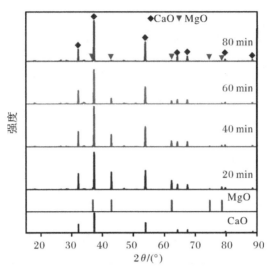

图 12.3　不同反应时间下还原渣的 XRD 图谱(510 V/cm,10.61 A/cm^2,900 ℃,10 Pa)

根据碳还原氧化镁的反应方程式可知,该过程中作为反应物的氧化镁不断地被还原,因此选取 MgO（PDF87-0652）的衍射峰去观察还原渣成分的变化情况。随着反应的进行,氧化镁的衍射峰强度不断降低,这说明反应渣中氧化镁的含量不断降低,其还原率也不断增大,这与图 12.2 所得出的结果相符。

12.3.2　起始直流场强对氧化镁还原率的影响

图 12.4(a)所示为不同炉温下通过样品的电流密度与样品两端所施加的起始场强的关系图。图 12.4(b)是样品进入耦合场加热阶段所处的炉温与所施加的外加直流场强之间的关系。

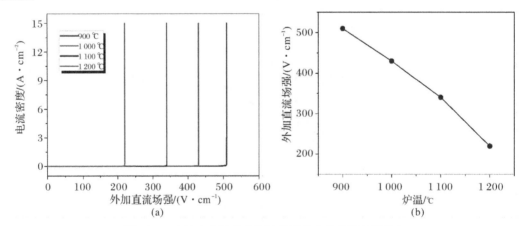

图 12.4　电流密度随起始直流场强的变化行为以及进入
耦合场加热阶段的炉温与场强的关系图

由图 12.4 可以看出,在某一特定的炉温下,当起始直流电场达到某一值(临界值)时,其电流密度从零迅速增大直至先前设定的值,此后样品开始进入电场和温度场耦合加热阶段,从相关文献得知,电流的出现可以归因于该条件下样品的电阻率陡然下降。

随着炉温的逐渐升高,样品进入耦合场加热阶段,所需的外加起始直流场强不断减小,在炉温为 900 ℃、1 000 ℃、1 100 ℃和 1 200 ℃,临界场强分别高于 510 V/cm、430 V/cm、340 V/cm 和 220 V/cm 时,样品便可进入耦合场加热阶段。因此可以得出结论:炉温越高,进入耦合场加热阶段所需要的外加起始直流电场越小。

当电流密度为 10.61 A/cm² 和装置内真空度为 10 Pa 时,在不同起始直流电场下进行了还原反应实验,得出了在不同起始直流电场下反应时间对氧化镁的还原率的影响规律,其关系变化曲线如图 12.5 所示。当反应进行时间较短时,随着外加起始直流场强的减小,氧化镁还原率不断升高,但 40 min 之后,随着较低起始场强下的反应临近结束,这种差别不再明显。在电流密度同为 10.61 A/cm² 的情况下,若达到某一特定的还原率,该反应在较低的起始场强下所需要的反应时间要明显少于较高起始场强下的时间,结合图 12.4 可知,这一结果可归因于不同起始场强下样品所处的温度场的差异。

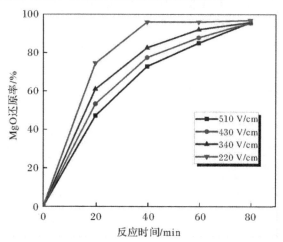

图 12.5　不同起始直流场强下反应时间对 MgO 还原率的影响(10 Pa,10.61 A/cm²)

研究证实,碳还原氧化镁的反应属于吸热反应,而温度是影响吸热反应中反应速率的重要因素。从图 12.4(b)可知,若样品进入耦合场加热阶段的起始场强较低,则所对应的炉温要更高。一般认为,炉温较高有利于样品内部的传热与传质,加快了反应速率,从而导致到达同一反应程度所需的时间变短。同时,样品的外部环境温度较高,向环境辐射的热量会大大减少,使得样品的能量损失大大降低,这也有利于反应的加速进行。

12.3.3　电流密度对氧化镁还原率的影响

图 12.6 所示为炉温为 900 ℃、炉内真空度为 10 Pa 及起始直流场强为 510 V/cm 时,处于不同反应时间条件下电流密度对氧化镁还原率的影响曲线。当样品的反应时间相同时,随着电流密度的增加,氧化镁的还原率不断提高,当反应时间为 80 min 时,当流经样品的电流密度从 7.07 A/cm² 增加到 10.61 A/cm²,与之对应的氧化镁还原率从 77.43% 增加到 95.61%。

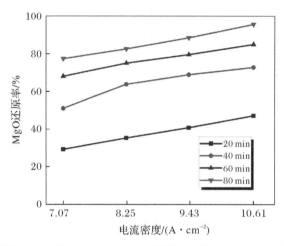

图 12.6　不同反应时间下电流密度对 MgO 还原率的影响(900 ℃,10 Pa,510 V/cm)

图 12.7 所示为不同电流密度下整个反应过程中样品单位体积功耗随反应时间的变化曲线。

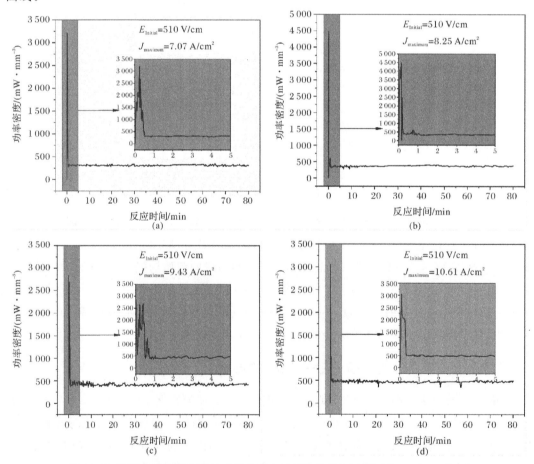

图 12.7　不同电流密度下样品功耗与反应时间的关系(900 ℃,10 Pa,510 V/cm)

在图 12.7 中可以观察到,当样品由单一温度场加热阶段进入耦合场加热阶段时,会出现明显的电场功耗增大情况,且不同电流密度下,样品单位体积的稳流状态的功耗存在着显著的差异,当电流密度为 7.07 A/cm²、8.25 A/cm²、9.43 A/cm² 和 10.61 A/cm² 时,稳流状态下样品的单位体积功耗分别为 313 mW/mm³、366 mW/mm³、417 mW/mm³ 和 470 mW/mm³。由此可知,在某一固定的电场和温度场下,样品在该耦合场中稳流状态下的单位体积功耗与电流密度有关,且随着电流密度增加而增大。

12.4 电场-温度场耦合碳热法的产物表征

当炉温为 900 ℃ 时,对样品两端施加 510 V/cm 的起始直流场强且流经样品的电流密度为 10.61 A/cm²,经过 80 min 的反应后所得的碳热法还原产物如图 12.8 所示。现在对反应渣和冷凝物进行下一步的微观形貌表征与分析。

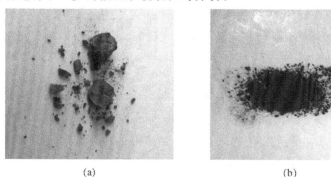

(a)   (b)

图 12.8 还原产物的宏观形貌

(a)冷凝物;(b)反应渣

12.4.1 反应渣表征

图 12.9 所示为炉温 900 ℃、直流场强 510 V/cm、电流密度 10.61 A/cm² 及反应时间为 80 min 时反应渣的微观形貌图及元素能谱图。

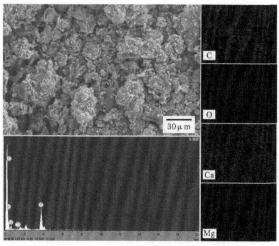

图 12.9 反应渣元素分布及能谱图

结合该分析结果的元素含量(见表 12.2)可知,反应渣中主要以碳、钙和氧元素为主,再综合图 12.3 中反应渣的物相分析图可得,反应渣主要由氧化钙组成,由于碳过量,其仍含有一定量的碳元素,此外反应渣中还存在一定量的镁元素,但其含量很少,仅为总质量的 0.46%,说明该条件下氧化镁基本被全部还原。

表 12.2　反应渣 EDS 分析结果

元　素	C－K	O－K	Ca－K	Mg－K	总计
质量分数/%	10.06	26.5	62.98	0.46	100
摩尔分数/%	16.44	32.50	50.83	0.23	100

12.4.2　冷凝物表征

图 12.10(a)所示是炉温 900 ℃、直流场强 510 V/cm、电流密度 10.61 A/cm² 及反应时间为 80 min 条件下冷凝物的 XRD 分析图谱。由图可以看出,该冷凝物的衍射峰中镁单质的特征衍射峰最强,此外还有少量氧化镁和氢氧化镁的特征衍射峰,氧化镁的存在是由于镁单质和一氧化碳蒸气发生了可逆反应,氢氧化镁的存在可能是由检测过程中冷凝物和空气中的水发生反应所致。

图 12.10(b)(c)展示了冷凝物的 SEM 形貌图与 EDS 分析图。从图中可以看出,该冷凝物的微观结构较为疏松,说明此法在该条件下所制金属镁冷凝效果不好,仅能得到镁粉,得到的冷凝镁粉中镁元素质量比为 89.37%,纯度较高。由此可见,通过电场-温度场耦合碳热法,可以得到较高纯度的金属镁粉。

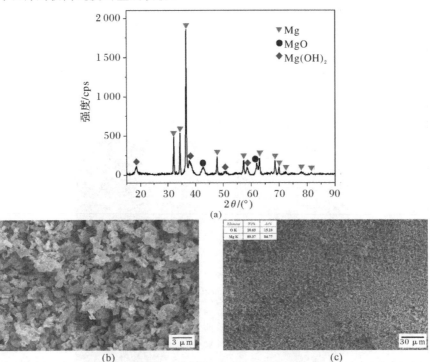

图 12.10　900 ℃、10 Pa、510 V/cm、10.61 A/cm² 和 80 min 条件下冷凝物的分析结果

(a)XRD 分析图谱;(b)微观形貌;(c)元素含量分析结果

· 162 ·

12.5　电场-温度场耦合碳热法的实际温度估算

该样品的表面积为 2.26×10^{-4} m²，代入黑体辐射模型的式(10.4)和式(10.5)可以计算出不同电场和温度场下样品的实际温度和因焦耳加热效应增加的温度(T_E 和 ΔT)，见表 12.3。由这些结果可知，当试样处于耦合场加热阶段时，其实际温度在 1 416～1 663 ℃之间，此温度区间可以有效地满足碳还原煅白中 MgO 的热力学温度要求。

表 12.3　在不同电场和温度场下样品的真实温度及增加温度(℃)

T_0/℃	E/(V·cm⁻¹)	7.07 A/cm²		8.25 A/cm²		9.43 A/cm²		10.61 A/cm²	
		T_E/℃	ΔT/℃	T_E/℃	ΔT/℃	T_E/℃	ΔT/℃	T_E/℃	ΔT/℃
900	510	1 416	516	1 467	567	1 514	614	1 558	658
1 000	430	1 452	452	1 501	501	1 546	546	1 587	587
1 100	340	1 496	396	1 541	441	1 583	483	1 622	522
1 200	2 20	1 546	346	1 588	388	1 627	427	1 663	463

图 12.11(a)所示为不同起始直流电场作用下，稳流状态时焦耳加热效应随电流密度的升温曲线。当样品在电场和温度场的耦合作用下加热时，在同一起始直流场强下，随着电流密度的增大，因焦耳加热效应升高的温度也不断增大，从而导致材料的实际温度升高。样品实际温度的升高导致晶格振动增强，材料体系变得更加不稳定，同时，温度的升高也导致反应的平衡蒸气压急剧增加，以上这些过程使得该反应的还原速率增大。因此，电流密度越大，氧化镁的还原效果越好，即还原率越高，这合理地解释了在图 12.6 中观察到的变化趋势。

此外，在同一电流密度下，随着样品两端所施加的起始场强的增加(即炉温的降低)，因焦耳加热效应升温效果更加明显，如图 12.11(b)所示。这说明样品环境温度越低，使用电场-温度场耦合碳热法时因焦耳加热效应的升温效果更好。这是由于，处于同一电流密度下，电场通过电流提供给样品的能量是一定的，当环境温度升高时，尽管样品的实际温度会进一步提高，但与环境的温差会明显缩小，导致焦耳加热效应所带来的升温不明显。

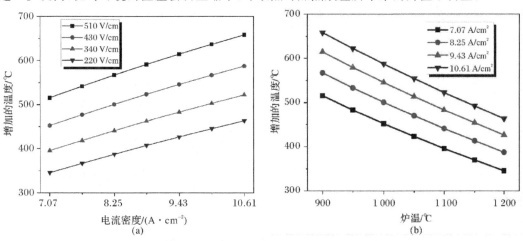

图 12.11　因焦耳热效应而增加的温度与电流密度和炉温的关系曲线

(a)电流密度对增加温度的影响；(b)炉温对增加温度的影响

在外加电场 510 V/cm、装置内真空度 10 Pa 及炉温 900 ℃条件下,得到了在耦合场加热阶段样品真实温度随反应时间的变化曲线,如图 12.12 所示。当电流密度为 7.07 A/cm²、8.25 A/cm²、9.43 A/cm² 和 10.61 A/cm² 时,稳流状态下样品的实际温度分别为 1 416 ℃、1 467 ℃、1 514 ℃和 1 558 ℃。由此可知,样品在同一电场和温度场耦合加热阶段,其实际温度与电流密度成正相关。

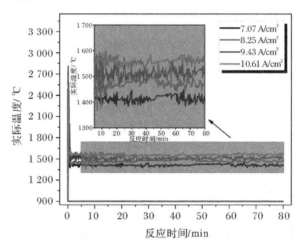

图 12.12　不同电流密度下样品的实际温度与反应时间关系

12.6　电场-温度场耦合碳热法还原金属镁小结

在本章中我们利用廉价的兰炭代替硅铁作为一种新型还原剂,开发了一种新型电场-温度场耦合碳热法还原金属镁的方法,以期降低冶炼镁的生产成本,并详细地研究了影响氧化镁还原效果的各种因素和还原过程的反应机理。本章的主要结论如下:

(1)当炉温为 900 ℃时,施加一个 510 V/cm 的外加起始直流电场,可用碳热法来制备金属镁,且在电流密度为 10.61 A/cm² 的情况下,反应时间为 80 min 时,该工艺的氧化镁还原率高达 95.61%。

(2)该工艺的满足耦合场阶段条件的起始直流场强与炉温成负相关,即起始直流场强随炉温升高而减小,故起始直流场强的降低可显著地提高氧化镁的还原率。此外,反应时间的延长亦可提高其还原率。

(3)用黑体辐射模型亦可合理地解释电场-温度场耦合碳热法的反应机理。电流密度的增大会导致焦耳加热效应的增强,从而提高了样品的实际温度,进一步提高了氧化镁的还原率。

(4)XRD 和 EPMA 分析结果表明,该工艺可以获得纯度为 89.37% 的金属镁,但由于冷凝条件的限制,得到的金属镁为粉末状。

还原金属镁总结与展望

本篇利用电流辅助技术开发了一种电场–温度场耦合还原金属镁的新方法,有效地降低了传统方法制备金属镁所需的反应装置温度;同时分析了反应时间、起始直流场强和电流密度这 3 个独立变量对氧化镁还原效果的影响,并对该方法制备的金属镁纯度及形貌进行表征,探究了该还原过程的反应机理。此外,为了未来可能的进一步工业化推广,研究了该方法中使用不同类别电极的耗损情况。主要结论如下:

(1)当炉温为 700 ℃时,施加一个 950 V/cm 的起始直流电场,用硅热法来制备金属镁,在电流密度为 1.18 A/cm^2 的情况下,反应时间为 150 min 时,该工艺的氧化镁还原率可达 88.35%。延长反应时间、加大电流密度及降低起始场强均能提高其还原率。用黑体辐射模型可以合理地解释电场与温度场耦合加热的反应机理。随着反应的进行,样品中硅和氧化镁持续被消耗,使得其电阻不断增加,同时导致焦耳加热效应增强,促进了样品实际温度的升高。XRD 和 EPMA 分析结果表明,该工艺所制备的金属镁纯度为 98.54% 且结晶效果良好,但由于固–固反应时间有限,样品中的 MgO 并不能被完全还原。

(2)当炉温为 900 ℃时,施加一个 510 V/cm 的起始直流电场,可用碳热法来制备金属镁,且在电流密度为 10.61 A/cm^2、反应时间为 80 min 时,该工艺氧化镁还原率高达 95.61%。随着炉温的升高,进入耦合场加热阶段所需的外加起始直流电场的强度降低,氧化镁的还原率显著提高。此外,反应时间的延长也能提高其还原率。电流密度的加大会导致焦耳加热效应的增强,从而提高样品的实际温度,进一步提高氧化镁的还原率。XRD 和 EPMA 分析结果表明,该工艺可以获得纯度为 89.37% 的金属镁,但由于冷凝条件的限制,得到的金属镁为粉末状。

(3)当以硅铁、石墨和碳化硅作为电极材料时,正极存在较为明显的质量损失,这与电极和原料中煅白所发生的化学反应有关,其中碳化硅电极损失率最小,最大限度地保障了正极的使用时间。负极因附着黑色物质会导致其质量增加,这可能与电流作用下负极对氧化钙等物质的吸引有关,其中石墨的吸引力最弱,与硅铁和碳化硅相比更适合作为负极材料,可以避免频繁清理,从而实现连续化的生产。

应用于金属镁冶炼领域的电流辅助技术,是一种新型的电场–温度场耦合还原金属镁的方法,可以大幅度地降低还原所需的装置温度,为金属镁冶炼提供了一条可能的新途径。该方法相比用化石燃料作为能源,可以大大减少污染,同时,该低温工艺也可以延长传统高温合金还原罐的使用寿命,有效地降低生产成本。在 2020 年《巴黎协定》"碳中和"的美好愿景下,该方法极有可能成为金属镁冶炼领域的一种新工艺,一举打破该行业高污染、高耗能的现状。

参 考 文 献

[1] AGNEW S R. Wrought magnesium: a 21st century outlook[J]. Journal of the Minerals, 2004,56(5):20 - 21.

[2] 吴国华,陈玉狮,丁文江. 镁合金在航空航天领域研究应用现状与展望[J]. 载人航天, 2016,22(3):281 - 292.

[3] HORNBERGER H, VIRTANEN S, BOCCACCINI A R. Biomedical coatings on magnesium alloys: A review[J]. Acta Biomaterialia,2012,8(7):2442 - 2455.

[4] SHAHIN M,MUNIR K,WEN C,et al. Magnesium matrix nanocomposites for orthopedic applications: A review from mechanical, corrosion, and biological perspectives [J]. Acta Biomaterialia,2019,96:1 - 19.

[5] 徐日瑶. 金属镁生产工艺学[M]. 长沙:中南大学出版社,2003.

[6] 文明. 预制球团热还原制取金属镁的基础研究[D]. 沈阳:东北大学,2016.

[7] WANG Y G,LI Q A,ZHANG Q. Effects of Sb on microstructure and mechanical properties of magnesium alloy ZA63[J]. Applied Mechanics & Materials,2012,120: 475 - 478.

[8] DU J,HAN W,PENG Y. Life cycle greenhouse gases,energy and cost assessment of automobiles using magnesium from chinese Pidgeon process[J]. Journal of Cleaner Production,2010,18(2):112 - 119.

[9] 张英,党鹏刚,王晓涛,等. 榆林金属镁行业大气污染现状调查及减排建议[J]. 有色金属(冶炼部分),2021(3):187 - 194.

[10] 陈小华. 碳热还原氧化镁及其催化研究[D]. 重庆:重庆大学,2012.

[11] SHARMA R A. A new electrolytic magnesium production process[J]. Journal of the Minerals,Metals & Materials Society,1996,48(10):39 - 43.

[12] TANG Q F,GAO J C,CHEN X H. Progress in thermal reduction process in magnesium production[J]. Journal of Materials Science and Engineering,2011,29(1):149 - 154.

[13] TANG Q F, GAO J C, CHEN X H. Thermodynamical analysis and simulation of smelting reduction process in magnesium production[J]. Journal of Chongqing University,2011,34(5):65 - 70.

[14] 韩继龙,孙庆国. 金属镁生产工艺进展[J]. 盐湖研究,2008,16(4):59 - 65.

[15] 万兆源,周桓. 水氯镁石制备金属镁的过程集成与能量分析[J]. 过程工程学报,2020, 20(5):609 - 618.

［16］ BEHARI M. Global scenario of magnesium metal[J]. NML Technical Journal,1997,39(3):105 – 115.

［17］ AVIEZER Y,BIRNHACK L,LEON A,et al. A new thermal-reduction-based approach for producing Mg from seawater[J]. Hydrometallurgy,2017,169:520 – 533.

［18］ FU D X,ZHANG T A,GUAN L K,et al. Magnesium production by silicothermic reduction of dolime in pre – prepared dolomite pellets[J]. Journal of the Minerals,2016,68(12):3208 – 3213.

［19］ 薛怀生.真空碳热还原煅白制取金属镁实验研究[D].昆明:昆明理工大学,2004.

［20］ TOGURI J M,PIDGEON L M. High – temperature studies of metallurgical processes (Part i):The thermal reduction of magnesium oxide with silicon[J]. Canadian Journal of Chemistry,1961,39(3):540 – 547.

［21］ 梁文玉,孙晓林,李凤善,等. 金属镁冶炼工艺研究进展[J]. 中国有色冶金,2020,49(4):36 – 44.

［22］ MINI D,MANASIJEVI D,DOKI J,et al. Silicothermic reduction process in magnesium production[J]. Journal of Thermal Analysis & Calorimetry,2008,93(2):411 – 415.

［23］ HALMANN M,FREI A,STEINFIELD A. Magnesium production by the Pidgeon process involving dolomite calcination and MgO silicothermic reduction:thermodynamic and environmental analyses[J]. Industrial & Engineering Chemistry Research,2008,47(7):2146 – 2154.

［24］ GAO J C,TANG Q F,CHEN X H. Experimental study on smelting reduction of MgO from dolomite under vacuum[J]. Journal of Functional Materials,2012,43(17):2328 – 2331.

［25］ 唐祁峰,高家诚,陈小华.热法制镁工艺的发展概况[J].材料科学与工程学报,2011,29(1):149 – 154.

［26］ TIAN Y,LIU H,YANG B,et al. Magnesium extraction from magnesia by carbothermic reduction in vacuum[J]. Journal of Vacuum Science and Technology,2012,32(4):306 – 311.

［27］ TANG Q,GAO J,CHEN X,et al. Research progress of magnesium production by carbothermic reduction at vacuum[J]. Materials Review,2014,28(12):64 – 67.

［28］ 宾光勇.真空碳热还原炼镁工艺中镁蒸气冷凝收集实验研究[D]. 重庆:重庆大学,2015.

［29］ TIAN Y,QU T,YANG B,et al. Behavior analysis of CaF_2 in magnesia carbothermic reduction process in vacuum[J]. Metallurgical and Materials Transactions B,2012,43(3):657 – 661.

［30］ JIANG Y,LIU Y,MA H,et al. Mechanism of calcium fluoride acceleration for vacuum carbothermic reduction of magnesia[J]. Metallurgical and Materials Transactions B,2016,47(2):837 – 845.

［31］ 李志华.真空中煤还原氧化镁的研究[D].昆明:昆明理工大学,2004.

[32] 刘红湘. 真空碳热还原氧化镁制取金属镁实验装置的研发及实验研究[D]. 昆明：昆明理工大学,2008.

[33] TIAN Y,YANG B,LIU H,et al. Behavior of magnesia in Mg extraction by carbothermic reduction in vacuum[J]. Chinese Journal of Vacuum Science and Technology,2013,33(9):920 − 925.

[34] YANG C,TIAN Y,QU T,et al. Magnesium vapor nucleation in phase transitions and condensation under vacuum conditions[J]. Transactions of Nonferrous Metals Society of China,2014,24(2):561 − 569.

[35] TIAN Y,XU B,YANG C,et al. Analysis of magnesia carbothermic reduction process in vacuum[J]. Metallurgical and Materials Transactions B,2014,45(5):1936 − 1941.

[36] XIA D H,REN L,SHU B. Thermodynamic analysis of magnesium produced by CaC_2 under ordinary pressure[J]. Advanced Materials Research,2012,354/355:304 − 309.

[37] ZHANG T,DU S,NIU L,et al. Study the effect of CaF_2 on carbothermic reduction of magnesium in vacuum by mechanical activation[J]. Light Metals,2015,8:43 − 46.

[38] PENG J,FENG N,CHEN S,et al. Experimental and thermodynamical studies of MgO reduction with calcium carbide[J]. Chinese Journal of Vacuum Science and Technology,2009,29(6):637 − 640.

[39] FU D X,FENG N X,WANG Y W,et al. Kinetics of extracting magnesium from mixture of calcined magnesite and calcined dolomite by vacuum aluminothermic reduction[J]. Transactions of Nonferrous Metals Society of China,2014,24(3):839 − 847.

[40] LIU Z Q,LIU J X,JIANG B,et al. Process for preparing magnesium from dolomite by vacuum aluminothermic reduction[J]. Nonferrous Metals Engineering,2010,62(2):56 − 58.

[41] WANG Y W,YOU J,PENG J,et al. Production of magnesium by vacuum aluminothermic reduction with magnesium aluminate spinel as a by − product[J]. Journal of the Minerals,2016,68(6):1728 − 1736.

[42] 夏德宏,尚迎春. 基于钙还原剂的金属镁生产新工艺[J]. 轻金属,2008(2):45 − 47.

[43] WANG H,HU F P,LI W J,et al. Preparation of magnesium by thermal reduction with silicon − copper alloy[J]. Ordnance Material Science and Engineering,2012,35(6):17 − 21.

[44] TAYLOR G F. Apparatus for making hard metal compositions:US 1896854A[P]. 1933 − 02 − 07.

[45] GOETZEL C G,MARCHI V S. Electrically activated pressure-sintering (spark sintering) of titanium-aluminum-vanadium alloy powders[J]. Modern Developments in Powder Metallurgy,1971(4):50 − 127.

[46] INOUE K. Method of electrically sintering discrete bodies:US 3340052A[P]. 1967 − 09 − 05.

[47] LI M,QI C,LIU Y,et al. Microstructure and mechanical properties of Ti_2 AlNb-based alloys synthesized by spark plasma sintering from pre − alloyed and ball − milled pow-

der[J]. Advanced Engineering Materials,2017,20(4):1700659.

[48] FENG H,ZHOU Y,JIA D,et al. Rapid synthesis of ti alloy with b addition by spark plasma sintering[J]. Materials Science & Engineering A,2004,390(1):344 − 349.

[49] XIAO H,LU Z,ZHANG K,et al. Achieving outstanding combination of strength and ductility of the Al-Mg-Li alloy by cold rolling combined with electropulsing assisted treatment[J]. Materials & Design,2018,186:108279.

[50] 曹凤超. 电流辅助钛合金波纹管成形及质量控制[D]. 哈尔滨:哈尔滨工业大学,2013.

[51] WANG G F,WU X S,SUN C,et al. Auxiliary current hot forming of high-strength steel for automobile parts[J]. Procedia Engineering,2014,81:1701 − 1706.

[52] RAJ R,COLOGNA M,FRANCIS J,et al. Influence of externally imposed and internally generated electrical fields on grain growth,diffusional creep,sintering and related phenomena in ceramics[J]. Journal of the American Ceramic Society,2011,94(7):1941 − 1965.

[53] HAO X,LIU Y,WANG Z,et al. A novel sintering method to obtain fully dense gadolinia doped ceria by applying a direct current[J]. Journal of Power Sources,2012,210:86 − 91.

[54] SU X,BAI G,JIA Y J,et al. Flash sintering of lead zirconate titanate (PZT) ceramics:Influence of electrical field and current limit on densification and grain growth[J]. Journal of the European Ceramic Society,2018,38(10):3417 − 3694.

[55] SU X,BAI G,JIA Y J,et al. Flash sintering of sodium niobate ceramics[J]. Materials Letters,2018,235:15 − 18.

[56] 傅正义,季伟,王为民. 陶瓷材料闪烧技术研究进展[J]. 硅酸盐学报,2017,45(9):1211 −1219.

[57] 戴永年. 有色金属材料的真空冶金[M]. 北京:冶金工业出版社,2000.

[58] 汪浩. 真空碳热还原白云石制镁的基础研究[D]. 重庆:重庆大学,2013.

[59] KORENKO M,LARSON C,BLOOD K,et al. Technical and economic evaluation of a solar thermal MgO electrolysis process for magnesium production[J]. Energy,2017,135:182 − 194.

[60] XU R Y,LIU H Z. Several issues of silicothermic process for magnesium reduction development in China[J]. Light Metals,2005(10):45 − 48.

[61] WU Y J,SU X H,AN G,et al. Dense $Na_{0.5}K_{0.5}NbO_3$ ceramics produced by reactive flash sintering of $NaNbO_3$ − $KNbO_3$ mixed powders[J]. Scripta Mater,2020,174:49 − 52.

[62] YI Y S,LI R F,XIE Z Y,et al. Effects of reheating temperature and isothermal holding time on the morphology and thixo-formability of sic particles reinforced AZ91 magnesium matrix composite[J]. Vacuum,2018,154:177 − 185.

[63] DURDU S,BAYRAMOGLU S,DEMIRTAS A,et al. Characterization of AZ31 Mg alloy coated by plasma electrolytic oxidation[J]. Vacuum,2013,88:130 − 133.

[64] XIONG N,TIAN Y,YANG B,et al. Volatilization and condensation behaviours of

Mg under vacuum[J]. Vacuum,2018,156:463-468.

[65] BROOKS G,TRANG S,WITT P,et al. The carbothermic route to magnesium[J]. The Journal of the Minerals,Metals & Materials Society,2006,58(5):51-55.

[66] WANDERLEY K B,JUNIOR A,ESPINOSA D,et al. Kinetic and thermodynamic study of magnesium obtaining as sulfate monohydrate from nickel laterite leach waste by crystallization[J]. Journal of Cleaner Production,2020,272:122735.

[67] 冯乃祥,王耀武. 一种以菱镁石和白云石混合矿物为原料的真空热还原法炼镁技术[J]. 中国有色金属学报,2011,21(10):376-384.

[68] TANG Q,GAO J,CHEN X. Thermodynamic and experimental analysis on vacuum silicothermic reduction of MgO in molten slags[J]. Asian Journal of Chemistry,2013, 25(7):3897-3901.

[69] RAMAKRISHNAN S,KOLTUN P. Global warming impact of the magnesium produced in China using the Pidgeon process[J]. Resources,Conservation and Recycling, 2004,42(1):49-64.

[70] NENG X,YANG T,YANG B,et al. Results of recent investigations of magnesia carbothermal reduction in vacuum[J]. Vacuum,2019,160:213-225.

[71] HU F P,PAN J,MA X,et al. Preparation of Mg and Ca metal by carbothermic reduction method:A thermodynamics approach[J]. Journal of Magnesium and Alloys, 2013,1(3):263-266.

[72] CORAY A,JOVANOVIC Z R. On the prevailing reaction pathways during magnesium production via carbothermic reduction of magnesium oxide under low pressures[J]. Reaction Chemistry & Engineering,2019,4(5):939 - 953

[73] BROOKS G,NAGLE M,TASSIOS S,et al. The physical chemistry of the carbothermic route to magnesium[J]. Journal of the Minerals,2006,58(5):25-31.

[74] WANG Y,YOU J,FENG N,et al. Influence of CaF_2 addition on vacuum aluminothermic reduction[J]. Journal of Vacuum Science and Technology,2012,32(10):889-895.

[75] CHE Y,HAO Z,ZHU J,et al. Kinetic mechanism of magnesium production by silicothermy in argon flowing[J]. Thermochimica Acta,2019,681:178397.

[76] WULANDARI W,BROOKS G A,RHAMDHANI M A,et al. Kinetic analysis of silicothermic process under flowing argon atmosphere[J]. Canadian Metallurgical Quarterly,2014,53(1):17-25.

[77] 张锐. 基于新型硅热法炼镁预制球团的制备研究[D]. 沈阳:东北大学,2014.

[78] SCHOUKENS A,ABDELLATIF M,FREEMAN M. Technological breakthrough of the mintek thermal magnesium process[J]. Journal of the Southern African Institute of Mining and Metallurgy,2006,106(1):25-29.

[79] NARAYAN J. Unified model of field assisted sintering and related phenomena[J]. Scripta Materialia,2020,176:117-121.

[80] LI Z,LU S,ZHANG T,et al. Electric assistance hot incremental sheet forming:An

integral heating design[J]. International Journal of Advanced Manufacturing Technology,2018,96:3209 – 3215.

[81] XIAO H,JIANG S S,ZHANG K F,et al. Optimizing the microstructure and mecha nical properties of a cold-rolled Al-Mg-Li alloy via electropulsing assisted recrystalli – zation annealing and ageing[J]. Journal of Alloys and Compounds,2020,814:152257.

[82] WANG C,ZHANG C,ZHANG S J,et al. The effect of CaF_2 on the magnesium production with silicothermal process[J]. International Journal of Mineral Processing, 2015,142:147 – 153.

[83] MORSI I M,ALI H H. Kinetics and mechanism of silicothermic reduction process of calcined dolomite in magnetherm reactor[J]. International Journal of Mineral Processing,2014,127:37 – 43.

[84] MORSI I M,BARAWY K,MORSI M B,et al. Silicothermic reduction of dolomite ore under inert atmosphere[J]. Canadian Metallurgical Quarterly,2002,41(1):15 – 28.

[85] FU D X,JI Z H,GUO J H,et al. Diffusion and phase transformations during the reaction between ferrosilicon and CaO · MgO under vacuum[J]. Journal of Materials Research and Technology,2020,9(3):4379 – 4385.

[86] LI R,ZHANG C,ZHANG S,et al. Experimental and numerical modeling studies on production of mg by vacuum silicothermic reduction of CaO center dot MgO[J]. Metallurgical and Materials Transactions B,2014,45(1):236 – 250.

[87] YOU J,WANG Y W. Reduction mechanism of Pidgeon process of magnesium metal [J]. The Chinese Journal of Process Engineering,2019,19(3):560 – 566.

[88] YANG C B,YANG T,QU T,et al. Production of magnesium during carbothermal reduction of magnesium oxide by differential condensation of magnesium and alkali vapours[J]. Journal of Magnesium and Alloys,2013,1(4):323 – 329.

[89] YU Q,DAI Y,QU T,et al. Pyrolysis of coal – coke in carbothermic reduction of magnesia in vacuum[J]. Journal of Vacuum Science and Technology,2011,31(5):584 – 588.

[90] XU B,PEI H,YANG B,et al. Thermodynamic study on carbothermic reduction process for magnesium removal from nickel laterite under vacuum[J]. Light Metals, 2010,7:48 – 52.

[91] PEI H,XU B,LI Y,et al. Study on the thermal decomposition behavior of magnesite in carbothermic reduction extraction process for magnesium in vacuum[J]. Light Metals,2010,1:46 – 50.

[92] CHUBUKOV B A,PALUMBO A W,ROWE S C,et al. Pressure dependent kinetics of magnesium oxide carbothermal reduction[J]. Thermochimica Acta,2016,636:23 – 32.

[93] TIAN Y,WANG Y C,YANG C B,et al. Process of magnesium production by calcined dolomite carbothermic reduction in vacuum[J]. Chinese Journal of Nonferrous Metals,2013,23(8):2296 – 2301.

[94] XIE W D,CHEN J,WANG H,et al. Kinetics of magnesium preparation by vacuum –

assisted carbothermic reduction method[J]. Rare Metals,2016,35(2):192 – 197.

[95] PUIG J,BALAT – PICHELIN M. Production of metallic nanopowders (Mg,Al) by solar carbothermal reduction of their oxides at low pressure[J]. Journal of Magnesium and Alloys,2016,4(2):140 – 150.

[96] VISHNEVETSKY I,EPSTEIN M. Solar carbothermic reduction of alumina,magnesia and boria under vacuum[J]. Solar Energy,2015,111:236 – 251.

[97] HISCHIER I,CHUBUKOV B A,WALLACE M,et al. A novel experimental method to study metal vapor condensation/oxidation:Mg in CO and CO_2 at reduced pressures [J]. Solar Energy,2016,139:389 – 397.

[98] XIA S B,MU C F,LIU T Q,et al. Research on mechanism of initial droplet formation for dropwise condensation[J]. Journal of Dalian University of Technology,2009,49 (6):806 – 811.

[99] LIU H,TIAN Y,YANG B,et al. Condensation of Mg – vapor in vacuum carbothermic reduction of magnesia[J]. Chinese Journal of Vacuum Science & Technology,2015, 35(7):867 – 871.

[100] LI K,TIAN Y,CHEN X,et al. Analysis and simulation of MgO behavior in vacuum carbothermic reduction[J]. Chinese Journal of Vacuum Science and Technology, 2016,36(7):742 – 747.

[101] PRENTICE L H,NAGLE M W,BARTON T R D,et al. Carbothermal production of magnesium:csiro's magsonic process[J]. Magnesium Technology 2012,2012:31 – 35.

[102] CHUBUKOV B A,ROWE S C,PALUMBO A W,et al. Investigation of continuous carbothermal reduction of magnesia by magnesium vapor condensation onto a moving bed of solid particles[J]. Powder Technology,2020,365:2 – 11.

[103] LI Z,DAI Y,XUE H. Thermodynamical analysis and experimental test of magnesia vacuum carbothermic reduction[J]. Nonferrous Metals,2005,57(1):56 – 59.

[104] WU H J,ZHAO P,JING M H,et al. Magnesium production by a coupled electric and thermal field[J]. Vacuum,2020,183:109822.

[105] CHEN J,HU F,PAN J,et al. Thermodynamics analysis for thermal decomposition and thermal reduction of dolomite-carbon hybrid system[J]. Chinese Journal of Rare Metals,2014,38(2):306 – 311.

[106] JIANG Y,MA H W,LIU Y Q. Experimental study on carbothermic reduction of magnesia with different carbon materials[J]. Advanced Materials Research,2013, 652:2552 – 2555.

[107] GAO J C,CHEN X H,TANG Q F. Experimental study on carbothermic reduction of magnesia by calcium fluoride as a catalyst[J]. Journal of Functional Materials, 2012,43(10):1312 – 1315.

[108] CHUBUKOV B. Kinetic analysis of the carbothermal reduction of magnesia in vacuum [J]. Political Science,2015,67(2):161 – 175.

[109] MIN J. Inquiry into a few issues related to vapor condensation[J]. Journal of Engineering Thermophysics,2003,24(3):478 − 480.

[110] ZHOU X D,MA X H,LAN Z,et al. Falling movement effect of the condensate on condensation heat transfer enhancement in the presence of non-condensable gas[J]. Journal of Chemical Engineering of Chinese Universities,2007,21(5):740 − 746.

[111] XU B,PEI H,YANG B,et al. The carbothermic reduction process for magnesium removal from nickel laterite in vacuum[J]. Chinese Journal of Vacuum Science and Technology,2011,31(3):341 − 347.

[112] YU X G,QIU Z X. Present situation and prospect of magnesium production and applications[J]. Journal of Materials and Metallurgy,2003,3:189 − 192.

[113] ZHANG C,CHU H Q,GU M Y,et al. Experimental and numerical investigation of silicothermic reduction process with detailed chemical kinetics and thermal radiation [J]. Applied Thermal Engineering,2018,135:454 − 462.

[114] ZHANG C,WANG C,ZHANG S J,et al. Experimental and numerical studies on a one − step method for the production of Mg in the silicothermic reduction process [J]. Industrial & Engineering Chemistry Research,2015,54(36):8883 − 8892.

[115] LIU Y,LONG S Y,ZENG C,et al. Overview for new technology in magnesium production[J]. Materials for Mechanical Engineering,2012,36(11):5 − 8.

[116] ZHANG C,WANG C,ZHANG S,et al. The effects of hydration activity of calcined dolomite (HCD) on the silicothermic reduction process[J]. International Journal of Mineral Processing,2015,142:154 − 160.

第四篇

电场-温度场耦合垃圾焚烧飞灰固化及资源

【摘要】 垃圾焚烧飞灰中富集了氯盐、重金属和二噁英等污染物,这些属于危险固体废物。

本书首次采用新型电流烧结技术对垃圾焚烧飞灰处置进行了实验研究,结果表明:电流烧结起始温度随着电场强度的升高及氯盐含量的增大而降低,当采用电场强度 400 V/cm 对北京某垃圾焚烧电厂原始飞灰进行烧结时,电流烧结的起始温度为 420℃,烧结时间小于 5 min,烧结体重金属浸出浓度小于相关标准的限值,稳态时功耗及样品温度随着电场强度的升高及氯盐含量的增多而降低。

调节氯盐含量、添加剂、设定电流等对飞灰进行烧结,结果表明:功率耗散及样品温度随着炉温的升高、氯盐含量的增多、添加剂的降低、设定电流的升高而降低,且等温电流烧结飞灰可显著降低功耗;在水洗飞灰和原灰质量配比为 7:3、掺杂 5% 粉煤灰、600℃ 炉温、外加 400 V/cm 电场、设定电流为 900 mA、保温 10 min 的条件下,其抗压强度达到 24.57 MPa,重金属浸出低于国家相关标准,并且 Cr、Ni、Cu、Zn、Pb 的固化率分别为 98.99%、99.01%、97.43%、89.05%、80.97%。采用不同原始飞灰与粉煤灰配比进行等温电流烧结实验,结果表明:原始飞灰掺杂 15% 粉煤灰在 600℃ 炉温、施加电场强度为 400 V/cm、设定电流为 900 mA、保温 10 min 的条件下,其抗压强度达到 23.83 MPa,重金属浸出均满足要求,并且 Cr、Ni、Cu、Zn、Pb 的固化率分别为 94.37%、94.25%、99.39%、98.09%、72.56%。

【关键词】 垃圾焚烧飞灰;电流烧结;重金属;氯盐;粉煤灰

第13章 垃圾焚烧飞灰概述

13.1 城市生活垃圾

13.1.1 城市生活垃圾的现状

随着我国经济的稳步发展和居民生活水平的逐渐提高,城市生活垃圾产生量也在逐年升高。2018年我国城市生活垃圾的清运总量已达2.28亿吨,每年增长量保持在4%左右,如图13.1所示。

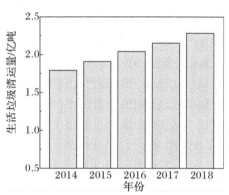

图13.1 我国城市生活垃圾的清运情况(2014—2018年)

2018年我国城市生活垃圾产生量位居前10位的城市见表13.1。城市生活垃圾产生量位居前三的是上海市、北京市及广州市,分别为984.3万吨、929.4万吨和745.3万吨。此外,前10位的城市生活垃圾产生总量已达到6 256.0万吨,占全年城市生活垃圾的清运总量的27.4%。"垃圾围城"形势严峻,城市生活垃圾与环境保护之间的矛盾日益突出,已经成为制约城市化发展、影响居民生活质量的重要因素之一。

为了更好地实现可持续发展,城市生活垃圾处理迫在眉睫。在对城市生活垃圾进行具体处理之前,必须进行有效的分类。城市生活垃圾分类是解决"垃圾围城"的重要措施之一,通过回收有用物质、降低生活垃圾的处置量、提高可回收物质的纯度增加其资源化利用价值,减少对环境的污染。在我国,城市生活垃圾一般分为四类,分别是可回收物(包括废纸张、废塑料、玻璃、金属和织物等)、有害垃圾(包括废电池、废灯管、废油漆桶、过期药品及化妆品等)、厨余垃圾(又称湿垃圾,包括剩饭、剩菜、茶渣和果皮、食物废料等)、其他垃圾(又称干垃圾,包括卫生间废纸、烟蒂、大骨头和贝壳、清扫渣土等)。

表 13.1　2018 年我国城市生活垃圾产生量排名前十的城市

排　名	城　市	城市生活垃圾量/万吨
1	上海市	984.3
2	北京市	929.4
3	广东省广州市	745.3
4	重庆市	717.0
5	四川省成都市	623.1
6	江苏省苏州市	550.0
7	广东省东莞市	462.9
8	浙江省杭州市	420.5
9	陕西省西安市	416.8
10	湖北省武汉市	406.7
合计		6 256.0

　　事实上,对垃圾进行分类在欧洲及日本等地早已开始。以绿色环保著称的芬兰早在 1994 年,就已经实施垃圾分类,垃圾被充分回收利用,填埋率仅有 1%。德国发表和实施的处置垃圾的管理条例多达 800 余项,并且根据具体实施情况不断更新及完善。日本将垃圾种类分为 8 种,形成了以公民参与为主体、社会各部门积极参与的垃圾分类协同综合治理工作机制。这些成功的经验值得我们借鉴,但不同国家和地区情况各有不同。

　　我国人口基数大,产生的城市生活垃圾总量大,基于我国国情,有关文件规定自 2019 年起在全国地级及以上城市全面启动生活垃圾分类工作,到 2025 年,全国地级及以上城市基本建成生活垃圾分类处理系统。普遍推行垃圾分类制度关系到全国人民生活环境的改善,关系到垃圾减量化、无害化、资源化处理。

13.1.2　城市生活垃圾的处置

　　目前,我国生活垃圾无害化的处置方法主要有卫生填埋、堆肥和焚烧 3 种。三者的年处理量随年份的变化如图 13.2 所示。

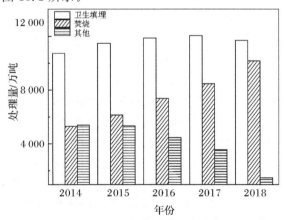

图 13.2　2014—2018 年我国城市生活垃圾处理量

由图 13.2 可以看出,2014—2018 年卫生填埋是主要的垃圾无害化处理方式。在 2018 年,卫生填埋无害化处理量仍有 11 706 万吨。卫生填埋垃圾处理方法较为成熟且处理量大,能够处理各种类型的垃圾。然而,卫生填埋法产生的病菌、病毒较多,对人们的身体健康危害较大,并会污染水资源、空气等,严重影响着城市的整体形象。因此,卫生填埋法占比逐年下降,由 2014 年的 66% 下降到 2018 的 52%。

堆肥是垃圾中的微生物与有机物等发生物化反应,使垃圾中的有机废物降解,变成可为土壤提供肥料的腐殖土。然而,堆肥法只适用于处理有机垃圾,在进行垃圾分类时,单单依靠机械筛分难度较大,不能将垃圾中的有害物质完全筛选出来,占比逐渐降低。值得注意的是,随着垃圾分类相关政策的实施、居民垃圾分类习惯的养成,堆肥对于回收利用厨余垃圾等有机物仍具有一定的意义。

垃圾焚烧是指在高温热处理条件下,垃圾中的可燃物质成分与氧气发生化学反应,转化为可利用的热能和少量的固体残渣,并能杀死垃圾中的细菌和病毒。相对于卫生填埋和堆肥,此种垃圾处理方法的优点是,可减少土地填埋空间,并能利用热能进行发电或将热量回收利用。从图 13.2 中可以看出,从 2014 年到 2018 年,垃圾焚烧无害化处理量由 5 329.9 万吨增长至 10 184.9 万吨。在 2018 年,焚烧处置的垃圾量已经占到 45%。万君宜等人统计了我国 25 个城市生活垃圾无害化处理的成本,仅从成本的角度来看,焚烧垃圾的处理方式要优于填埋。基于此,垃圾焚烧技术是现行较为良好的垃圾处理方法。2018 年,中共中央、国务院发布《关于全面加强生态环境保护　坚决打好污染防治攻坚战的意见》指出,鼓励"推进垃圾资源化利用,大力发展垃圾焚烧发电",让围困我们的垃圾变为环保能源,保护生态环境,为经济持续增长提供动力。

13.2　城市生活垃圾焚烧飞灰

13.2.1　生活垃圾焚烧飞灰的特性

将生活垃圾进行焚烧处置后会产生一定量的飞灰,可通过烟气净化系统和热回收利用系统收集而得。这类飞灰呈现灰白色或深灰色,是一种细小的粉末颗粒物,通常含水率低,且呈不规则形状或者球形,具有粒径不均匀、孔隙率高及比表面积大等特点。

13.2.2　生活垃圾焚烧飞灰的危害

飞灰的成分相对复杂,它不仅含有硅酸盐、氯盐、碳酸盐和硫酸盐,而且还吸收了烟道气中的许多有毒、有害物质,包括二噁英、汞(Hg)、铜(Cu)、铅(Pb)、锰(Mn)、镉(Cd)、铬(Cr)、镍(Ni)等,已经严重威胁生态环境、食品安全和人类健康。

1. 氯盐

垃圾焚烧飞灰中的氯盐主要来源于厨余垃圾等有机物,包括 Na、K 和 Ca 等元素的氯化物。过高的氯盐含量不利于垃圾焚烧飞灰的无害化处理及资源化利用。在对飞灰进行无害化处理及资源化利用时,过高的氯盐含量会加剧水泥生产设备内部构件的腐蚀对水泥固化产生影响。此外,氯盐的存在会促进重金属的挥发并降低重金属的熔点,导致二次污染。这无疑增加了治理成本且不利于处置。

2. 重金属

焚烧处理生活垃圾的过程中,重金属在高温下易挥发为气态进入烟气通道,含有重金属离子的蒸气会遇冷后凝结浓缩形成金属颗粒气溶胶或者直接吸附在飞灰颗粒表面,从而导致飞灰中富有高浓度的重金属。重金属元素主要以单质、氧化物、氯化物等不同形态存在于飞灰中。重金属在环境中不能被降解,具有非常强的生物累积性,很容易被生物体富集,经过生物圈和食物链被人体摄取,从而对人类产生严重危害。

3. 二噁英

二噁英无色无味,化学稳定性强,能长时间存在。据研究估算,城市生活垃圾二噁英含量为 $6\sim50$ ngTEQ/kg。二噁英具有极强的急性毒性,接触少量就会有明显中毒反应。由于其具有脂溶性,即使只有微量二噁英进入人体,也会在脂肪组织和肝脏中积累,并发生转化和累积。

《生活垃圾焚烧污染控制标准》(GB 18485—2014)规定:"生活垃圾焚烧飞灰应按危险废物管理。"因此,飞灰必须单独收集,不得与生活垃圾、焚烧残渣等混合,也不得与其他危险废物混合。飞灰的处置必须按照危险废物的处置进行,所以安全地处理每年产生的大量焚烧飞灰是我国急需解决的问题。

13.3　国内外垃圾飞灰处置技术

焚烧处置后产生的飞灰在烟道中富集了氯盐、重金属和二噁英等有机及无机污染物。这些危险物质容易污染土壤、水体、空气,进一步危害动植物和人体健康。因此,正确处置垃圾飞灰并解决污染物危害是一项刻不容缓的任务。目前,国内外垃圾处置技术主要分为分离萃取、固化稳定及热处理3种。

13.3.1　分离萃取

分离萃取飞灰无害化处理技术一般有水洗、酸洗及电分离法等。该技术的目的是去除飞灰中的可溶性氯盐、碱金属和部分重金属离子等。其中最常用的就是水洗和酸洗技术,其工艺简单、效果显著。Nord Mark 等人在不同水洗工艺下发现试样 pH 发生变化,从 10.7 降至 8.2,重金属 Cr 和 Mo 的浸出率分别降低了 93% 和 91%。王建伟等人发现,在酸洗条件下改善液固比使 Na、K、Cl 成分脱除率达到 95% 以上,加入 30% 氢氧化钙能够促进重金属离子 Pb 的脱除。

单一的分离萃取不能完全去除飞灰中重金属离子等有害物质。目前,在实际应用中一般通过"分离萃取+其他飞灰处置方法"进行组合处理来满足飞灰的无害化及资源化应用。

13.3.2　固化稳定

固化稳定是目前国际上处理飞灰最常用的方法,一般包括水泥固化和化学药剂稳定化处理两种。其目的是通过一系列的物化反应使飞灰中的重金属固化,一方面使其满足垃圾填埋场标准,另一方面探索其在资源化方面的应用。

1. 水泥固化

水泥固化技术通过将飞灰与水泥混合,利用水化反应形成坚固的水泥固化体,将重金属的污染物固化。Ji Wenxin 等人研究发现通过水泥固化能够降低飞灰中 Cu、Zn、Cr、Pb、Cd 重金属元素的浸出,其中 Cu、Zn 的浸出受碱性条件下矿物溶解度的影响,Cr 与氧化还原条件有关,Pb 重金属的浸出与硅酸盐的 Si-O 键形成的复杂结构有关。虽然水泥固化重金属工艺成熟、重金属固化效果明显,但水泥固化后增容明显,且长期稳定性有待进一步研究。

2. 化学药剂稳定化

化学药剂稳定化技术利用化学试剂的结构性能来处置飞灰,使飞灰中有毒、有害物质通过化学作用固化稳定。王震研究发现,单一药剂乙硫氮对 Pb 和 Cd 有着优异的稳定化效果,乙硫氮和磷酸复合药剂使 Zn 的浸出浓度降低至 75 mg/L,达到了填埋标准要求。该技术具有无害化、少增容或不增容等优点,但存在化学药剂不具备普遍适用性、成本较高、对二噁英类等有机污染物稳定效果较差等缺点。

13.3.3　热处理

热处理技术可根据烧结温度的不同,分为烧结法和熔融/玻璃化法两种。由于该技术采用高温处理方式,可以将飞灰中二噁英类等有机污染物降解并使重金属有效固化。

1. 烧结法

烧结法一般在 700～1 100 ℃烧结温度区间,烧结过程中飞灰颗粒间的气孔在烧结驱动力的作用下从飞灰中排除,形成一种致密结构固化重金属的烧结体,上述变化主要是由固相转变、再结晶、固相反应,有时甚至是少量液相反应引起的,烧结后,由于烧结灰的孔隙率降低,最终产物中有害成分的浸出率降低。王雷等人在飞灰中添加 30% 的黏土,在 1 100 ℃烧结 4 h,其烧结体的抗压强度超过 15 MPa,可满足资源化要求。飞灰烧结体一方面受飞灰原料组成及外加成型压力的影响,另一方面与烧结温度、温度上升速率、烧结时间有关。

2. 熔融/玻璃化法

熔融法是使飞灰在 1 200～1 600 ℃的高温下熔融,得到最终产物是由玻璃态材料和晶态组成的非均相熔渣混合物,其可作为建材被综合利用,实现减量化、无害化和资源化。玻璃化是在飞灰中添加玻璃前驱物,必要时还需添加成核剂(P_2O_5、Fe_2O_3 等),熔化形成均匀的液相,然后冷却成无定形的均匀的单相玻璃的过程。这里,典型的熔化温度在 1 100～1 500 ℃之间。玻璃化是指通过挥发将特定的元素从熔融的灰烬中分离出来,或者将它们合并到玻璃相中,使有害的成分不太可能滤出。玻璃化过程中与灰分处理相关的主要反应是通过化学键合或封装将灰分化合物纳入玻璃基质中。

热处理法具有减容效果好、重金属浸出低及二噁英的分解率高的特点,且可生成陶瓷玻璃类的原材料,利于资源化利用。但是,该方法能耗大、处理成本高,且在热处理过程中会因重金属易挥发而造成环境的二次污染。

13.4 国内外垃圾飞灰资源化利用

垃圾焚烧飞灰经无害化处理后,其资源化利用也至关重要。目前,国内外飞灰的资源化利用途径主要包括用作建筑材料,如水泥及水泥混凝土、路面、玻璃和陶瓷等。

许杭俊研究了掺杂 20％飞灰在 1 150 ℃下烧成具有较好胶凝性能的阿利尼特生态水泥。W. F. Tan 等人研究发现在飞灰中掺杂松木木屑、页岩,在预热温度 500 ℃、烧结温度 1 130 ℃、保温时间 4 min 条件下可以烧结制备轻质骨料。Ching-Hong Hsieh 等人用微波处理垃圾飞灰,固定重金属并形成玻璃陶瓷材料,发现微波时间越长,烧结效率越高,且垃圾飞灰中盐的存在可以促进飞灰的烧结并提高其稳定性。Kae Long Lin 等人在矿渣中掺杂 MSWI,在 1 000 ℃下烧结制备矿渣砖,其 24 h 吸收率和抗压强度均达到国家二级砖标准。此外,有研究表明,在硅酸盐水泥混凝土和热拌沥青混合料中使用飞灰,可以为固废利用、保护自然资源发挥重要作用。

13.5 电流烧结法

13.5.1 电流烧结特点

电流烧结,包括近几年出现的闪烧,是一种新型陶瓷烧结方法,具有低温快速致密化的优点。相较于传统高温烧结陶瓷工艺,电流烧结具有两个非常显著的特征:电流烧结所需的炉温要远远低于传统烧结工艺所需的烧结温度;电流烧结所需的烧结时间短,通常只需要几秒或数分钟,与传统烧结工艺所需要的数小时相比,这无疑能有效节约能源和经济成本。

目前,电流烧结多应用在陶瓷等材料的制备研究中,Raj 等人发现,通过外加直流电场的作用,3YSZ 材料在 850 ℃烧结,几秒内可实现致密化。Cologna 等在 500 V/cm 的电场强度下,将 Al_2O_3[含 $w(MgO)＝0.25\%$]在 1 320 ℃烧结致密。Pretter 等人在 12.5 V/cm 的电场强度下,将 Co_2MnO_4 在 325 ℃下烧结致密。

电流烧结的实验装置主要由加热炉、电源和电极等组成。

(1)加热炉:在实验过程中加热试样,提供外加环境温度。

(2)电源:可为交流或直流,为试样提供电源。

(3)电极:确保样品和电源之间的连接。

其中,样品与电极之间的联系在很大程度上取决于样品的形状。目前,在电流烧结时最常用的样品形状是狗骨头形状,两个孔用于插入电极。狗骨头形状可以有效减少电流聚集,因为它很容易通过较薄的横截面驱动,并且可以仔细记录电导率的演变。虽然这是目前研究工艺的最佳选择,但压制这种形状时较为复杂,并且很难在实际应用中使用。其次,也可以将粉体压制成条状或棒状试样。在这种情况下,金属丝缠绕在生坯的边缘,以确保电流接触。但是当使用条、棒或狗骨头形状样品时,电流和电场仅在样品的中心部分是均匀的。圆柱形试样电极通常在两端样品平面上,在这种情况下使用导电胶可以有效地改善电接触,但是当压制的样品较薄时,可能会出现不均匀的烧结。此外,有些烧结设备还需要使用数字万用表(记录电流数据等)或者 CCD 相机(观察样品的线性收缩)。

典型的烧结平台由恒压电源、试样、立式管式炉、滤光片、CCD 相机组成,这种平台上所使用的样品通常是狗骨头的形状,在"狗骨头"样品的两端各开一个洞,通过导线将样品与连续电流连接起来,并为样品提供一个外加电场。

13.5.2　电流烧结机制

在电流烧结陶瓷实验中,存在着 3 种电流烧结形式。根据电流烧结过程中的炉温、电场强度及电流密度的变化,每种形式都可分为 3 个阶段:

(1)变温电流烧结。当炉温(T_f)较低时,便施加电场(E)。实验装置最初是在电压控制下工作的,随着炉温的升高,样品的导电性逐渐增强,电流密度(J)也开始缓慢增加。这个阶段通常被称为第一阶段或孵化阶段。之后电流密度急剧变化,这一阶段通常被确定为电流烧结阶段。在这一阶段,达到最高的功耗($W_{max} = E_{lim} \times J_{lim}$),样品经历焦耳热失控。值得指出的是:在大多数情况下,电流烧结的起始温度远远低于常规烧结温度样品;在稳定阶段,电流密度达到最大值后稳定不变,电场基本保持稳定,整个体系变成电流控制。

(2)等温电流烧结。此时炉温保持恒定,直至电流烧结结束。当打开电源,施加电场,电流密度就开始变化。当施加合适的电场,电流密度随时间递增;否则,电流密度保持不变,直至电流烧结结束。在一般情况下,第一阶段电场强度与电流密度会缓慢上升,第二阶段电场强度达到一定值后逐渐下降,电流密度会迅速递增。

(3)第三阶段与之前两个模式一致。在这种情况下,达到电流烧结的条件以炉温主导,通过加大电场强度来实现。

电流烧结是一种低温节能的烧结技术,具有许多优点及潜在应用。然而,人们对电流烧结过程中样品低温快速烧结的机理并不完全知晓。总的来说,所有提出的理论都试图在考虑电荷运动、质量输运和光发射同时存在的情况下解释电流烧结现象。电子载体可以是离子的,也可以是电子的,这取决于材料和温度。相反,质量输运包括扩散,特别是原子在不同曲率的表面之间的运动。目前的机理主要包括焦耳热效应理论、晶界局部热效应理论、介电击穿及缺陷作用理论等,需要指出的是,一种烧结机制的存在并不排斥其他机制。换句话说,电流烧结过程中存在着多个机制共同导致电流烧结的发生。

13.6 电流烧结垃圾焚烧飞灰

13.6.1 研究意义

随着我国生活垃圾产量的增加及焚烧技术的推广使用,所产生的垃圾飞灰也不断增多。现有的处置技术都各有优势,常用的热处理技术具有重金属浸出低、固化效果好等优势,但其能耗较高,且重金属易挥发而造成二次污染。因此,寻找一种节能、环保的垃圾飞灰处置技术具有重要意义。电流烧结技术现大多用于制备陶瓷领域,具有能低温快速制备致密陶瓷的特点,但在处置垃圾飞灰方面还未有报道。本实验采用电流烧结技术处置垃圾飞灰,使其在低温快速固化重金属离子,以达到无害化、资源化的目的。

13.6.2 研究内容

以北京某生活垃圾焚烧厂的垃圾焚烧飞灰为主要原料,通过电流烧结技术对其进行无害化处理及资源化利用。主要研究内容如下:

(1)利用变温电流烧结处置垃圾飞灰,研究电场强度及氯盐含量对电流烧结起始温度及烧结体重金属浸出的影响,并且对烧结体进行微观结构分析,探究电流烧结机理。

(2)利用等温电流烧结处置垃圾飞灰,研究炉温、氯盐含量、添加剂、设定电流对飞灰烧结过程及烧结体性能的影响,并且对烧结体进行微观结构分析,探究电流烧结机理。

(3)简化工艺用原始飞灰和粉煤灰掺杂进行等温电流烧结实验,研究其烧结过程中的功耗变化,计算样品温度,测试其样品性能及重金属迁移和浸出特性,为垃圾焚烧飞灰资源化利用打下基础。

第14章 飞灰电流烧结原材料与测试方法

本章主要研究内容为通过电流烧结进行垃圾焚烧飞灰的无害化处理及资源化利用。实验所用飞灰均为取自北京某垃圾焚烧厂的飞灰,实验所用反应器主要包括压力机、球磨机及电流烧结设备。本章将主要按照第13章的研究路线,对实验原材料、实验设备及试剂、分析检测和结果计算方法进行逐一介绍。

14.1 飞灰烧结实验原材料

14.1.1 原始飞灰

实验中所用飞灰样品取自北京某垃圾焚烧厂,该厂烟气处理工艺为"半干法＋活性炭喷射＋布袋除尘器"。多点随机采集布袋除尘器中的飞灰,混合均匀后密封避光贮存。实验时采用四分法取样,即将原始飞灰样品放置于干净的玻璃板上,压成厚度在 2 cm 以下的圆形料堆,划十字线将样品分成 4 份,取对角线的 2 份混合,再重复以上操作,直至取得所需数量为止,其目的是保证取样飞灰样品的均匀性。将取样飞灰过 110 目标准筛,于 105 ℃下干燥2 h 后,放入干燥皿待用。

14.1.2 粉煤灰

实验所用到的粉煤灰来自西安渭河粉煤灰有限公司,为高钙粉煤灰,粉煤灰的主要化学组成见表 14.1。

表 14.1 粉煤灰的主要化学成分

化学成分	CaO	Al_2O_3	SiO_2	Fe_2O_3	MgO
质量分数/%	9.64	24.71	42.83	4.69	1.25

14.2 飞灰生料坯体的制备

飞灰坯体均采用单轴常温压制成型,将飞灰粉体在模具中压制成具有一定形状及尺寸的飞灰坯体,与后续的电流烧结装置所需样品规格相配合。在本实验,称量一定量飞灰样品,放入模具中,在 80 MPa 的轴向压力下保压 180 s,使粉体成型,最终得到高度为 15 mm、外径为 18 mm、内径为 13 mm 的试块。如图 14.1 所示,试块形状不同于传统柱体形状,类似于狗骨头状。其特点:①通电时柱体可以更好地与 SiC 电极接触,增加接触面积,降低接触电阻;②可使流通电流均匀稳定地从柱体内通过,保证烧结体的均匀性。

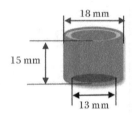

图 14.1　试块生坯示意图

为了进一步降低实验中接触电阻的影响,先在试块两端的表面涂抹碳浆,之后将其放入 105 ℃温度下的干燥箱内进行 10 min 的预处理,用于改善试样与电极的电接触。试样制备的整个流程如图 14.2 所示。

图 14.2　飞灰烧结流程图

14.3　电流烧结实验设备

电流烧结实验设备也是在电流烧结研究中的重要一环,其必须满足对所制样品形貌的要求。本实验所使用的电流烧结设备如图 14.3 所示。电流烧结实验设备主要包括直流电源、万用表、高温电极、马弗炉。其中以铜丝作为导线,将直流电源、万用表、高温电极以及飞灰样品串联成一个闭合回路,以此进行垃圾焚烧飞灰的电流烧结实验研究。

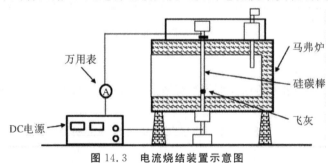

图 14.3　电流烧结装置示意图

1.直流电源

采用南通嘉科电源制造有限公司生产的大功率稳压稳流的直流电源,电压在 0～1 000 V 连续可调,精确显示到 0.1 V,电流在 0～3 000 mA 连续可调,精确显示到 100 mA。直流电源可提供一个稳定的外加直流电场,并具有限流保护的作用。

2.万用表

采用 Tektronix 公司生产的 DMM4040 万用表,可用于记录烧结过程中电压及电流的参数变化。

3.高温电极

高温电极一般要具有高温下导电性好、抗氧化性能好、抗蠕变性能好的特点。本章采用 SiC 作为高温电极,其在 1 400 ℃下仍可以正常使用,具有耐高温、抗氧化、耐腐蚀、升温快、寿命长、高温变形小等特点,且有良好的化学稳定性。

4.马弗炉

采用陕西天阳科技有限公司生产的 TYQ1-10-1300 型号马弗炉,可调温度范围为室温~ 1 300 ℃,额定功率为 2 000 W。我们对其进行了改装,以满足实验的要求。

在炉体中部,上、下均需进行开孔,在上部硅碳棒确定好位置,用泡沫陶瓷夹持,顶部用水泥砖压住,便于向上推后恢复原位,也便于与样品重力接触。上部水泥砖上表面与炉顶盖子有 1~2 cm 的距离,可使上碳化硅管上下移动,便于放样。下部碳化硅管穿过炉子外壳铁皮,然后用泡沫陶瓷夹持。

马弗炉在实验中提供了一个来自外部环境的温度场,以便进行电流烧结实验。

5.其他实验设备

在电流烧结实验中还会用到其他实验设备,表 14.2 中详细地给出了设备型号、生产厂商等信息。

表 14.2　其他实验设备

实验设备	设备型号	生产厂商
电子天平	万特牌 ACS 电子称	杭州万特衡器有限公司
分析天平	METTLER LEDO-AL204	梅特勒-托利多仪器(上海)公司
pH 计	PHSJ-6L	上海仪电科学仪器股份有限公司
行星式球磨机	XQM-0.4A	中国长沙天创粉磨技术有限公司
抗折抗压试验机	TYE-300D	无锡市建筑材料仪器机械厂

6.其他实验材料及试剂

其他实验材料及试剂包括超纯水(电阻率为 18.25 MΩ · cm)、硝酸(HNO_3)、硫酸(H_2SO_4)及氢氧化钠(NaOH)。

14.4　飞灰烧结材料实验测试方法

14.4.1　微观分析

采用 X' Pert PROX 多功能射线衍射仪分析获取原始飞灰、水洗飞灰及飞灰烧结体的物相组成,放射源采用 Cu - Kα(波长 $\lambda = 0.154\ 2$ nm),衍射角 $2\theta = 20° \sim 85°$;采用 JSM-5610LV 扫描电子显微镜(SEM)观察原始飞灰、水洗飞灰及飞灰烧结体的微观形貌;操作电压为 5 kV。

14.4.2　成分分析

利用 X 射线荧光光谱仪(XRF)分析原始飞灰、水洗飞灰及飞灰烧结体的主要成分、重金属含量的变化。

14.4.3　重金属浸出

重金属元素(Cr、Ni、Cd、Cu、Zn、Pb 等)质量浓度的测量采用电感耦合氩等离子体质谱仪 ICP-MS(美国 Thermo Fisher,XSREIES2)进行。本章采用两种重金属测试方法,实验中原始飞灰样品的重金属浓度测试主要根据《固体废物浸出毒性浸出方法醋酸缓冲溶液法》(HJT 300—2007)来进行。飞灰烧结体重金属的浸出采用《水泥胶砂中可浸出重金属的测定方法》(GB 30810—2014)中的方法。下述主要介绍飞灰烧结体的浸出步骤。

(1)制备 pH 调节液。将 100 mL 定量硫酸溶液缓慢加入 200 mL 超纯水中,再将 50 mL 定量硝酸溶液缓慢加入 100 mL 超纯水中,再将两份溶液分别冷却至室温后均匀混合。

(2)使用分析天平准确称取试样 1 g,精确至 0.01 g,置于 200 mL 烧杯中,加入 50 mL 超纯水,置于磁力搅拌器上匀速搅拌。用调试好的 pH 计测量烧杯中液体的 pH,通过胶头滴管滴加 pH 调节液,使烧杯中液体的 pH 保持在 7.0±0.5 并搅拌 2 h,记录 pH 调节液的消耗量 V_1。搅拌结束后静置 5 min,用中速定量滤纸过滤收集浸出液。用水清洗试样残渣 3 次,滤液并入浸出液。将滤膜上的试样残渣转移至烧杯中,加入 50 mL 水,置于磁力搅拌器上开始搅拌,并滴加 pH 调节液调节烧杯中的液体的 pH 至 3.2,保持液体的 pH 在 3.2±0.5 并搅拌 7 h,记录 pH 调节液的消耗量 V_2。搅拌结束后静置 5 min,用中速定量滤纸过滤收集浸出液。用水清洗试样残渣 3 次,滤液并入浸出液。

(3)将上述浸出液移入 1 个 200 mL 容量瓶混合后,用超纯水定容,待测。使用试样浸出液制备等量的 pH 调节液(V_1+V_2),不加试样,按照与试样浸出液相同的步骤,制备空白浸出液。

14.5　相关参数计算方法

14.5.1　飞灰含水率

飞灰含水率的计算公式为

$$\rho=\frac{M_0-M_1}{M_0}\times100\%\qquad(14.1)$$

式中:ρ 为飞灰含水率;M_0 为烘干前飞灰样品的质量(g);M_1 为烘干后飞灰样品的质量(g)。

14.5.2　水洗质量损耗及脱除率

水洗工艺的作用就是去除大量氯盐等可溶性物质。通过水洗质量损耗及水洗脱除率的计算可以推断出 Na、K、Cl 等可溶性物质及重金属的水洗脱除情况。有文献报道,水洗工艺

的改进和优化也可以使重金属去除。本实验中尽可能将重金属留在飞灰中,避免水洗液中
含有大量的重金属而导致二次污染。

为考察 Na、K、Cl 等可溶性物质及重金属的水洗脱除情况,质量损耗率 ε 及水洗脱除率
δ 的计算公式为

$$\varepsilon = \frac{M_1 - M_2}{M_1} \times 100\% \tag{14.2}$$

$$\delta = \frac{C_1 M_1 - C_2 M_2}{C_1 M_1} \times 100\% \tag{14.3}$$

式中:ε 为水洗质量损耗率;δ 为水洗脱除率;C_1 为水洗前飞灰中某元素的含量(mg/g);M_1
为水洗前飞灰样品的质量(g);M_2 为水洗后飞灰的质量(g);C_2 为水洗后飞灰中某元素的
含量(mg/g)。

14.5.3　飞灰烧失量及重金属固定率

飞灰烧失量及重金属的固定率是评价烧结工艺的主要指标,即将垃圾焚烧飞灰中的重
金属尽可能固定在烧结体内,避免高温烧结过程中重金属大量挥发所导致的二次污染。采
用飞灰烧失量 S 及重金属固定率 R 对各种重金属迁移到烧结体中的份额进行评估,烧失量
S 及固定率 R 的计算公式为

$$S = \frac{M_1 - M_2}{M_2} \times 100\% \tag{14.4}$$

$$R = \frac{C_2 \times M_2}{C_1 \times M_1} \times 100\% \tag{14.5}$$

式中:S 为烧失量;R 为固定率;C_1 为坯体中重金属含量($mg \cdot kg^{-1}$);C_2 为烧结体中重金属
含量($mg \cdot kg^{-1}$);M_1 为坯体质量(g);M_2 为烧结体质量(g)。

14.5.4　黑体辐射模型估计样品温度

电流烧结是通过马弗炉提供的外界环境温度及直流电源提供的温度场共同作用下的烧
结,由于焦耳热的产生,实际样品温度会随着电能功率耗散而大大高于炉温,假设输入的功
率全部转化为热,从而引起试样温度的上升,根据文献报道,可以用黑体辐射模型估算烧结
样品的实际温度。基于以下方程式计算,即

$$T_s = \left(T_f^4 + \frac{W}{A\varepsilon\sigma} \right)^{1/4} \tag{14.6}$$

式中:T_s 为实际样品温度(K);T_f 为炉体温度(K);W 为电源作用在样品上的功率(W);A 为
样品的总表面积,在本实验中为 7.97×10^{-4} m^2;ε 为发射率,本实验取 1;σ 为黑体辐射常
数,为 5.67×10^{-8} $W/(m^{-2} \cdot K^{-4})$。

14.5.5　抗压强度的测定

将要测量的试样利用角磨机及砂纸切割打磨成每个面都是平整六面体,为降低误差,每
种条件都会取三个平行试样进行抗压强度的测试。抗压强度为

$$P = \frac{F}{A} \tag{14.7}$$

式中:P 为抗压强度(MPa);F 为试样破坏的载荷值(MN);A 为试样接触面积(m^2)。

第15章 垃圾焚烧飞灰的变温电流烧结

15.1 变温电流烧结

鉴于我国垃圾焚烧飞灰的现状,如何采取适当的技术处理它们,并达到稳定化、无害化和资源化已成为当前亟待解决的问题。研究开发合适的处理技术,不仅能够缓解国内垃圾焚烧飞灰缺乏有效处置的现状,实现焚烧飞灰的无害化处理,而且可实现资源再利用。

电流烧结作为一种新型的烧结技术,具有烧结温度低、烧结时间短的巨大优势。自电流烧结技术开发以来,其已受到了科研工作者的广泛关注,并且他们就电流烧结应用于多种类型材料做了大量探索,但大多停留在烧结制备陶瓷等材料,而利用电流烧结处置垃圾飞灰未见有文章报道。本章研究飞灰的基本理化性质并制备不同氯盐含量的飞灰,采用垃圾飞灰烧结技术——变温电流烧结技术,即在外部持续加热的环境下,对飞灰样品施加 DC 直流电场进行快速烧结,使其能够在低温快速烧结固化重金属,达到无害化处理的目的。

15.2 飞灰的基本理化性质

15.2.1 飞灰的含水率

将一定质量的飞灰样品放入坩埚中,在 105 ℃下烘干至恒重,算出含水率为 2.8%。

15.2.2 飞灰的主要成分

由表 15.1 可以看出,垃圾焚烧飞灰的主要成分为 CaO、SiO_2、Al_2O_3、SO_3、K_2O、Na_2O、Cl 元素等,占总质量的 90%以上。其中 Ca 元素含量超过 40%,这是为减少烟气中酸性气体(如 SO_2、HCl 等)的排放,向烟气中喷钙造成的;Na、K、Cl 等可溶盐成分含量合计为 36.77%,其中 Cl 元素的含量达到 20%以上,这与焚烧过程中垃圾的组成(如废塑料、餐厨垃圾中含有的氯盐含量)有极大的关系。

表 15.1 垃圾焚烧飞灰的主要成分

成 分	CaO	SiO_2	Al_2O_3	Fe_2O_3	Cl 元素	K_2O	Na_2O	SO_3
质量分数/%	43.17	4.49	1.39	1.11	24.26	5.67	6.84	7.75

15.2.3　飞灰的主要物相结构

通过 XRD 测得垃圾焚烧飞灰的晶体组成如图 15.1 所示。

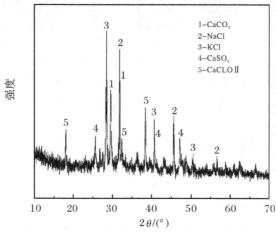

图 15.1　垃圾焚烧飞灰的 XRD 图谱

由图 15.1 可得,垃圾焚烧飞灰晶体组成主要为碳酸钙、氯化钠、氯化钾及硫酸钙等晶体。另外,XRD 图谱中没有含重金属的晶体颗粒,这可能是因为:Ca、K、Na、Cl 等元素质量分数较高,其化合物检测峰值大;而重金属质量分数很低,所以导致其化合物晶体检测强度的整体占比降低,导致峰形不明显。此外有研究表明,重金属也可能以一种复杂化合物的形式或一种无定形的形态存在。

15.2.4　飞灰的微观形貌

图 15.2 是垃圾焚烧飞灰分别放大 5 000 倍和 10 000 倍的电子扫描照片,形状大多为不规则的块状及片状,层层聚集在一起,形成的颗粒大小不均匀,形状各异。

(a)　　　　　　　　　　　　　　(b)

图 15.2　垃圾焚烧飞灰的 SEM 图谱

15.2.5　飞灰的重金属特性

飞灰中的重金属成分见表 15.2,可以看到飞灰中重金属含量大小依次为 Zn＞Cr＞Pb＞Cu＞Cd＞Ni。

表 15.2　飞灰中重金属的含量

单位:mg·kg^{-1}

Cr	Ni	Cd	Cu	Zn	Pb
3 620	69	530	920	6 191	1 223

飞灰中重金属浸出特性见表 15.3,由表可以看出,Cd 和 Pb 的浸出浓度远大于《生活垃圾填埋场控制标准》(GB 16889—2008)中规定的浸出液污染物浓度限值,因此必须对飞灰进行无害化处理,使其重金属浸出减少,之后再通过工艺改进对其进行资源化利用。

表 15.3　飞灰重金属浸出浓度

单位:μg/L

重金属	Cr	Ni	Cd	Cu	Zn	Pb
浸出浓度	248	120	1 820	6 860	2 400	1 850
浸出浓度限值	4 500	500	150	40 000	100 000	250

15.3　不同氯盐含量飞灰的制备

15.3.1　水洗预处理

水洗实验在恒温水平搅拌器中进行,水洗飞灰粉体通过抽滤或者离心工艺进行固液分离再烘干后得到。本实验采取"磁力搅拌＋抽滤"的方法,其特点是简单快捷,可以一次性处理大量飞灰样品。为了有效降低飞灰中氯盐含量,采用飞灰粉体与去离子水固液比为1∶8、室温磁力搅拌 10 min 的水洗工艺,静置后通过抽滤机及布氏漏斗和定性滤纸进行抽滤,将飞灰滤饼于 105 ℃下烘干至恒重,并将飞灰过 110 目标准筛后装袋封存备用。

表 15.4 表示在固液比为 1∶8、搅拌时间为 10 min 水洗工艺条件下,飞灰质量损失及可溶盐的脱除率的变化。可以看到:水洗预处理后飞灰质量损失为 41%,表明飞灰中可溶性盐含量非常高;Na、K 及 Cl 离子的洗脱率分别为 92.15%、92.51%、91.90%,大量的氯盐都被转移到水洗滤液。由此可见,在此工艺条件下,水洗飞灰预处理可以将原始飞灰大部分可溶性盐类被脱去。此外,对高氯盐含量的水洗滤液,一般通过蒸发结晶达到回收利用水资源和提纯盐类化合物的目的。

表 15.4　飞灰中可溶盐的脱除率

灰　样	质量/g	Na		K		Cl	
		含量/%	脱除率/%	含量/%	脱除率/%	含量/%	脱除率/%
原始飞灰	20	6.84	0	5.67	0	24.26	0
水洗飞灰	11.8	0.91	92.15	0.72	92.51	3.33	91.90

表 15.5 表示在固液比为 1∶8、搅拌时间为 10 min 水洗工艺条件下,飞灰重金属脱除率的变化。可以发现,部分重金属 Pb 被转移到水洗液中,其他重金属在此工艺条件下均

固定。

表 15.5　飞灰中重金属的脱除率

元素	Cr	Ni	Cd	Cu	Zn	Pb
洗脱率/%			均固定			7.32

通过 XRD 测得水洗飞灰的晶体组成如图 15.3 所示。分析图谱可知,水洗处理后飞灰晶体组成主要为 $CaCO_3$、$CaSO_4$、SiO_2、$Ca(OH)_2$,NaCl 及 KCl 转移到水洗滤液中,这与 XRF 测试结果一致。同时,并未发现重金属相关峰。

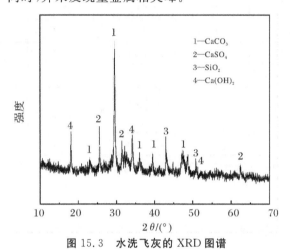

图 15.3　水洗飞灰的 XRD 图谱

图 15.4 所示为垃圾焚烧飞灰水洗后的微观形貌图。由图可以看出,水洗后飞灰颗粒由不规则形状转变为较为规整的形状,并且原先附着在飞灰表面的一些晶体物质在水洗灰表面没有体现,这表明经水洗预处理后飞灰中的大部分可溶性盐类被脱去。

(a)　　　　　　　　　　(b)

图 15.4　水洗飞灰的微观形貌图

15.3.2　不同氯盐含量飞灰的制备

为制备不同氯盐含量的飞灰粉体,本书将原始飞灰与水洗飞灰按照一定的比例进行掺杂。采用干磨工艺进行球磨,每次锆珠和飞灰混合物质量比为 3∶1,球磨时间为 5 min,球磨速度为 300 r/min。球磨后将配比飞灰样品过 110 目标准筛,于 105 ℃下干燥 2 h 后放入装袋封存备用。球磨的目的是制备不同氯盐含量的飞灰粉体,并且保证样品中氯盐含量的均匀性。表 15.6 显示了不同氯盐含量飞灰的主要成分。可以看到,原始飞灰中 Ca、Si、Al、Mg 等不易水洗的物质含量合计达到 50% 以上。与原始飞灰相比,水洗飞灰中 Ca、Si、Al、Mg 等物质含量合计接近 80%,Cl 含量明显下降,占比不足 5%。通过配比调节飞灰中氯盐含量,分别制备了 3.33% ~ 24.26% 的飞灰粉体,研究不同氯盐含量对电流烧结实验的影响。

表 15.6　飞灰的主要成分

单位:%

化学组成	FA	2:8	5:5	7:3	9:1	WFA
CaO	43.17	46.53	51.90	54.59	57.95	59.96
SiO_2	4.49	7.91	6.71	7.39	8.21	8.76
Al_2O_3	1.39	2.17	1.89	2.05	2.24	2.36
Fe_2O_3	1.11	2.16	1.82	2.00	2.27	2.42
MgO	2.88	5.31	4.46	4.94	5.55	5.92
Cl	24.26	20.07	14.80	9.83	5.12	3.33

注:FA 为原始飞灰;WFA 为水洗飞灰;配比(质量)为水洗飞灰:原始飞灰。

15.4　变温电流烧结实验过程

按照第 14.2 节工艺流程,将飞灰压制成飞灰坯体,对飞灰坯体涂抹碳浆烘干后,置于烧结设备中,即在两碳化硅电极之间,确保电极与样品接触完好。使用两根铜丝作为导线,连接硅碳棒电极,并与 DC 直流电源连接,使之成为一个闭合回路,如图 14.3 的电场烧结示意图。

本实验采用恒定升温速率 8 ℃/min 升温直至达到电流烧结阈值。当马弗炉升温至 200 ℃ 后,开启电源对样品施加电场,直至电流烧结现象的发生,烧结过程温度曲线如图 15.5 所示。在电流烧结结束后关闭电源系统和管式炉加热系统,样品随炉冷却。本章中采用的电流烧结实验参数见表 15.7。

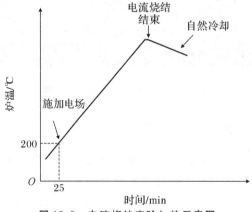

图 15.5　电流烧结实验加热示意图

表 15.7 电流烧结实验参数

序号	电场强度/(V·cm^{-1})	飞灰	电流/mA	烧结时间/min
1	300	FA	500	5
2	400	FA	500	5
3	450	FA	500	5
4	500	FA	500	5
6	400	2∶8	500	5
7	400	5∶5	500	5
8	400	7∶3	500	5
9	400	9∶1	500	5
10	400	WFA	500	5

按照上述参数进行实验，对样品进行物相成分（XRD）和微观形貌（SEM）分析；采用电感耦合等离子质谱仪（ICP-MS）测量烧结体的重金属浸出浓度。

15.5 变温电流烧结结果讨论

15.5.1 电场强度对电流烧结起始温度的影响

图 15.6(a)所示为在不同直流电场强度下，垃圾飞灰的电流密度随炉温的变化。由图可知，当达到电流烧结阈值时，电流密度迅速增加到预设的极限值。研究表明，当炉温达到烧结阈值时，电导率会迅速增加，导致流过试样的电流迅速增加。因此，在烧结垃圾飞灰的过程中也观察到了电流密度的快速增加。在电场强度分别为 300 V/cm、400 V/cm、450 V/cm 和500 V/cm时，试样的起始电流烧结温度分别为 446 ℃、420 ℃、408 ℃和 400 ℃。研究表明，电流烧结的起始温度随着电场强度的增加而降低，如图 15.6(b)所示。

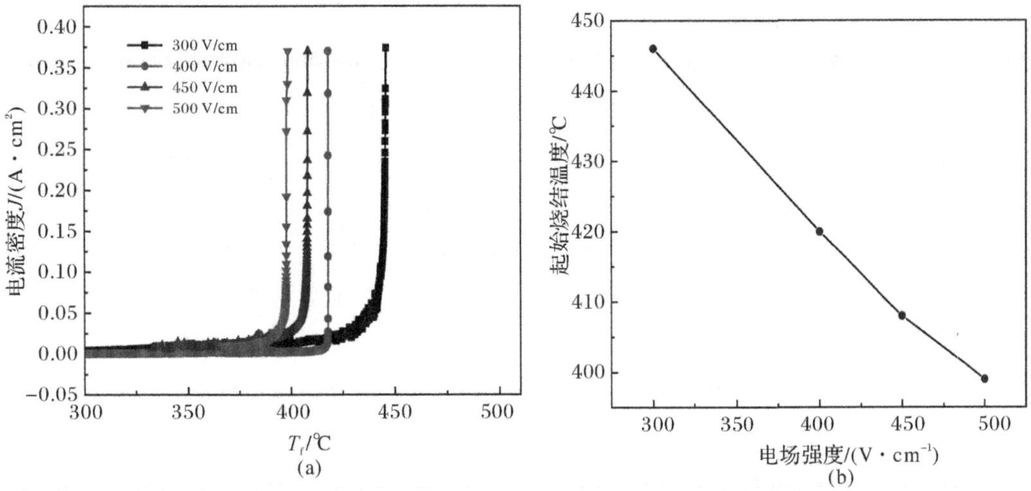

图 15.6 不同电场强度下飞灰样品的电流密度与炉温的关系以及电场强度与电流烧结起始温度的关系

15.5.2 电场强度对电流烧结过程的影响

图 15.7 显示了施加不同的电场强度,飞灰样品烧结时电场强度随时间的变化,其中以发生电流烧结时记为 0 s。从图可以看出,不同的电场强度在第一阶段电流烧结发生前均保持不变,电源属于稳压状态,而在发生电流烧结时,电场强度开始大幅下降,之后在第三阶段电场强度趋于稳定,这与文献报道是一致的。此外,我们注意到在 300 V/cm、400 V/cm、450 V/cm、500 V/cm电场强度下,发生电流烧结 30 s 后达到稳定阶段时电场强度都稳定在 43～45 V/cm。因此,电流密度一定时,改变电场强度,电流烧结样品达到稳定阶段时的电场强度是一定的,这与文献报道一致。

图 15.8 显示了施加不同的电场强度,飞灰烧结时电流密度随时间的变化曲线图。不同的电场强度下电流密度在第一阶段电流烧结发生前缓慢增加,而在发生电流烧结时,电流密度递增,电源由稳压状态转换为稳流状态,之后在第三阶段电流密度趋于稳定。因此,改变电场强度,电流密度的变化趋势是一定的。

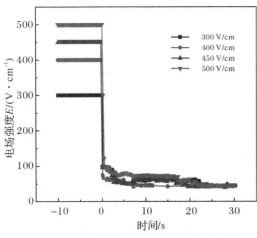 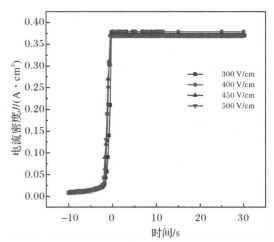

图 15.7 飞灰样品的电场强度与时间关系图　　图 15.8 飞灰样品的电流密度与时间关系图

图 15.9 显示了施加不同的电场强度,飞灰烧结时功率耗散随时间的变化曲线。据已有文献报道及前面研究可知,在发生电流烧结时,样品中的电流会突然增加到预设的电流极限值,同时直流电源施加在样品上功率的消耗也瞬时上升到有限的最大值,电源系统由稳压状态切换到稳流状态。进而,功耗在短时间内下降至稳定值。在不同电场强度下均可以观察到,存在一个宽度为 2 s 左右的尖峰,功率耗散达到最大值,随后功耗下降至稳定状态。通过计算可知,在电场强度为 300 V/cm、400 V/cm、450 V/cm、500 V/cm 时,最高功率耗散分别为 111 mW/mm³、148 mW/mm³、167 mW/mm³、185 mW/mm³,稳态下的功耗分别约为 15.91 mW/mm³、16.65 mW/mm³、17.02 mW/mm³、17.39 mW/mm³。可知,在设定电流恒定时,不同的电场强度显著影响电流烧结时的功耗峰值大小,在第三阶段即稳定阶段时功耗大小相差不大。

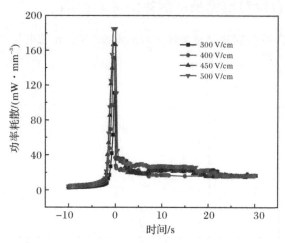

图 15.9　功率耗散随时间变化的关系曲线图

15.5.3　电场强度对样品温度的影响

依据第 14 章中介绍的黑体辐射模型,图 15.10 所示为施加不同的电场强度,飞灰样品温度随时间的变化曲线。对比功率耗散随时间变化的曲线可知,样品温度随时间的变化与功率变化曲线具有相同的趋势,样品在发生电流烧结的瞬间,即电源系统由稳压状态切换到稳流状态,也存在一个温度峰值。

由图 15.10 可以看出:在 300 V/cm、400 V/cm、450 V/cm、500 V/cm 电场强度下,样品温度峰值分别 1 185 ℃、1 285 ℃、1 329 ℃、1 370 ℃;当电流烧结处于稳定阶段时,样品的温度在 690 ℃左右。样品的温度远远高于炉温,当电场强度为 500 V/cm 时,飞灰电流烧结的起始炉温只有 400 ℃,当稳态阶段时样品的温度在 690 ℃,而电流烧结瞬间温度峰值在 1 370 ℃,样品的加热速率高达 10^4 ℃/min,从而导致飞灰样品迅速致密化。

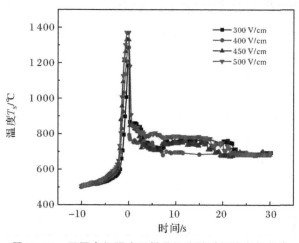

图 15.10　不同电场强度下样品温度随时间的变化曲线

15.5.4 氯盐含量对电流烧结起始炉温的影响

图 15.11 所示为在不同氯盐含量条件下,施加 400 V/cm 的电场,飞灰样品烧结时电流密度随炉温的变化。

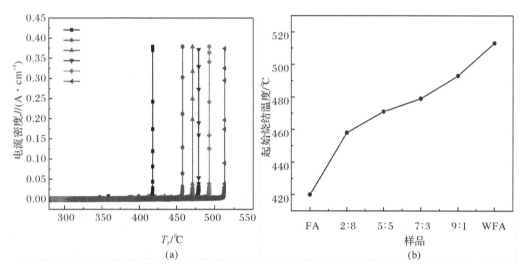

图 15.11　不同氯盐含量下飞灰样品的电流密度与炉温的关系以及
氯盐含量飞灰与起始电流烧结温度的关系

由图 15.11 可知,当达到样品电流烧结阈值时,电流密度迅速增加到预设的极限值。在 400 V/cm 的恒定电场下,FA、2:8、5:5、7:3、9:1 及 WFA 的试样起始电流烧结温度分别为 420 ℃、458 ℃、471 ℃、479 ℃、493 ℃ 和 513 ℃。由此可见,飞灰中的氯离子有助于飞灰进行快速烧结。Skrifvars 等人 研究指出,在低温情况下,氯盐是使燃煤飞灰产生液相烧结的主要物质。

15.5.5 氯盐含量对电流烧结过程的影响

图 15.12 显示了在不同氯盐含量条件下,在试样上施加 400 V/cm 的电场,飞灰样品烧结时电场强度随时间的变化图。当达到样品电流烧结阈值时,电场强度会迅速下降直至稳态。在 400 V/cm 的恒定电场下,FA、2:8、5:5、7:3、9:1 及 WFA 的试样稳态阶段的电场强度分别为 45 V/cm、56 V/cm、64 V/cm、79 V/cm、85 V/cm 和 101 V/cm,飞灰中氯盐含量的减少,使得飞灰达到稳态阶段时的电场强度变大。

图 15.13 显示了在电流烧结过程中不同氯盐含量飞灰的功率耗散随时间的变化曲线。在不同氯盐含量下,均可以观察到一个宽度为 2 s 左右的尖峰,功率耗散达到最大值,随后稳态功耗下降至稳定状态。通过计算可知,FA、2:8、5:5、7:3、9:1 及 WFA 飞灰,稳态下的功耗分别约为 16.65 mW/mm³、21.21 mW/mm³、24.21 mW/mm³、29.33 mW/mm³、32.20 mW/mm³、37.76 mW/mm³。可知,在恒定电场强度及电流密度下,飞灰样品的氯盐含量显著影响稳态阶段功耗值的大小。

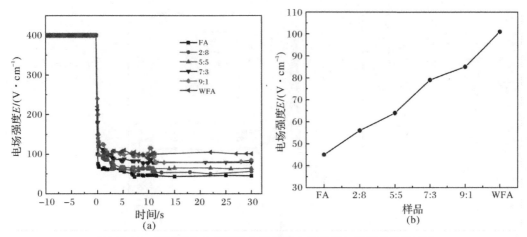

图 15.12　不同氯盐含量下飞灰样品的电场强度与时间的关系以及
氯盐含量飞灰与电场强度的关系

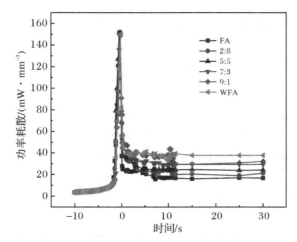

图 15.13　不同氯盐含量飞灰功率耗散随时间变化的关系曲线图

15.5.6　氯盐含量对样品温度的影响

图 15.14 所示为在电流烧结过程中不同氯盐含量飞灰的估计样品温度随时间的变化曲线。以样品发生电流烧结前 10 s 为起点,施加 400 V/cm 的电场强度,设定电流大小均为 500 mA。

对比不同氯盐含量下功率耗散随时间变化的曲线可知,样品估计温度随时间的变化与功耗变化曲线具有相同的趋势,样品在发生电流烧结的瞬间,即电源系统由稳压状态切换到稳流状态,也存在一个温度峰值。

由图 15.14 可以看出,FA、2∶8、5∶5、7∶3、9∶1 及 WFA 飞灰样品温度峰值相差不大,稳定在 1 290 ℃。当电流烧结处于稳定阶段时,样品的温度分别为 692 ℃、750 ℃、781 ℃、823 ℃、84 7 ℃、889 ℃。此时样品的温度一方面来自炉温持续提供的外界环境能量,另一方面来自电流烧结时功率耗散提供的焦耳热,所以样品温度远高于炉温。

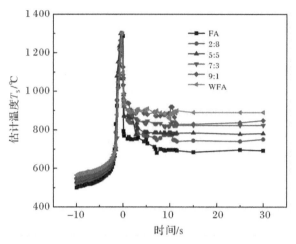

图 15.14　不同氯盐含量下样品估计温度随时间的变化曲线

15.6　烧结体微观结构分析

图 15.15(a)(b)所示为 FA 及 WFA 在 400 V/cm、500 mA 条件下得到的烧结体的 XRD 图谱。

由图 15.15(a)可以看到,FA 烧结体中还存在着可溶性氯盐,烧结时一部分氯离子进入硅酸盐晶格,与硫酸盐、硅铝酸盐一同生成阿里尼特晶体,并且有硅酸二钙及硅酸三钙生成。从图 15.15(b)可以看到,WFA 烧结体中也有硅酸二钙、硅酸三钙及铝酸钙生成,因为水洗灰中氯离子含量较少,未有阿里尼特晶体生成。此外,CaO 峰强较高,分析原因为 WFA 水洗脱氯导致其原料 CaO 含量变大。

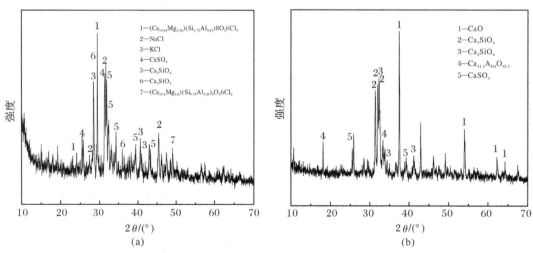

图 15.15　**FA 及 WFA 烧结体 XRD 图谱**

图 15.16(a)(b)所示分别为 FA 及 WFA 在 400 V/cm 电场、500 mA 电流时得到的烧结体的 SEM 图。由图可知,飞灰烧结体已完全烧结致密。

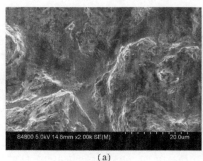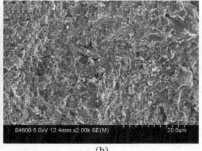

(a)　　　　　　　　　　　　(b)

图 15.16　FA 及 WFA 烧结体 SEM 图

15.7　烧结体的重金属特性

表 15.8 显示了在 400 V/cm 电场、500 mA 电流时飞灰烧结后块体的重金属浸出结果,发现飞灰烧结体的重金属浸出均达到浸出标准。

表 3.8　飞灰烧结体重金属浸出结果

单位:$\mu g \cdot L^{-1}$

	Cr	Ni	Cd	Cu	Zn	Pb
FA	3.3	56.8	100.5	5.6	1 258.4	6.8
WFA	85.8	23.9	20.4	12.7	39.9	8.8
GB 16689—2008	4 500	500	150	40 000	100 000	250

分析原因:在外电场的作用下样品产生大量的焦耳热,使得样品实际温度高于炉温,并且样品的加热速率高达 10^4 ℃/min,飞灰迅速致密化,并将飞灰中重金属固定在致密的 Si-O 晶格中,大大减少了重金属的浸出。

此外,当电流烧结发生时可观察到样品有强烈的发光现象,如图 15.17 所示。在施加外加直流电场条件下,电源关闭,样品发光现象消失,一旦电源打开,样品发光现象再次出现。研究表明,此发光现象与外加电场/电流有关,为电致发光效应。Terauds 等人在研究 3YSZ 实验中推知样品发光现象与电子-空穴对缺陷的重组有关。Raj 等人认为样品在施加的电场下会形成空位和间隙缺陷。在电场的作用下,在材料内部实现阴阳离子空位间隙对的形核,其携带相反的电荷,会导致电子-空穴对缺陷的形成。因此,在垃圾飞灰的电流烧结过程中也形成了空位和间隙缺陷,从而促进飞灰烧结,有助于固化重金属。

图 15.17　电流烧结过程中样品的发光现象

15.8 变温电流烧结小结

本章主要介绍了飞灰的理化性质以及水洗处理对飞灰的影响,并分析了电场强度及氯盐含量飞灰对电流烧结起始炉温及电流烧结过程的影响,同时对烧结体微观结构及重金属浸出进行了表征,得出以下结论:

(1)飞灰形状大多为不规则的块状及片状,其主要成分为 CaO、SiO_2、Al_2O_3、SO_3、K_2O、Na_2O、Cl 等,占总质量的 90% 以上,并且飞灰中 Cd 和 Pb 的浸出浓度均远大于规定的浓度限值,需进行无害化处理。

(2)在固液比为 1:8、搅拌时间为 10 min 的水洗工艺条件下处理后飞灰质量损失为 41%,Na、K 及 Cl 离子的洗脱率分别为 92.15%、92.51%、91.90%,大量的氯盐都被转移到水洗滤液中,只有少部分重金属 Pb 被转移。

(3)电流烧结起始温度受到外加电场及飞灰中氯盐含量的影响。电流烧结的起始温度随着电场强度的增加及氯盐含量的增大而降低,在电场强度为 300~500 V/cm 时,试样的电流烧结起始温度为 446~400 ℃。FA、2:8、5:5、7:3、9:1 及 WFA 的电流烧结起始温度为 420 ℃、458 ℃、471 ℃、479 ℃、493 ℃和 513 ℃。

(4)当达到电流烧结阈值时,飞灰样品发生电流烧结,样品的功率损耗激增至最大值,然后随着电源从电压控制切换到电流控制而下降至稳定状态。同时,电流烧结时功率耗散提供的焦耳热,使样品温度急剧升高并远高于炉温,导致样品快速致密化。

(5)在 400 V/cm 电场强度、500 mA 电流下,FA 及 WFA 烧结体的重金属浸出均满足要求,其中焦耳热效应及缺陷作用理论导致其低温快速固化重金属。

第16章 垃圾焚烧飞灰的等温电流烧结

16.1 等温电流烧结

一般在变温电流烧结中,样品烧结需要从室温以恒定加热速率升温至触发电流烧结的阀值炉温,即需要一定的孕育时间。电流烧结实验的另一种方法是等温电流烧结实验,在这种情况下,炉子保持恒温。一旦电源接通,电流流过试样。从文献中可知,采用等温电流烧结,通常在几秒内进入电流烧结,并完成烧结。本章对飞灰进行等温电流烧结实验,研究氯盐含量、添加剂、设定电流对飞灰等温电流烧结过程的影响,并且对烧结体的浸出特性、微观结构及性能进行探讨。

16.2 等温电流烧结实验过程

按照第14.2节工艺流程将飞灰压制成飞灰坯体,将飞灰坯体涂抹碳浆烘干后,置于烧结设备中,即在两碳化硅电极之间,确保电极与样品接触完好。使用两根铜丝作为导线,连接硅碳棒电极,并与DC直流电源连接,使之成为一个闭合回路,如图14.2的电场烧结示意图所示。

当马弗炉升温至设定值并保温2 min后,开启电源对样品施加电场,直至电流烧结现象的发生。在电流烧结结束后,关闭电源系统和管式炉加热系统,样品随炉冷却。图16.1所示为600 ℃炉温下烧结温度时间曲线。

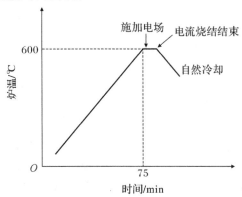

图16.1 600 ℃炉温下电流烧结实验加热示意图

16.3 含氯盐飞灰电流烧结

16.3.1 氯盐含量对飞灰电流烧结过程的影响

在实验中,对样品施加恒定的初始电场强度,发生飞灰电流烧结的起始温度与电场强度及样品氯盐含量有关。此外,据文献报道,在变温电流烧结和等温电流烧结实验中,电场强度的变化对稳态功耗基本没有影响。因此,预设直流电源施加 400 V/cm 的电场强度、500 mA电流。在炉温升高至 600 ℃、800 ℃及 1 000 ℃时,再打开电源。这时,电源系统立即切换至稳流状态,电流增大至预设的最大值并保持恒定至实验结束。采用的电流烧结实验参数见表 16.1。

表 16.1 电流烧结实验参数表

配比(水洗灰与原灰比)	电场强度/(V·cm⁻¹)	炉温/℃	添加剂用量/%	设定电流/mA	保温时间/min	压强/MPa
2∶8	400	600	0	500	5	80
5∶5	400	600	0	500	5	80
7∶3	400	600	0	500	5	80
2∶8	400	800	0	500	5	80
2∶8	400	1 000	0	500	5	80
5∶5	400	800	0	500	5	80
5∶5	400	1 000	0	500	5	80
7∶3	400	800	0	500	5	80
7∶3	400	1 000	0	500	5	80
7∶3	400	600	0	900	10	80
7∶3	400	600	5	900	10	80
7∶3	400	600	7	900	10	80
7∶3	400	600	10	900	10	80
7∶3	400	600	5	900	10	80
7∶3	400	600	5	500	10	80
7∶3	400	600	5	700	10	80
7∶3	400	600	5	1 100	10	80
7∶3	400	600	5	900	6	80
7∶3	400	600	5	900	8	80
7∶3	400	600	5	900	12	80
7∶3	400	800	5	700	10	80
7∶3	400	800	5	900	10	80
7∶3	400	600	5	900	10	40
7∶3	400	600	5	900	10	60
7∶3	400	600	5	900	10	110

按照上述参数进行实验,烧结后样品经磨平处理后,进行抗压强度测试;对性能较好样品进行物相成分(XRD)和微观形貌(SEM)测试分析;用电感耦合等离子质谱仪(ICP-MS)方法测量烧结体的重金属浸出浓度。

图 16.2 所示为在 600 ℃炉温下,施加电场强度 400 V/cm,电流设定 500 mA,不同氯盐含量飞灰样品 30 s 内电场强度的变化。

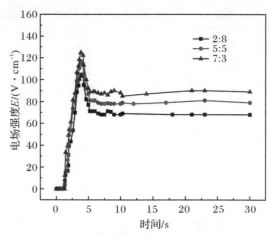

图 16.2　不同氯盐含量下飞灰样品的电场强度与时间的关系

把发生电流烧结时记为 0 s。可以看到,与变温电流烧结实验所观察到的电场强度变化不同的是,当发生等温电流烧结时,电源从稳压状态迅速转换到稳流状态,电场强度先增大后减小,逐步趋向稳定。

图 16.3 所示为不同含盐量飞灰样品 30 s 内功率耗散的变化。在 3 个配比下,均可观察到存在一个宽度约为 2 s 的尖峰,随后功耗逐步下降至稳定状态。计算可知,配比为 2∶8、5∶5、7∶3 的飞灰样品,其峰值功耗有了较大程度的下降,功耗峰值的降低利于电流烧结样品受热均匀。此外,相较于变温烧结,等温烧结稳态功耗有所降低,稳态下的功耗分别约为 19.71 mW/mm³、23.32 mW/mm³、25.51 mW/mm³。相较于变温电流烧结,在 600 ℃炉温下施加电场进行等温电流烧结,避免了焦耳热及持续炉温的升高对样品受热的影响,有利于样品均匀烧结。此外,不同的氯盐含量显著影响烧结时的功耗峰值大小和在稳定阶段时功耗(即稳态功耗)大小。随着氯盐含量的逐渐降低,峰值功耗及稳态功耗逐步升高。值得注意的是,稳态功耗的大小体现了烧结飞灰成本的高低。

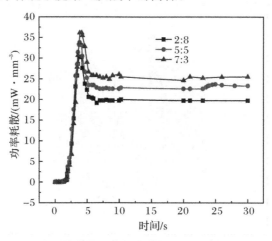

图 16.3　不同氯盐含量下飞灰功率耗散随时间变化的关系曲线

16.3.2　氯盐含量对电流烧结样品温度的影响

图 16.4 显示了在 600℃炉温下，不同氯盐含量飞灰样品估计温度的变化。

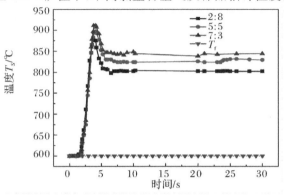

图 16.4　不同氯盐含量下样品温度随时间的变化曲线

由图 16.4 可以看出，2∶8、5∶5、7∶3飞灰样品温度峰值分别为 876℃、897℃、912℃，当电流烧结处于稳定阶段时，样品的温度分别为 802 ℃、829 ℃、843 ℃。相比于变温电流烧结实验，对应样品峰值温度大幅下降，这是因为炉温的升高使得等温电流烧结时电场强度峰值降低，进而影响样品的峰值温度，并且等温电流烧结时稳定阶段样品估计温度比变温电流烧结时要高，稳态功耗比变温电流烧结时要低，这可能与外加环境温度即炉温的升高相关，此时固相烧结方式也为样品烧结提供了驱动力，降低了样品因外加电场产生的焦耳热。这说明，当提高来自外加环境的能量时，可以使电源对飞灰产生的焦耳热降低。值得注意的是，此时样品的温度仍然高于炉温。

图 16.5 所示为不同炉温下不同氯盐含量飞灰样品功率耗散的变化。氯盐含量恒定，随着炉温的升高，稳态功耗逐渐降低。如 2∶8飞灰样品在 600 ℃、800 ℃ 及 1 000 ℃，稳态功耗分别为 19.71 mW/mm³、18.84 mW/mm³ 及 14.49 mW/mm³，说明在飞灰中氯盐含量恒定时，起始炉温的变化会影响飞灰烧结时稳态功耗的大小。在 1 000 ℃时，2∶8、5∶5、7∶3的不同配比飞灰样品下，稳态下的功耗分别约为 14.49 mW/mm³、15.94 mW/mm³、19.62 mW/mm³，由图 16.3可知，对于飞灰烧结，本试验再次验证了炉温的升高会降低飞灰电流烧结时的稳态功耗。

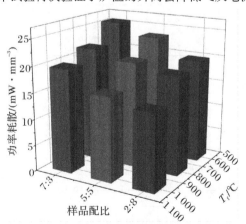

图 16.5　稳态功耗变化的关系图

16.3.3　氯盐含量对烧结体性能的影响

选取 2∶8、5∶5、7∶3 飞灰样品在 600 ℃炉温、电场强度 400 V/cm、电流 500 mA 条件下进行电流烧结实验,研究了不同氯盐含量对飞灰烧结体抗压强度的影响,得到了氯盐含量与烧结体抗压强度的关系,见表 16.2。

表 16.2　不同氯盐含量下的烧结体抗压强度

配比组成	2∶8	5∶5	7∶3
抗压强度/MPa	10.3	10.9	11.4

由表 16.2 可以看出,在一定的氯盐配比范围(9.83%～20.7%)内,降低氯盐含量可以提高烧结体的抗压强度。Kung-Yuh Chiang 等人指出,烧结过程中氯盐的大量挥发会直接影响到烧结产物的致密化过程和材料性能。

16.4　粉煤灰对飞灰电流烧结的影响

16.4.1　粉煤灰对飞灰电流烧结过程的影响

选取配比为 7∶3 的飞灰,掺杂 0%、5%、7% 及 10% 粉煤灰。值得注意的是,为了降低氯盐含量的影响,掺杂的粉煤灰取代的是水洗飞灰的占比,原始飞灰占比是一定的。在 600 ℃炉温下,电场强度为 400 V/cm、电流设定为 900 mA 时进行电流烧结实验,研究不同含量粉煤灰对飞灰烧结时功耗的影响,如图 16.6 所示。

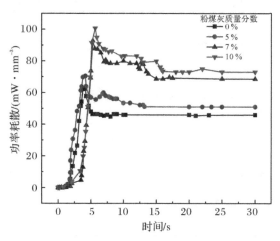

图 16.6　不同粉煤灰含量的飞灰功率耗散随时间变化的关系图

计算整理得到,分别掺杂 0%、5%、7% 及 10% 粉煤灰的飞灰样品,稳态功耗随着粉煤灰掺杂量的增大逐渐升高,分别为 45.91 mW/mm³、51.23 mW/mm³、68.60 mW/mm³、72.95 mW/mm³。此外,我们发现,随着粉煤灰掺杂量的增大,样品达到稳态功耗的时间变长,烧结所需要的能耗变多。

16.4.2 粉煤灰对飞灰电流烧结样品温度的影响

图 16.7 所示为在 600 ℃ 炉温下,不同粉煤灰含量飞灰样品温度的变化。计算整理得到,掺杂 0%、5%、7% 及 10% 粉煤灰的飞灰样品温度峰值分别为 1 040 ℃、1 073 ℃、1 153 ℃、1 178 ℃。当电流烧结处于稳定阶段时,样品的温度分别为 963 ℃、990 ℃、1 065 ℃、1 082 ℃。可知,粉煤灰的含量影响飞灰烧结样品时的温度高低。

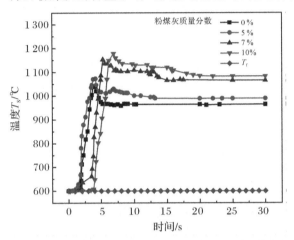

图 16.7　不同粉煤灰含量下样品温度随时间的变化曲线

16.4.3 粉煤灰对烧结体性能的影响

图 16.8 所示为不同含量粉煤灰对飞灰烧结体抗压强度的影响,得到粉煤灰含量与烧结体抗压强度的关系。

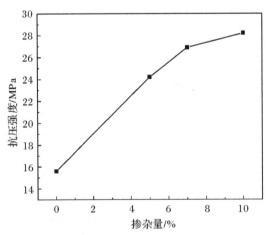

图 16.8　粉煤灰含量与烧结体抗压强度的关系

由图 16.8 可以看出,粉煤灰含量显著影响飞灰烧结后试块的抗压强度。掺杂 0%、5%、7% 及 10% 的粉煤灰,烧结体抗压强度随着粉煤灰掺杂量的增大逐渐升高。不掺杂粉煤灰飞灰烧结块体的抗压强度为 15.60 MPa,掺杂 5% 粉煤灰飞灰烧结块体的抗压强度为

24.27 MPa,可见掺杂粉煤灰后,烧结后试块的抗压强度有显著的提升,添加粉煤灰使飞灰中的 SiO$_2$ 含量增多,高温下易于生成硅酸盐矿物,利于提高烧结体抗压强度。齐一谨等人采用粉煤灰和脱硫石膏对生活垃圾焚烧飞灰进行掺杂配比,发现粉煤灰掺加比为 60%、配比飞灰为 40%、球磨频率为 30 Hz、球磨时间为 2 h、养护温度为 60 ℃ 的条件下,固化 28 d,固化体抗压强度达到 22.3 MPa。

16.5　电流设定对飞灰电流烧结的影响

16.5.1　设定电流对飞灰电流烧结过程的影响

以配比 7∶3、掺杂 5% 粉煤灰为例,在 600 ℃ 炉温下,施加 400 V/cm 的恒定电场,预设的最大电流分别设定为 500 mA、700 mA、900 mA 及 1 100 mA,30 s 的功率耗散变化如图16.9 所示。

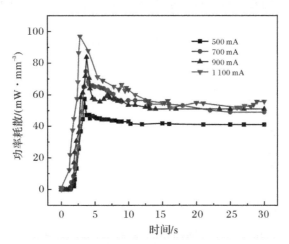

图 16.9　不同设定电流飞灰功率耗散随时间变化的关系图

计算整理得到在设定电流为 500 mA、700 mA、900 mA 及 1 100 mA 时,稳态功耗随着设定电流的升高而逐渐升高,分别为 41.01 mW/mm^3、49.79 mW/mm^3、51.23 mW/mm^{3}及 55.70 mW/mm^3,设定电流会显著影响飞灰烧结时的稳态功耗,这与大多文献中报道的一致。

16.5.2　设定电流对飞灰电流烧结样品温度的影响

图 16.10 所示为在设定电流为 500 mA、700 mA、900 mA 及 1 100 mA 时,样品温度的变化曲线。计算整理得到飞灰样品温度峰值分别为 1 018 ℃、1 089 ℃、1 122 ℃、1 166 ℃。当电流烧结处于稳态阶段时,样品的温度分别为 938 ℃、979 ℃、990 ℃、1 015 ℃。可知,设定电流大小显著影响飞灰烧结时样品温度的高低。

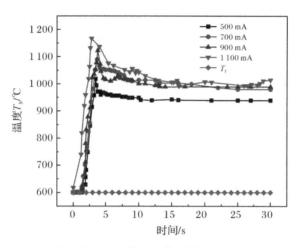

图 16.10　不同设定电流下样品计算所得温度随时间的变化曲线

16.5.3　设定电流对烧结体性能的影响

图 16.11 所示为不同电流对飞灰烧结体抗压强度的影响,得到了设定电流与烧结体抗压强度的关系。

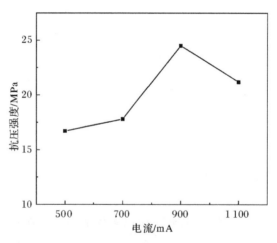

图 16.11　设定电流与烧结体抗压强度的关系

由图 16.11 可以看出,600 ℃炉温下,在设定电流 500 mA、700 mA、900 mA 下进行电流烧结,飞灰烧结试块抗压强度随着电流的增大逐渐提高,从 16.72 MPa 提升到 24.57 MPa。通过图 16.9 可知:焦耳热瞬时产生的功耗使得样品内部产生大量的热量,促进了试块内部固体颗粒重排,形成了更紧密的结合。此外,烧结过程中试样部分成分熔融形成液相,有助于强化烧结,一定范围内的电流升高使这种作用加强。不同炉温及电流下的峰值功耗、稳态温度及抗压强度见表 16.3。对比 1、2 号样品可知,当电流为 1 100 mA 时,飞灰烧结试块抗压强度反而降低。2 号及 3 号烧结体稳态时温度是一致的,综合考虑,可能瞬时产生的峰值功耗过高,易发生介电击穿使得样品形成优先导通路径,产生局部烧结的现象,从而影响整体抗压强度。与此同时,由前述内容可知,炉温的升高可以降低稳态功耗,对比后发现 4 号样品的抗压强度有了明显的降低,一方面因为温度已达到过烧,另一方面可能因为电流烧结过程中其他机理发生作用。值得注意的是,在等温电流烧结中也发现发光现象,这可由缺陷理论解释,值得进一步探究。

表 16.3 不同炉温及电流下峰值功耗、稳态温度及抗压强度

序 号	设定电流 mA	炉温 ℃	峰值功耗 mW·mm^{-3}	稳态功耗 mW·mm^{-3}	稳态温度 ℃	抗压强度 MPa
1	900	600	83.77	51.23	990	24.57
2	1 100	600	96.97	55.70	1 015	15.90
3	700	800	60.33	38.55	1 020	19.50
4	900	800	69.80	44.87	1 048	13.19

16.6 烧结时间及压强对烧结体性能的影响

图 16.12 显示了以配比为 7∶3、掺杂 5% 粉煤灰为例,在 600 ℃下,施加 400 V/cm 的恒定电场,电流设定为 900 mA,烧结时间分别为 6 min、8 min、10 min 及 12 min 的飞灰烧结抗压强度的变化。

由图 16.12 可知,当烧结时间为 6 min 时,抗压强度达到 16.3 MPa。相较于传统烧结方式在 1 100 ℃炉温下需烧结 3 h,采用等温电流烧结在 600 ℃炉温、外加电场的作用下烧结 6 min 就可使烧结体具有较好的抗压强度,并且烧结体的抗压强度随烧结时间的延长而增大,当烧结时间延长到 12 min 时,烧结体抗压强度达到 25 MPa。这主要是因为,来自炉温的持续热传递及电源产生的焦耳热提供的热量,可以使烧结体内的微细结构进行更紧凑的重排,部分原子可以填补低沸点物质挥发后形成的孔隙,加速孔隙缩减,从而使内部形成致密、均匀的网状结构,进而增加抗压强度。

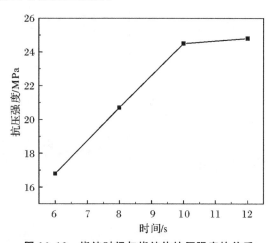

图 16.12 烧结时间与烧结体抗压强度的关系

图 16.13 所示为以配比为 7∶3、掺杂 5% 粉煤灰为例,在 40 MPa、60 MPa、80 MPa 及

110 MPa不同压强条件下,施加 400 V/cm 的恒定电场,电流设定为 900 mA,烧结时间为 10 min飞灰烧结体的抗压强度的变化。

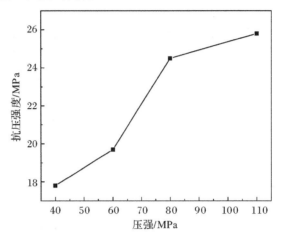

图 16.13 压强与烧结体抗压强度的关系

由图 16.13 可以看到,随着压强的增大,烧结体的抗压强度增大。当压强为40 MPa时,烧结体抗压强度为 17.8 MPa,当压强为 110 MPa 时,烧结体抗压强度为 25.8 MPa。分析原因:在外部压力下,压制坯体时施加的压强越大,颗粒间的堆积越发紧密,烧结体的孔隙率就越小,从而烧结体的致密化程度越高,烧结体的抗压强度也就越高。

16.7 烧结体微观分析

图 16.14(a)显示了配比 7∶3、掺杂 5%粉煤灰的飞灰样品 XRD 图谱;图 16.14(b)显示了 600 ℃炉温、900 mA 电流、保温 10 min 后烧结体的 XRD 图谱。

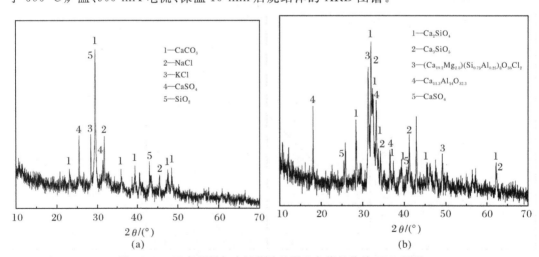

图 16.14 飞灰原样与电流烧结处置飞灰烧结体的 XRD 图谱

由图 16.14(b)可知,烧结后飞灰中含有硅酸二钙、硅酸三钙、阿里尼特、铝酸钙及硫酸钙等矿物晶体。对比图 16.14(a)飞灰原料中的晶体组成可以发现,原始飞灰中的碳酸钙分解成氧化钙,与二氧化硅反应生成硅酸二钙(C_2S)和硅酸三钙(C_3S),氯离子进入硅酸盐晶格,与硫酸盐、硅铝酸盐一同生成阿里尼特晶体。氧化钙和氧化铝生成铝酸钙。图 16.15 显示了配比 7∶3、掺杂 5％粉煤灰的飞灰样品在 600 ℃炉温、900 mA 电流下保温 10 min 后烧结体的 SEM 图。从图中可以看到,飞灰烧结体已经完全致密,并且能看到有六方块体的硅酸三钙及针状硅酸二钙的形貌,与图 16.14(b)对应。

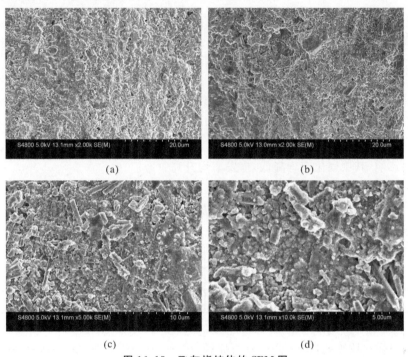

(a)

(b)

(c)

(d)

图 16.15　飞灰烧结体的 SEM 图

16.8　烧结体的重金属特性

本实验以 Cr、Ni、Cu、Zn、Pb 为目标元素,通过目标元素在烧结体与原样中对应重金属含量数值以及不同温度下烧结体样品中重金属的固化率说明烧结过程中重金属的迁移特性。

表 16.4 显示了以配比为 7∶3、掺杂 5％粉煤灰为例,600 ℃炉温、900 mA 电流下的烧结体 S1 及 800 ℃炉温、900 mA 电流下的烧结体 S2,在烧结时间为 10 min 时的 5 种目标重金属的含量。通过计算可得,S1 样品的烧失量为 16％,S2 样品的烧失量为 27％。可以看出,随着烧结温度的升高,烧失量逐渐变大,这与传统烧结方式一致。

表 16.4　不同飞灰样品的质量及重金属质量分数

样品	质量/g	Cr/％	Ni/％	Cu/％	Zn/％	Pb/％
原样	7.65	0.071	0.008 9	0.143 8	0.981 0	0.156 3
S1	6.42	0.083 8	0.001 05	0.166 9	1.041 0	0.150 8
S2	5.58	0.081 5	0.009 8	0.116 1	0.793 8	0.079 6

表 16.5 显示了不同温度下飞灰样品中重金属的固化率。由表可知,S1 中重金属 Cr、Ni、Cu 的固化率都在 97% 以上,其中 Ni 的固化率达到了 99%,Zn、Pb 的固化率较低,Pb 的固化率最低,只有 80%。Zn、Pb 属于易挥发性重金属,Cr、Ni、Cu 较为稳定,这与大多数文献报道一致。重金属的固化率从大到小的顺序为 Ni>Cr>Cu>Zn>Pb,重金属在烧结过程中的挥发率与在烧结体中的固化率相反,则其对应的挥发率按从小到大的顺序为 Pb<Zn<Cu<Cr<Ni。

相比较 S1,在 S2 中,Cr、Ni、Cu、Zn、Pb 目标元素固化率都有所降低。其中 Pb 的固化率最低,只有不到 40%。Pb、Zn 属于易挥发性金属,其中重金属 Pb 在飞灰中多以氯化物存在,有文献表明,当烧结温度高于 950 ℃ 时,重金属 Pb 的挥发率会随着炉温升高而变大。随着炉温的升高,Zn 固化率变化较 Pb 的固化率变化小,重金属 Zn 在飞灰中多以氧化物存在。有文献表明,ZnO 在升温过程中会与 SiO_2 及 Al_2O_3 发生反应,分别生成稳定的硅锌矿和尖晶石,抑制焚烧飞灰中 Zn 的挥发。此外,烧结温度的升高对 Cu、Cr、Ni 等重金属都有不同程度的影响,其中固化率均降低,挥发率均升高。

表 16.5 不同温度下飞灰样品中重金属的固化率

单位:%

样 品	Cr	Ni	Cu	Zn	Pb
S1	98.99	99.01	97.43	89.05	80.97
S2	70.19	67.36	50.20	68.45	38.09

表 16.6 显示了不同温度下飞灰样品中重金属浸出质量浓度。对比 S1 及 S2,S1 的 Cr、Ni、Cd 的浸出质量浓度均比 S2 低。分析原因:S1 的抗压强度为 24.57 MPa,S2 的抗压强度为 13.19 MPa,S1 的固化效果更好。S1 的 Cu、Zn、Pb 的浸出质量浓度均比 S2 高。分析原因:S2 烧结过程中 3 种重金属均部分挥发,导致其本身含量较低,所以浸出质量浓度比 S1 低。值得注意的是,S1、S2 的浸出质量浓度均满足国家标准要求。

表 16.6 不同温度下飞灰样品中重金属浸出质量浓度

单位:$\mu g \cdot L^{-1}$

重金属元素	Cr	Ni	Cd	Cu	Zn	Pb
S1	16.7	1.0	0.2	9.3	7.1	1.6
S2	20.9	3.3	1.0	3.4	6.5	0.7
GB 16689—2008	4 500	500	150	40 000	100 000	250

16.9 等温电流烧结实验小结

本章主要对飞灰进行等温电流烧结的研究,探究了氯盐含量、炉温、粉煤灰、设定电流、烧结时间、成型压力对飞灰电流烧结过程及烧结体性能的影响,同时对烧结体微观结构及重

金属浸出进行了表征,得出以下结论:

(1)飞灰在等温电流烧结下,功率耗散及样品温度随着炉温的升高、氯盐含量的增多、添加剂含量的降低、设定电流的升高而降低。

(2)飞灰烧结所需的能量是一定的,当提高来自外界环境的能量时,会降低外加电源在样品中产生的焦耳热,进一步验证了飞灰电流烧结中焦耳热效应及缺陷作用理论是导致其低温快速固化重金属的重要机理。

(3)在水洗飞灰和原灰质量配比为 7∶3 时,掺杂 5% 粉煤灰,在 600℃ 炉温、400 V/cm 电场、设定电流 900 mA 下,保温 10 min,其抗压强度达到 24.57 MPa;当设定电流为 1 100 mA 时,会发生局部烧结,影响其强度。此外,其烧结体重金属浸出均满足国家标准,并且 Cr、Ni、Cu、Zn、Pb 的固化率分别为 98.99%、99.01%、97.43%、89.05%、80.97%,极大程度地减少了二次污染。

第17章 原始飞灰与粉煤灰等温电流烧结

17.1 掺粉煤灰的飞灰烧结

通过前面研究,采用水洗工艺可降低飞灰中氯盐含量,在飞灰中掺杂粉煤灰增加 SiO_2 含量能有效增加烧结体抗压强度。因此,本章简化工艺,用原始飞灰和粉煤灰掺杂进行电流烧结实验,一方面降低飞灰中氯盐含量,另一方面增加 SiO_2 含量。同时,研究烧结过程中的功耗变化,计算样品实际温度,测试样品性能和重金属迁移及浸出特性。

17.2 飞灰与粉煤灰电流烧结实验过程

为制备飞灰粉体,将原始飞灰与粉煤灰按照一定的比例进行掺杂。采用干磨工艺进行球磨,每次锆珠和飞灰混合物质量比为 3:1,球磨时间为 5 min,球磨速度为 300 r/min。球磨后将配比飞灰样品过 110 目标准筛,于 105 ℃下干燥 2 h 后装袋封存备用,配比飞灰主要成分见表 17.1。

表 17.1 飞灰的主要成分

单位:%

试 样	CaO	SiO_2	Al_2O_3	MgO	Fe_2O_3	Cl
FA15	38.85	9.53	4.96	2.71	1.66	20.98
FA30	34.52	14.58	8.52	2.54	2.21	16.98
FA40	33.94	15.25	8.99	2.52	2.27	14.65

注:FA 为原始飞灰;FA15 为原始飞灰掺杂 15%粉煤灰;FA30 为原始飞灰掺杂 30%粉煤灰;FA40 为原始飞灰掺杂 40%粉煤灰。

按照第 14.2 节工艺流程将飞灰压制成飞灰坯体,对飞灰坯体涂抹碳浆并烘干后,置于烧结设备中(即在两碳化硅电极之间),确保电极与样品接触完好。使用两根铜丝作为导线,连接硅碳棒电极,并与 DC 直流电源连接,使之成为一个闭合回路,电场烧结示意图如图 14.3 所示。

当马弗炉升温至设定值并保温 2 min 后,开启电源对样品施加电场,直至电流烧结现象发生。在电流烧结束后关闭电源系统和管式炉加热系统,样品随炉冷却。图 17.1 所示为烧结过程温度曲线。本章所采用的电流烧结实验参数见表 17.2。

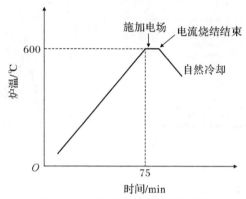

图 17.1　电流烧结实验加热示意图

表 17.2　电流烧结实验参数

试　样	电场强度/(V·cm⁻¹)	炉温/℃	设定电流/mA	保温时间/min	压强/MPa
FA15	400	600	500	10	80
FA30	400	600	500	10	80
FA40	400	600	500	10	80

按照表 17.2 参数进行实验,烧结后样品经磨平处理,进行抗压强度测试;采用电感耦合等离子质谱仪(ICP－MS)测量烧结体的重金属浸出浓度。

17.3　电流烧结结果讨论

17.3.1　烧结过程中功耗及样品温度的变化

图 17.2 显示了 FA15、FA30、FA40 样品在烧结过程中的功耗变化曲线。计算整理得到,FA15、FA30、FA40 峰值功耗分别为 98.61 mW/mm³、105.39 mW/mm³、110.61 mW/mm³,稳态功耗分别为 40.70 mW/mm³、49.57 mW/mm³、53.22 mW/mm³。通过掺杂粉煤灰降低飞灰样品的氯盐含量,随着氯盐含量的降低,等温电流烧结中峰值功耗及稳态功耗都升高,这与前面的结果一致。值得注意的是,对比图 16.3,配比 2:8 的氯盐含量为 20.07%,与 FA 的氯盐含量 20.98% 较为一致,而峰值功耗及稳态稳态功耗都有增加,再一次验证了粉煤灰可增强烧结过程中峰值功耗及稳态功耗。

图 17.3 显示了 FA15、FA30、FA40 在样品烧结过程中样品温度的变化曲线。计算整理得到 FA15、FA30、FA40 峰值样品温度分别为 1 172 ℃、1 193 ℃、1 208 ℃,稳态温度分别为 936 ℃、982 ℃、1 000 ℃。

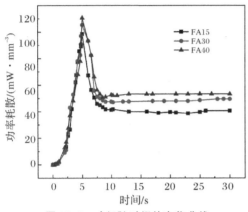

图 17.2　功耗随时间的变化曲线

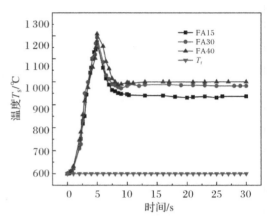

图 17.3　样品温度随时间的变化曲线

17.3.2　烧结体的性能

表 17.3 显示了 FA15、FA30、FA40 飞灰烧结体抗压强度,可见通过飞灰与粉煤灰配比进行等温电流烧结具有一定的可行性,随着氯盐含量的降低、SiO_2 含量的增加,烧结体抗压强度增加,其中 FA40 的抗压强度达到 27.23 MPa,与前面结论一致。

表 17.3　烧结体抗压强度

试 样	FA15	FA30	FA40
抗压强度/MPa	23.82	25.11	27.23

17.3.3　烧结体的重金属特性

表 17.4 显示了 FA15 飞灰烧结前、后的质量及重金属质量分数变化。由表 17.4 计算可知,样品的烧失量为 7%,FA15 样品重金属含量从高到低符合 Zn>Pb>Cu>Cr>Ni 的顺序。表 17.5 显示了其烧结体的重金属固化率及浸出质量浓度。其中,重金属 Cr、Ni、Cu、Zn 的固化率都在 94% 以上,Cu 的固化率达到了 99%,Pb 的固化率最低,只有 72%。Pb 属于易挥发性重金属,这与前面研究一致。重金属的固化率由大到小的顺序为 Cu>Zn>Cr>Ni>Pb,重金属在烧结过程中的挥发率与在烧结体中的固化率相反,则其对应的挥发率从小到大的顺序为 Pb<Ni<Cr<Zn<Cu。此外,烧结体重金属浸出浓度均满足标准。

表 17.4　飞灰烧结前后的质量及重金属质量分数

试 样	质量/g	Cr/%	Ni/%	Cu/%	Zn/%	Pb/%
FA15	7.2	0.051 8	0.012 0	0.051 9	0.631 2	0.104 0
烧结体	6.7	0.052 3	0.012 1	0.099 1	0.662 4	0.080 7

表 17.5　**重金属固化率及浸出质量浓度**

试 样	Cr	Ni	Cu	Zn	Pb
固化率/%	94.37	94.25	99.39	98.09	72.56
浸出浓度/($\mu g \cdot L^{-1}$)	0.3	0.8	0.4	15.0	0.7

17.4　粉煤灰与飞灰电流烧结小结

本章简化工艺,用原始飞灰和粉煤灰掺杂进行等温电流烧结实验,研究发现采用原始飞灰及粉煤灰进行掺杂实验具有可行性,原始飞灰掺杂 15%粉煤灰,其在 600 ℃炉温、外加电场 400 V/cm、设定电流 900 mA 下保温 10 min 的抗压强度达到 23.83 MPa,Cr、Ni、Cu、Zn、Pb 的固化率分别为 94.37%、94.25%、99.39%、98.09%、72.56%,重金属浸出浓度均满足国家标准要求。

飞灰烧结总结与展望

本篇利用电流烧结技术处理垃圾焚烧飞灰,研究了飞灰的理化性质以及水洗处理对飞灰成分组成及微观形貌的影响,探究了烧结工艺参数对样品烧结过程的影响,并对烧结体的重金属特性及性能进行了表征,分析了其电流烧结机理。通过实验得出以下结论:

(1)飞灰形状大多为不规则的块状及片状,其主要成分为 CaO、SiO_2、Al_2O_3、SO_3、K_2O、Na_2O、Cl 等,占总质量的 90％以上,并且飞灰中 Cd 和 Pb 的浸出浓度远大于规定的浓度限值。在固液比为 1∶8、搅拌时间为 10 min 的水洗工艺条件下处理后,飞灰质量损失为 41％,Na、K 及 Cl 离子的洗脱率分别为 92.15％、92.51％、91.90％,大量的氯盐都被转移到水洗滤液,只有少部分重金属 Pb 被转移。

(2)在变温电流烧结中,电流烧结起始温度随着外加电场的升高及飞灰中氯盐含量的增大而降低。当达到电流烧结阈值时飞灰样品发生电流烧结,样品的功率损耗激增至最大值,然后随着电源从稳压状态切换到稳流状态而下降至稳定状态。同时,电流烧结时功率耗散提供的焦耳热,使样品温度急剧升高并远高于炉温,导致样品快速致密化。飞灰电流烧结中焦耳热效应及缺陷作用理论是导致其低温快速固化重金属的机理。

(3)飞灰在等温电流烧结下,功率耗散及样品温度随着炉温的升高、氯盐含量的增大、添加剂含量的降低、设定电流的升高而降低。水洗飞灰和原灰质量配比为 7∶3、掺杂 5％粉煤灰时,在 600 ℃炉温、外加 400 V/cm 电场、设定电流 900 mA 下,保温 10 min,其抗压强度达到 24.57 MPa。此外,其烧结体重金属浸出浓度均满足国家标准,并且 Cr、Ni、Cu、Zn、Pb 的固化率分别为 98.99％、99.01％、97.43％、89.05％、80.97％,减少了二次污染。

(4)简化工艺,用原始飞灰和粉煤灰掺杂进行等温电流烧结实验,发现采用原始飞灰及粉煤灰进行掺杂实验具有可行性。原始飞灰掺杂 15％粉煤灰,在 600 ℃炉温、外加 400 V/cm 电场、设定电流 900 mA 下,保温 10 min 的抗压强度达到 23.83 MPa,Cr、Ni、Cu、Zn、Pb 的固化率分别为 94.37％、94.25％、99.39％、98.09％、72.56％,重金属浸出浓度均满足要求。

该研究还存在以下问题,需要进一步进行探索:

(1)对电流烧结处理飞灰中的重金属迁移及浸出特性进行了研究,而未对飞灰中二噁英等有机污染物进行分析检测。在今后的研究中,应该进一步探讨电流烧结处理飞灰中二噁英的存在形态。

(2)利用黑体辐射模型计算样品温度,反映了电流烧结过程中样品实际温度的变化情况,对研究飞灰电流烧结机理有重要的意义。此外,还可以用有限元模拟的方法计算样品的实际温度,显示出电流烧结过程样品可能存在的温度梯度,与黑体辐射模型进行对比进一步探究飞灰电流烧结机理。

(3)发现焦耳热效应及缺陷作用理论可反映飞灰电流烧结过程发生的机理,今后应对电流烧结伴有的发光现象及缺陷作用理论进行进一步探究。

参 考 文 献

[1] 裴习君."无废城市"理念下我国城市生活垃圾处理模式探析[J].长沙大学学报,2019,
    33(3):25 - 27.

[2] 衣力努尔·艾则孜.浅谈我国城市生活垃圾分类现状及对策[J].法制与社会,2020
    (7):153.

[3] 刘少才.芬兰的垃圾分类[J].世界环境,2019(5):36 - 40.

[4] 曾玉竹.德国垃圾分类管理经验及其对中国的启示[J].经济研究导刊,2018(30):159 - 160.

[5] 吕维霞,杜娟.日本垃圾分类管理经验及其对中国的启示[J].华中师范大学学报(人文社
    会科学版),2016,55(1):39 - 53.

[6] 卜永广,范荣桂,禄润卿,等.我国城市生活垃圾处理与处置现状分析[J].环境与可持续
    发展,2017,42(5):95 - 98.

[7] 曹爱香.生活垃圾卫生填埋场运营存在的问题及解决措施[J].上海建设科技,2016(1):
    56 - 57.

[8] 祝兴林.垃圾焚烧发电飞灰处理现状及技术选择[J].电力安全技术,2015,17(6):59 - 62.

[9] 万君宜,冯心茹,唐其旭,等.城市生活垃圾无害化处理的成本-效益分析:以我国 25 个
    城市为例[J].资源与产业,2019,21(4):81 - 89.

[10] WILES C,SHEPHERD P. Beneficial use and recycling of municipal waste combustion
    residues:a comprehensive resource document[J]. Office of Scientific & Technical
    Information Technical Reports,1999:89 - 93.

[11] 刘晶,汪澜.垃圾焚烧飞灰特性及在水泥行业资源利用研究进展[J].新型建筑材料,
    2016,43(8):62 - 65.

[12] 赵鹏,景明海,刘盖,等.熔盐法处置高熔点垃圾焚烧飞灰重金属的浸出特性[J].环境
    工程学报,2018,12(1):324 - 330.

[13] 景明海,赵鹏,秦杨晓,等.低水泥含量垃圾焚烧飞灰重金属离子蒸养固化实验研究
    [J].环境污染与防治,2018,40(2):198 - 202.

[14] DE BOOM A,DEGREZ M. Belgian MSWI fly ashes and APC residues:A characteri-
    sation study[J]. Waste Management,2012,32(6):1163 - 1170.

[15] BUHA J,MUELLER N,NOWACK B,et al. Physical and chemical characterization of
    fly ashes from swiss waste incineration plants and determination of the ash fraction in
    the nanometer range[J]. Environmental Science & Technology,2014,48(9):4765 - 4773.

[16] PAN J R,HUANG C ,KUO J J,et al. Recycling MSWI bottom and fly ash as raw

materials for Portland cement[J]. Waste Management,2008,28(7):1113 – 1118.

[17] 白晶晶,张增强,闫大海,等.水洗对焚烧飞灰中氯及重金属元素的脱除研究[J].环境工程,2012,30(2):104 – 108.

[18] 罗智宇,张云月,张清,等.垃圾焚烧飞灰水洗去氯的实验研究[J].环境卫生工程,2008,16(3):16 – 18,22.

[19] 李润东,于清航,李彦龙,等.烧结条件对焚烧飞灰烧结特性的影响研究[J].安全与环境学报,2008,8(3):60 – 63.

[20] 王伟,万晓.垃圾焚烧飞灰中重金属的存在方式及形成机理[J].城市环境与城市生态,2003,16(增刊 1):7 – 9.

[21] NORD M,DESIREE L A. Controlling the mobility of chromium and molybdenum in MSWI fly ash in a washing process[J]. Waste Management,2018,76:727 – 733.

[22] 王建伟,向瀚,陈春霞,等.酸洗处理对浓缩灰中可溶盐及重金属分离效果研究[J].环境卫生工程,2019,27(5):13 – 17.

[23] JI W X,LI J T,ZENG M. Characteristics of the cement-solidified municipal solid waste incineration fly ash[J]. Environmental Science and Pollution Research,2018,25(36):36736 – 36744.

[24] 王震.重金属污染物的化学稳定化研究[D].北京:中国科学院大学,2019.

[25] 王雷,金宜英,聂永丰,等.垃圾焚烧飞灰烧结特性[J].环境工程,2009,27(增刊 1):406 – 411.

[26] BERNARDO E,BRUSATIN G,COLOMBO P,et al. Inertization and reuse of waste materials by vitrification and fabrication of glass – based products [J]. Current Opinion in Solid State & Materials Science,2003,7(3):225 – 239.

[27] 许杭俊.利用城市垃圾焚烧飞灰制备生态水泥熟料的研究[D].杭州:浙江工业大学,2012.

[28] TAN W F,WANG L A,HUANG C,et al. Municipal solid waste incineration fly ash sintered lightweight aggregates and kinetics model establishment[J]. International Journal of Environmental Science and Technology,2013,10(3):465 – 472.

[29] HSIEH C H,CHEN C L,CHOU S Y,et al. Sintering of mswi fly ash by microwave energy[J]. Journal of Hazardous Materials,2009,163(1):357 – 362.

[30] LIN K L. Feasibility study of using brick made from municipal solid waste incinerator fly ash slag[J]. Journal of Hazardous Materials,2006,137(3):1810 – 1816.

[31] KIM J ,TASNEEM K ,NAM B H . Material characterization of municipal solid waste Incinerator (MSWI) ash as road construction material[C]// Geo – hubei International al Conference on Sustainable Civil Infrastructure,Wuhan,2014.

[32] 傅正义,季伟,王为民.陶瓷材料闪烧技术研究进展[J].硅酸盐学报,2017,45(9):1211 –1219.

[33] COLOGNA M,RASHKOVA B,RAJ R,et al. Flash sintering of nanograin zirconia in <5 s at 850℃[J]. Journal of the American Ceramic Society,2010,93(11):3556 – 3559.

[34] COLOGNA M, FRANCIS J S, RAJ R, et al. Field assisted and flash sintering of

alumina and its relationship to conductivity and MgO-doping[J]. Journal of the European Ceramic Society,2011,31(15):2827 – 2837.

[35] PRETTE A L,COLOGNA M,SGLAVO V M, et al. Flash-sintering of CO_2MnO_4 spinel for solid oxide fuel cell applications[J]. Journal of Power Sources,2011,196 (4):2061 – 2065.

[36] BIESUZ M S,VINCENZO M. Flash sintering of ceramics [J]. Journal of the European Ceramic Society,2019,39(2/3):115 – 143.

[37] GAUR A,SGLAVO V M. Densification of $La_{0.6}Sr_{0.4}Co_{0.2}Fe_{0.8}O_3$ ceramic by flash sintering at temperature less than 100 ℃[J]. Journal of Materials Science,2014,49 (18):6321 – 6332.

[38] COLOGNA M,PRETTE A L,RAJ R, et al. Flash-sintering of cubic yttria-stabilized zirconia at 750 ℃ for possible use in SOFC manufacturing[J]. Journal of the American Ceramic Society,2011,94(2):316 – 319.

[39] RAJ R,COLOGNA M,FRANCIS J S, et al. Influence of externally imposed and internally generated electrical fields on grain growth,diffusional creep,sintering and related phenomena in ceramics[J]. Journal of the American Ceramic Society,2011,94 (7):1941 – 1965.

[40] NARAYAN J. A new mechanism for field-assisted processing and flash sintering of materials[J]. Scripta materialia,2013,69(2):107 – 111.

[41] BIESUZ M,LUCHI P,QUARANTA A, et al. Theoretical and phenomenological analogies between flash sintering and dielectric breakdown in alpha – alumina[J]. Journal of Applied Physics,2016,120(14):1 – 6.

[42] RAJ R. Joule heating during flash-sintering[J]. Journal of The European Ceramic Society,2012,32(10):2293 – 2301.

[43] 张曙光,刘俊鹏. 水洗和烧结法去除飞灰氯离子的实验研究[J]. 环境卫生工程,2014, 22(5):13 – 15.

[44] 邹庐泉,李娜,洪瑞金. 湿法预处理对垃圾焚烧飞灰中氯离子及重金属的去除研究[J]. 安徽农业科学,2010,38(31):17627 – 17628,17659.

[45] 刘富强,秘田静,钟瑞琳. 烧结条件对垃圾焚烧飞灰中重金属固定率的影响[J]. 环境科 学与技术,2013,36(5):47 – 50.

[46] LIU C Y,SUN C J,WANG K S. Effects of the type of sintering atmosphere on the chromium leachability of thermal-treated municipal solid waste incinerator fly ash [J]. Waste Management,2001,21(1):85 – 91.

[47] 李润东,王建平,王雷,等. 垃圾焚烧飞灰烧结过程重金属迁移特性研究[J]. 环境科学, 2005,26(6):186 – 189.

[48] GRASSO S,SAKKA Y,RENDTORFF N M, et al. Modeling of the temperature distribution of flash sintered zirconia[J]. Journal of the Ceramic Society of Japan, 2011,119:144 – 146.

[49] SU X,BAI G,ZHANG J,et al. Preparation and flash sintering of $MgTiO_3$ nano-powders obtained by the polyacrylamide gel method[J]. Applied Surface Science,2018,442:12-19.

[50] 景明海.垃圾焚烧飞灰的熔盐法处理及资源化利用研究[D].西安:长安大学,2018.

[51] 朱芬芬,高冈昌辉,大下和徹,等.焚烧飞灰预处理工艺及其无机氯盐的行为研究[J].环境科学,2013,34(6):2473-2478.

[52] 赵向东,练礼财,张国亮,等.国内首条水泥窑协同处置飞灰示范线技术研究[J].中国水泥,2015,(12):69-72.

[53] 陈雄飞,黄升谋.城市垃圾焚烧飞灰水浸处理滤液的处置研究[J].湖北文理学院学报,2016,37(8):16-19.

[54] TODD R I,ZAPATASOLVAS E,BONILLA R S,et al. Electrical characteristics of flash sintering:thermal runaway of Joule heating[J]. Journal of The European Ceramic Society,2015,35(6):1865-1877.

[55] DOWNS J A,SGLAVO V M. Electric field assisted sintering of cubic zirconia at 390 ℃[J]. Journal of the American Ceramic Society,2013,96(5):1342-1344.

[56] FRANCIS J S,RAJ R. Influence of the field and the current limit on flash sintering at isothermal furnace temperatures[J]. Journal of the American Ceramic Society,2013,96(9):2754-2758.

[57] YANG D,RAJ R,CONRAD H,et al. Enhanced sintering rate of zirconia (3Y-TZP) through the effect of a weak dc electric field on grain growth[J]. Journal of the American Ceramic Society,2010,93(10):2935-2937.

[58] SKRIFVARS B J,HUPA M,BACKMAN R,et al. Sintering mechanism of FBC ashes [J]. Fuel,1994,73(2):171-176.

[59] SU X,JIA Y,HAN C,et al. Flash sintering of lead zirconate titanate ceramics under an alternating current electrical field[J]. Ceramics International,2019,45(4):5168-5173.

[60] TERAUDS K,LEBRUN J,LEE H,et al. Electroluminescence and the measurement of temperature during Stage Ⅲ of flash sintering experiments[J]. Journal of the European Ceramic Society,2015,35(11):3195-3199.

[61] RAJ R,COLOGNA M,FRANCIS J S,et al. Influence of externally imposed and internally generated electrical fields on grain growth,diffusional creep,sintering and related phenomena in ceramics[J]. Journal of the American Ceramic Society,2011,94(7):1941-1965.

[62] 梅运柱. $ZnO-Bi_2O_3-MnO_2$ 系压敏瓷闪烧制备及其性能研究[D].镇江:江苏大学,2019.

[63] CHIANG K Y,PERNG J K,WANG K S. The characteristics study on sintering of municipal solid waste incinerator ashes [J]. Journal of Hazardous Materials,1998,59(2/3):201-210.

[64] 齐一谨,徐中慧,徐亚红,等.粉煤灰固化处理生活垃圾焚烧飞灰效果研究[J].环境科

学与技术,2017,40(6):98-103.

[65] 严建华,李建新,池涌,等. 垃圾焚烧飞灰重金属蒸发特性试验分析[J]. 环境科学,2004,25(2):170-173.

[66] SUN C J, YEH C C, WANG K S. The thermotreatment of MSW incinerator fly ash for use as an aggregate: A study of the characteristics of size-fractioning [J]. Resources,Conservation and Recycling,2002,35(3):177-190.

[67] LIU C Y, SUN C J, WANG K S. Effects of the type of sintering atmosphere on the chromium leachability of thermal-treated municipal solid waste incinerator fly ash [J]. Waste Management,2001,21(1):85-91.

[68] 王学涛,金保升,仲兆平. 垃圾焚烧炉飞灰熔融处理前后的重金属分布特性[J]. 燃烧科学与技术,2006,12(1):81-85.

第五篇

硅酸盐水泥熟料的电场-温度场耦合烧成

【摘要】硅酸盐水泥具有良好的胶凝特性,被广泛地应用于土木建筑、道路工程、水利工程和国防工程等领域。由于硅酸盐水泥熟料矿物形成通常需要高的煅烧温度和较长的煅烧时间,因此硅酸盐水泥生产是高能耗、高排放过程。

采用电流快速煅烧技术,在传统热辐射加热方式的基础上,通过电热转换,使材料样品自身发热,提高煅烧效率,实验结果如下:

(1)电流作用下七铝酸十二钙($12CaO \cdot 7Al_2O_3$,简写为 $C_{12}A_7$)的烧成以及其对水泥石导电性能的影响。电流密度为 $1.18\ A/cm^2$ 时,在 $600\ ℃$ 下煅烧 $30\ min$ 就可以合成结晶性良好的 $C_{12}A_7$,随着煅烧温度的提高,烧成的 $C_{12}A_7$ 导电性能增强,$C_{12}A_7$ 的掺入可以提高水泥石的导电性能。

(2)电场强度、电流密度、煅烧温度和煅烧时间对烧成 C_3S 的影响。煅烧温度为 $1\ 300\ ℃$,煅烧时间为 $30\ min$,起始电场强度为 $800\ V/cm$,电流密度限值为 $3.54\ A/cm^2$ 时,可以一次性制备出纯度较高的 T_1 型 C_3S($3CaO \cdot SiO_2$)。

(3)液相含量对电流快速煅烧硅酸盐熟料的影响。液相含量的增加有利于煅烧过程中熟料的导通,并降低其功率耗散,提高熟料的易烧性。

(4)不同配比硅酸盐水泥熟料电流快速煅烧。电流作用(电流密度为 $1.18\ A/cm^2$)下高 C_3S 水泥熟料(KH=0.98、IM=1.2、SM=2.4)、普通硅酸盐水泥熟料(KH=0.88、IM=1.2、SM=2.4)和低热硅酸盐水泥熟料(KH=0.78、IM=1.2、SM=2.4)的烧成活化能分别为 $40.59\ kJ/mol$、$33.59\ kJ/mol$ 和 $14.42\ kJ/mol$,远低于直接煅烧的 $160.78\ kJ/mol$、$130.06\ kJ/mol$ 和 $119.32\ kJ/mol$。

【关键词】硅酸三钙;七铝酸十二钙;水泥熟料;电流快速煅烧

第 18 章　硅酸盐水泥制备概述

18.1　胶 凝 材 料

公元前 3000—公元前 2000 年,人类学会了使用石灰、石膏和火山灰等,将其与黏土混合来提高建筑物的强度。石灰、石膏和火山灰等作为早期的胶凝材料在很长的一段历史时期内被使用,直到硅酸盐水泥的出现。

1796 年,人们将天然水泥岩进行煅烧、磨细,制得天然水泥。1842 年,英国建筑工人 Joseph Aspdin 将石灰石和黏土按一定比例混合烧制成熟料,磨细后制得水泥,并将其命名为波特兰水泥。

硅酸盐水泥可以在水中硬化并保持或发展其强度,被称为水硬性胶凝材料。硬化后的硅酸盐水泥具有良好的耐久性和抗压强度,能够有效地抵抗外界介质的侵蚀作用。硅酸盐水泥作为一种重要的无机胶凝材料,广泛地应用于土木建筑、道路工程、水利工程和国防工程等领域。根据用途不同,硅酸盐又分为矿渣水泥、抗硫酸盐水泥、火山灰水泥和道路水泥等。

中国是水泥生产大国,水泥产量自 1985 年以来一直稳居世界第一。2020 年,中国水泥总产量达到了 23.77 亿吨。

水泥生产是一个典型的能源消耗产业,其能耗占整个建材工业能耗的 80% 以上,占全国能耗总量的 7% 左右。水泥的生产主要包括生料的配制、熟料的煅烧和水泥的粉磨,其中熟料煅烧所需能耗占整个水泥生产过程的 70%～80%。

熟料是水泥最主要的组成部分,它是由黏土质原料、石灰质原料和一些校正原料在 1 450 ℃以上的高温下长时间煅烧而成的。在煅烧过程中,生料中的石灰石分解可以产生大量的 CO_2,同时,长时间的煅烧和较高的煅烧温度需要大量的化石燃料。化石燃料在燃烧分解时也会产生大量的 CO_2。中国水泥工业碳排放量占工业碳排放总量 20% 左右,仅次于煤电和化工产业。

硅酸盐水泥熟料的矿物主要由硅酸三钙($3CaO \cdot SiO_2$,C_3S)、硅酸二钙($2CaO \cdot SiO_2$,C_2S)、铝酸三钙($3CaO \cdot Al_2O_3$,C_3A)和铁铝酸四钙($4CaO \cdot Al_2O_3 \cdot Fe_2O_3$,$C_4AF$)4 种组成,其中产量最多的是 C_3S,占熟料整体质量的 50% 以上,是水泥熟料的高温煅烧过程中,在 1 400 ℃左右的温度下,C_2S 和溶解在液相中 CaO 反应生成的。纯的 C_3S 的烧成温度更高,通常需要在 1 500 ℃以上的温度下反复煅烧多次才可制得。

18.2　硅酸盐熟料矿物烧成

为了实现熟料煅烧过程中的节能减排,可以对传统熟料的煅烧工艺进行改进,也可以研究新的煅烧工艺,比如在现有的煅烧工艺基础上添加富氧燃烧技术。富氧燃烧的供氧浓度在 $25\% \sim 45\%$ 之间,与在空气中燃烧相比,富氧燃烧可以提高火焰温度、降低燃料燃点、促进燃料完全燃烧,并减少烟气排放、增加燃烧速度、提高燃烧效率,从而提高熟料产量和质量。有研究通过计算模拟研究了富氧燃烧对水泥熟料回转窑运行的影响,结果发现富氧有利于燃料燃烧,富氧条件在提高燃料燃烧效率和熟料的生产率的同时,对回转窑的耐火材料和熟料质量的影响可以忽略不计。在国内,已经有多家水泥厂采用富氧燃烧技术,均取得了良好的节能减排效果。然而,工业上大规模制氧的设备投资大、工艺比较复杂、运行维护成本高。

流化床水泥窑烧成技术具有投资小、热耗低、占地面积小和运行维护简单等优点,日本川崎重工业株式会社于1984年就开始对其进行研究使用。2008年,山东绿源建立了一条 1 000 t/d 流化床水泥窑的生产线。相比传统的水泥窑,流化床烧成技术可以降低40%以上 NO_x 排放量和 $10\% \sim 25\%$ 的 CO_2 排放量,能源利用率高,整体的热耗下降 $10\% \sim 25\%$。

一般水泥熟料煅烧的加热方式都是传统的热辐射加热,主要依靠热源产生热能,再通过热辐射、热对流和热传导中的一种或几种方式将热能传给被加热的物体。对于被加热物体而言,这种热传递的方式由物体外部传向内部,加热时间长,加热效率低,部分热能会损失。为了提高熟料煅烧过程中热能的利用率,在熟料的煅烧工艺中添加余热回收系统,对水泥窑炉中的余热进行回收利用。余热回收系统可以将 $50\% \sim 90\%$ 的可回收热能用于锅炉加热、水加热、工业干燥、工业加热和燃油燃烧器的预热等。

在水泥生产的过程中,原料的干燥也是重要的一步,从水泥窑中回收的热量可以用来烘干原始生料,也可以烘干化石燃料等其他材料。可利用水泥窑中的余热进行发电,具有良好的发展前景。通过数学建模的方式研究了热回收系统中的余热回收,结果发现余热用于热回收换热器时,可以减少煤炭使用量和天然气消耗量。在熟料煅烧装置上设计新的余热回收系统,对比原有的熟料煅烧工艺,可以降低能耗,减少 CO_2 排放量,同时还能减少 NO_2 和 SO_2 的排放量,新工艺回收的热能可以产生几百千瓦的功率。水泥窑的余热回收系统有着良好的经济和环境效益,但在实际应用中也存在一些问题,例如:废气中的粉尘含量大、硬度高,容易在设备中产生积灰和磨损;余热发电系统的配套设备比较复杂,且发电量较低;熟料的烧成系统和余热发电系统不能有效地结合,有时候会存在争风抢热的现象。

除了在水泥熟料原有生产工艺上的改进外,一些研究者对熟料煅烧过程中的加热方式进行了改进,提供了新的熟料煅烧方法。例如,采用微波加热的方式制备熟料,其原理就是利用电介质在高频电场中的介质损耗,将微波能转化为热能对熟料进行加热。微波可以加速熟料中离子的迁移速度,降低生成熟料矿物的活化能,从而提高熟料的烧成速率并降低能耗。微波加热和直接使用电炉煅烧制备熟料相比,不仅可以降低熟料的煅烧温度,还能缩短煅烧时间。

有研究表明,利用微波煅烧硅酸盐水泥熟料,可以节省 70% 的煅烧时间,使煅烧温度降低 50 ℃,而且微波煅烧(1 400 ℃,10 min)制备的熟料水化性能和强度都优于电炉直接煅烧(1 450 ℃,30 min)所得。虽然微波煅烧和传统直接煅烧形成熟料的加热方式不同,但是制备得到的熟料主要矿物组成和结构都是一样的。目前微波辅助煅烧的设备大多都是对家用微波炉进行改进,这种改装的设备安全性和可靠性都限制了其工业化的推广,而且微波作用于水泥熟料时,微波场中的温度不易测量控制,这也阻碍了水泥熟料系统化的生产。有研究利用太阳能代替传统的化石燃料,发明了一种新的工艺对水泥熟料进行煅烧。在 1 500 ℃ 下煅烧 15 min 会产生一种灰色熟料,与传统回转窑中烧成的熟料矿物组成一致。这种太阳能烧成水泥熟料的新工艺替代传统工艺,减少了 CO_2 的排放,属于可再生能源利用的范畴。

18.3　电流快速烧成的应用与发展

与水泥熟料煅烧的过程类似,大部分陶瓷的传统烧结也需要较高的烧结温度和较长的烧结时间。近年来,研究人员在陶瓷样品的烧结过程中施加电场进行辅助烧结,结果发现,这样不仅降低了陶瓷烧结温度,还能缩短烧结时间。

20 世纪 30 年代就已经有了关于电流快速烧结粉体和金属的相关专利。随后,在 1950 年出现了电火花烧结(Spark Plasma Sintering,SPS)技术,又称为放电等离子体烧结,它是在高温加压的状态下,对粉体通入脉冲电流,使其短时间内烧结成型。日本于 1965 年将其工业化,美国第一台电火花烧结机诞生于 1967 年,而我国的第一台电火花烧结机于 1977 年由北京钢铁研究总院研制成功。相较于传统的烧结方式,电火花烧结工艺具有加热速度快、烧结温度低、烧结时间短等优点,被广泛地应用于陶瓷的制备、功能梯度材料的合成、多孔材料的研究等领域。电火花烧结的设备与热压烧结炉类似,不同的是其在承压的导电模具上导通可控的脉冲电流,通过调节脉冲电流的大小来改变烧结条件。

闪烧(Flash Sintering,FS)是近年来出现的一种新型的电流快速烧结技术,最早于 2010 年由科罗拉多大学的 Rishi Raj 教授提出。与 SPS 技术类似,闪烧技术也是利用电场作用下电流产生的热效应来烧结陶瓷的。这个过程一般持续数秒钟,在一定的温度和电场下就能实现陶瓷的低温快速致密烧结。与 SPS 烧结技术不同的是,闪烧过程中陶瓷样品两端加载的电场强度较大,电流全部通过样品,升温速率超过了 1 000 K/min,短时间内即达到陶瓷烧结所需的温度。相比于 SPS 技术,闪烧法的升温速率更快,烧结效率更高,而且闪烧装置一般也较为简单。

18.4　水泥熟料快速烧成方案

硅酸盐水泥熟料作为主要的无机胶凝材料,因其良好的胶凝特性和力学性能等,被广泛地应用于建筑材料、道路工程和水利工程等领域。无机胶凝材料也包括 C_3S 和 $C_{12}A_7$ 等。C_3S 具有良好的物理性能、生物活性和生物相容性,在生物材料领域也得到了良好的应用。

$C_{12}A_7$因其特殊笼状结构以及导电性、发光性、氧化性和反应活性等,拥有广阔的应用前景。然而,这些无机胶凝材料的制备通常需要高温长时间煅烧,比如C_3S的合成就需要在高于1450 ℃的温度下长时间反复煅烧多次才可制备得到。传统的高温煅烧方法是利用热辐射首先对炉体空间进行加热,而后对炉体中的硅酸盐熟料进行由外到内的加热煅烧,这种烧成方式效率比较低,而且长时间的高温煅烧过程是一个能耗高、CO_2排放量大的过程。这与碳达峰、碳中和的建设目标背道而驰。

任何降低熟料煅烧温度和减少煅烧时间的方法都可以降低其生产成本、能源消耗以及CO_2排放量。电流快速烧成技术就是一种高效节能的煅烧技术,通过电热转换效应对熟料进行加热煅烧。熟料中通过的电流产生热量,由内而外对其进行加热,产生的焦耳热几乎全部用于熟料的烧成,不仅缩短了熟料煅烧的时间,还能降低煅烧温度。因此,电流快速烧成技术可以提高熟料的烧成效率,降低炉窑的煅烧温度,从而延长使用寿命。在熟料的生产过程中,除了$CaCO_3$分解成CO_2外,煤和其他化石燃料的燃烧也会排放大量的CO_2。而电能的使用可以减少熟料煅烧过程中对化石燃料的依赖,从而减少CO_2排放量。同时,利用风能和太阳能等可再生资源进行发电煅烧水泥熟料,可以进一步降低化石燃料的消耗,实现CO_2的减排。因此,本研究的目的主要是利用电流快速烧成技术制备无机胶凝材料,在达到节能减排的同时,研究电场对无机胶凝材料(包括$C_{12}A_7$、C_3S和硅酸盐水泥熟料)烧成的影响,以及电流快速煅烧无机胶凝材料的机理。

(1)$C_{12}A_7$的电流快速烧成研究。利用电流快速烧成技术制备$C_{12}A_7$,并对制备得到的$C_{12}A_7$进行测试分析,研究其电流烧成前后的矿物组成、微观结构和导电性能的变化。将制备的$C_{12}A_7$掺入水泥中,研究$C_{12}A_7$对水泥石的导电性能的影响。

(2)C_3S的电流快速烧成研究。利用电流快速烧成技术制备C_3S,并对制备得到的C_3S进行测试分析,研究其电流烧成前后的矿物组成和微观结构的变化。改变电流密度限值、设定电场强度、煅烧温度和煅烧时间,通过测量游离氧化钙含量来寻找最佳的烧成条件。通过阿仑尼乌斯方程计算C_3S的烧成活化能,研究电场作用对C_3S烧成活化能的影响。

(3)液相含量对电流快速烧成水泥熟料影响的研究。设计5种不同硅率的硅酸盐水泥熟料,利用电流快速烧成技术对其进行煅烧制备,研究不同液相含量对煅烧过程中样品两端电场强度和样品内部电流密度的影响,改变电流密度限值、设定电场强度、煅烧温度和煅烧时间,研究其对烧成熟料矿物组成、微观结构的影响。通过阿仑尼乌斯方程计算熟料的烧成活化能,并与传统的高温煅烧进行对比,研究电场对熟料烧成活化能的影响。

(4)不同种类的硅酸盐熟料烧成研究。设计3种不同种类的硅酸盐水泥熟料,即高硅酸三钙水泥熟料、普通硅酸盐水泥熟料和低热水泥熟料,利用电流快速烧成技术对其进行煅烧制备,改变电流密度限值、设定电场强度、煅烧温度和煅烧时间,通过测量游离氧化钙含量来寻找最佳的烧成条件。通过阿仑尼乌斯方程计算熟料的烧成活化能,并与传统的高温煅烧进行对比,研究电场对熟料烧成活化能的影响。

(5)电流快速烧成的机理研究。利用电流、电压表记录样品煅烧过程中的电流、电压变化,通过黑体辐射模型和COMSOL Multiphysics v5.4软件对煅烧过程中的样品的实际温度场进行计算模拟,研究煅烧过程中的实际温度分布。利用第一性原理模拟计算电场作用下矿物晶体分子结构和电子性能的变化。

18.5   技术路线图

硅酸盐水泥熟料电流快速烧成方案如图 18.1 所示。

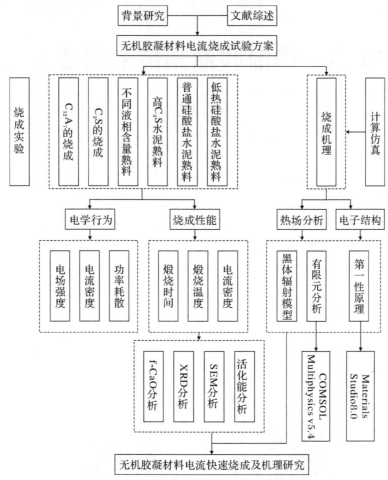

图 18.1   硅酸盐水泥熟料电流快速烧成方案

第19章 电流快速烧成七铝酸十二钙

19.1 七铝酸十二钙

七铝酸十二钙是一种结构独特的钙铝石矿物,它的分子式为 $Ca_{12}Al_{14}O_{33}$（$12CaO\cdot 7Al_2O_3$,$C_{12}A_7$）,属于立方晶系,空间群 143d,配位数 2,晶格常数为 1.199 nm。$C_{12}A_7$ 的晶体结构模型如图 19.1 所示,是一种笼状结构。一个 $C_{12}A_7$ 晶胞由两部分组成:一部分是由 12 个笼子组成的主体框架,可以表示为 $[Ca_{24}Al_{28}O_{64}]^{4+}$,另一部分是两个游离的氧离子 O^{2-},O^{2-} 随机分布在 12 个笼子中。因此 $C_{12}A_7$ 单个晶胞的化学分子式为 $[Ca_{24}Al_{28}O_{64}]^{4+}+O^{2-}$。笼子的直径约为 0.4 nm,笼子间存在入口通道,这个通道的直径约为 0.1 nm,可以控制 O^{2-} 的进出。同时,其他离子(包括 O^-、H^-、Cl^-、F^-、OH^- 和稀土离子等)也可以进出通道并代替笼子中的游离 O^{2-} 离子。除此之外,e^- 也被看作一种特殊的阴离子,可以进入笼子中取代 O^{2-},形成电子化合物 $[Ca_{24}Al_{28}O_{64}]^{4+}(4e^-)(C_{12}A_7:e^-)$。相对于绝缘金属氧化物 $C_{12}A_7$,$C_{12}A_7:e^-$ 具有良好的导电性。

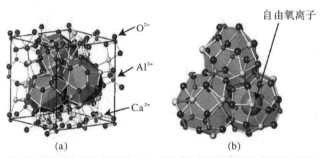

图 19.1 $C_{12}A_7$ 晶体的结构模型和单个笼子的结构模型

由于 $C_{12}A_7$ 特殊的笼状结构,不同离子取代笼中的游离 O^{2-} 后会呈现不同的性质。电子化合物是一种离子型化合物,其阴离子为电子,一定浓度的电子被困陷于固态材料中。电子化合物大部分是有机物,常温状态下对水和空气比较敏感,其热稳定性和化学稳定性较差,因而其应用受到限制。$C_{12}A_7:e^-$ 作为一种新型的电子化合物,具有较好的热稳定性,即使温度为 400 ℃ 时仍能稳定存在。同时,$C_{12}A_7:e^-$ 具有优良的导电性和较低的功函数,可以作为一种阴极材料应用于电子元器件和显示器件中,也可以作为电子发射材料和还原剂应用于电子显微镜和电子束平板印刷。

有研究在 1 300 ℃下氢气气氛中对 $C_{12}A_7$ 进行热处理,制备得到了既有光学特性又有导电性的 $C_{12}A_7:O^-$。稀土离子具有发光性能,而将稀土离子掺杂在 $C_{12}A_7$ 中可以改善稀土离子的发光性能,使其更广泛地应用于照明、显示和光电器件等领域。O^- 具有很强的氧化能力和活性,而 $C_{12}A_7$ 不仅可以储存 O^-,还能作为 O^- 的发射材料,两者结合的 $C_{12}A_7:O^-$ 有良好的抗菌性能。$C_{12}A_7:Cl^-$ 和 $C_{12}A_7:F^-$ 也具有储存和发射离子的功能。这些不同的特性使得 $C_{12}A_7$ 有着十分广阔的应用前景。

$C_{12}A_7$ 最常用的制备方法是高温固相合成。有研究以 $\gamma\text{-}Al_2O_3$ 和 $CaCO_3$ 为原料在空气中于 1 350 ℃煅烧 6 h 制备得到了 $C_{12}A_7$ 粉末,改变煅烧气氛可以制备不同的 $C_{12}A_7$,氧气气氛下得到了 $C_{12}A_7:O^- + O^{2-}$,干燥的惰性气氛中得到的产物是 C_3A 和 CA 的混合物,而潮湿气氛下可以合成 $C_{12}A_7:OH^-$。通过高温固相合成法还可以制备 $C_{12}A_7:F^-$、$C_{12}A_7:Yb^{3+}/Eu^{3+}$ 和 $C_{12}A_7:e^-$ 等。高温固相合成法工艺简单,可以批量生产,但是煅烧温度高、时间长,原料的不均匀混合也会导致产物的纯度不高。

$C_{12}A_7$ 单晶的合成方法主要有提拉法和浮区法。提拉法和浮区法可以制备出纯度较高的 $C_{12}A_7$ 单晶,然而这两种方法需要极高的温度使原料熔融,之后在一定的温控条件下使 $C_{12}A_7$ 冷却结晶,且都需要较高的热处理温度和较长的煅烧时间。为了降低 $C_{12}A_7$ 的合成温度,缩短其煅烧时间,可以采用湿化学法。目前,合成 $C_{12}A_7$ 的湿化学法主要包括共沉淀法和溶胶-凝胶法。有研究通过共沉淀法制备出了 $C_{12}A_7:O^-$,主要是在 $AlCl_3$ 溶液中溶解一定量的 $CaCO_3$,将氨水作为沉淀剂加入混好的溶液中,待反应一段时间后,得到铝离子和钙离子的氢氧化物沉淀,再通过高温煅烧合成 $C_{12}A_7:O^-$ 材料。然而,铝离子和钙离子的沉淀速度不同,会导致沉淀的过程不易控制,最终得到的产物纯度不高。相比共沉淀法,溶胶-凝胶法制备得到的 $C_{12}A_7$ 纯度更高。近年来,通过溶胶-凝胶法合成的 $C_{12}A_7$ 材料有 $C_{12}A_7:Cl^-$、$C_{12}A_7:O^-$ 和 $C_{12}A_7:Tb^{3+}$ 等。

为了进一步降低 $C_{12}A_7$ 的煅烧温度和缩短煅烧时间,本章将溶胶-凝胶法和电流快速煅烧技术相结合,合成纯度较高的 $C_{12}A_7$。首先采用溶胶-凝胶法制备出 $C_{12}A_7$ 前驱体,以前驱体为原料压制样品,进行电流快速煅烧合成 $C_{12}A_7$,研究不同煅烧温度下电流对合成 $C_{12}A_7$ 性能的影响。将合成的 $C_{12}A_7$ 掺入水泥中并加水水化,研究其对水化后水泥石的导电性能的影响。

19.2　电流烧成七铝酸十二钙实验

19.2.1　实验试剂与仪器

本实验所需的实验试剂见表 19.1。

表 19.1　实验过程中所使用的试剂

试　剂	分子式	纯度	产地
四水硝酸钙	$Ca(NO_3)_2 \cdot 4H_2O$	分析纯,纯度 99%	国药集团化学试剂有限公司
九水硝酸铝	$Al(NO_3)_3 \cdot 9H_2O$	分析纯,纯度 99%	国药集团化学试剂有限公司

续 表

试 剂	分子式	纯 度	产 地
柠檬酸	$C_6H_8O_7$	分析纯,纯度 99%	国药集团化学试剂有限公司
乙二醇	$(CH_2OH)_2$	分析纯,纯度 99%	国药集团化学试剂有限公司

实验中使用的主要仪器见表 19.2。

表 19.2 实验过程使用的主要仪器

实验仪器	型 号	生产厂家
电子天平	AL204	梅特勒-托利多仪器有限公司
磁力加热搅拌器	HJ-6A	国华仪器制造有限公司
水泥胶砂抗折抗压试验机	TYE-300	无锡建仪仪器机械有限公司
恒温干燥箱	101-1ASB	北京科伟永兴仪器有限公司
管式电阻炉	GSL-1500X	合肥科晶材料技术有限公司
大功率直流稳压稳流电源	JK 1000-3	南通嘉科电源制造有限公司
高精度台式万用表	ET3260	杭州中创电子有限公司

为了在煅烧过程中对样品施加电场进行电流快速煅烧,对已有的管式炉进行改装。改装的管式炉如图 19.2 所示,其主要包括直流稳压稳流电源和管式电阻炉,将装有样品的刚玉坩埚放入管式炉中,利用硅碳棒和铜线将其与直流稳压稳流电源连接。管式炉对样品提供温度场进行加热,直流稳压稳流电源提供了煅烧过程中施加在样品两端的电场,并产生通过样品的电流。

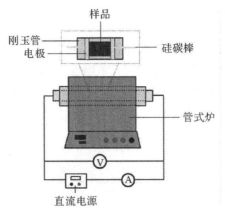

图 19.2 改装的电流快速煅烧管式炉示意图

19.2.2 实验过程

1.溶胶-凝胶的制备

以 $Ca(NO_3)_2 \cdot 4H_2O$ 和 $Al(NO_3)_3 \cdot 9H_2O$ 为主要原料,按照 12∶14 的摩尔比确定好用量,将称好的 $Ca(NO_3)_2 \cdot 4H_2O$ 和 $Al(NO_3)_3 \cdot 9H_2O$ 溶解在 $(CH_2OH)_2$ 中,按照 $C_6H_8O_7$ 与金属阳离子 (Ca^{2+} 和 Al^{3+}) 的摩尔比 1∶1 称取 $C_6H_8O_7$,并将其加入有机溶液中,在 80 ℃ 下搅拌 6 h,形成

溶胶。溶胶在 200℃下干燥 12 h 形成棕色的干凝胶。

2.电流快速煅烧制备 $C_{12}A_7$

将干凝胶用玛瑙研钵磨细,形成粉末,在管式炉中于 600℃下煅烧 2 h,样品冷却后磨细得到合成 $C_{12}A_7$ 的前驱体。称取一定量的 $C_{12}A_7$ 前驱体粉末,放入专用的圆柱体模具中,并使用水泥胶砂抗折抗压试验机,在 10 MPa 的压力下保压 2 min,压制成 ϕ18 mm $\times$ H6 mm 的圆柱体。将压制的圆柱体试样放入改装的电流辅助煅烧管式炉中,连接导线保证开启电源时样品中有电流通过。管式炉以 5 ℃/min 的速度加热。当管式炉达到设定温度时,开启电源向样品施加直流电场,电流密度为 1.18 A/cm^2。在电场和温度场的作用下保温 30 min。待保温结束,在管式炉降至室温后取出烧制好的样品,以待进一步的测试和分析。

3.直接煅烧制备 $C_{12}A_7$

将压制的圆柱体试样放入管式炉中,以 5 ℃/min 的速度加热,分别在 700 ℃、800 ℃、900 ℃和 1 000 ℃下保温 30 min。待保温结束,当管式炉降至室温后取出烧制好的样品,以待进一步的测试和分析。

4.外掺 $C_{12}A_7$ 水泥净浆制备

分别将 0%、5%、10%、20% 和 50% 的 $C_{12}A_7$ 添加在 425 水泥中并混合均匀,水灰比为 0.4,加水搅拌制备成净浆,放入 2.0 cm×2.0 cm×2.0 cm 的立方体磨具中,分别养护 1 d、3 d 和 7 d 检测其导电性能。

19.2.3　测试方法

使用德国布鲁克公司 D8-ADVANCE 型 X 射线衍射仪(XRD)对 $C_{12}A_7$ 进行物相分析,仪器的工作参数:Cu-Kα 射线,波长 λ 为 0.154 06 nm,管电压为 40 kV,管电流为 40 mA,步宽为 0.02 °,扫描速率为 8 °/min,扫描范围为 15 °～70 °。使用日本日立公司 S-4800 型冷场发射扫描电子显微镜(SEM)观察烧成样品的微观形貌,其分辨率为 1.5 nm,加速电压为 0.2～30 kV,低倍模式放大 30～2 000 倍,高倍模式放大 350～10^5 倍。

样品的电阻率可以通过以下公式计算,即

$$\rho = \frac{RS}{L} \tag{19.1}$$

式中:R 为样品的电阻,可以通过万用表测得,单位为 Ω;S 为样品的横截面积,单位为 m^2;L 为样品的长度,单位为 m;ρ 为样品的电阻率,单位为 $\Omega \cdot$ m。

19.2.4　第一性原理计算

$C_{12}A_7$ 的第一性原理计算主要通过 Materials Studio 8.0 软件进行。首先,利用 Materials Visualizer 模块构建 $C_{12}A_7$ 的晶体结构模型,$C_{12}A_7$ 晶体的晶格常数设置为 $a=b=c=$ 11.989 Å,$C_{12}A_7$ 晶体中各个原子的坐标参数来自有关文献。绝缘的 $C_{12}A_7$ 笼状结构中心有自由的氧离子,而导电的 $C_{12}A_7$ 笼状结构中心的自由氧离子被电子替换,两者的晶体结构区别就在于笼中心有没有自由氧离子。为了区分绝缘的和导电的 $C_{12}A_7$,将其化学式分别写

作 $C_{12}A_7:O^{2-}$ 和 $C_{12}A_7:e^-$,其晶体结构如图 19.3 所示。

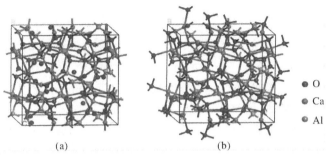

○ O
○ Ca
○ Al

图 19.3　两种 $C_{12}A_7$ 的晶体结构

(a)$C_{12}A_7:O^{2-}$；(b)$C_{12}A_7:e^-$

　　然后,利用 CASTEP 模块中的平面波赝势法,选择 GGA 下的 PBE 泛函对晶体的电子结构进行计算。计算前对晶体结构进行几何优化,计算的精度选择"fine",对应的平面波截断能为 340 eV。布里渊区内的 k 点选择 2 2 2 的 Monkhorst-Pack 网格,赝势类型选择超软赝势,自洽场(SCF)迭代收敛精度设置为 2×10^{-6} eV/atom。

19.3　七铝酸十二钙性能

19.3.1　温度对 $C_{12}A_7$ 烧成的影响

　　图 19.4 是不同温度下烧成 $C_{12}A_7$ 的 XRD 图谱。600 ℃的煅烧是为了使凝胶中的有机组分分解,分解产生的 CaO 和 Al_2O_3 没有形成晶体。当煅烧温度为 700℃时,产物中出现了铝酸钙矿物 $C_{12}A_7$ 和 $Ca_4Al_6O_{13}$ 的 XRD 衍射峰,随煅烧温度的升高,衍射峰数量和强度都增加。当煅烧温度为 800℃时,$Ca_4Al_6O_{13}$ 的 XRD 衍射峰数量和强度达到最大,随着煅烧温度的进一步升高,其衍射峰数量和强度逐渐减小。当煅烧温度为 1 000 ℃时,$C_{12}A_7$ 晶体衍射峰的强度达到最大,而产物中还存在少量的 $Ca_4Al_6O_{13}$。

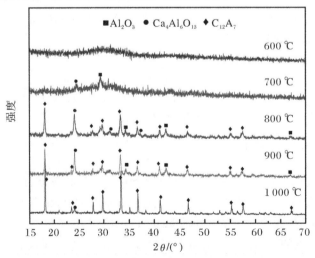

图 19.4　不同温度下烧成 $C_{12}A_7$ 的 XRD 图谱

19.3.2　电流对 $C_{12}A_7$ 烧成的影响

实验采用电流快速烧成技术制备 $C_{12}A_7$ 时,煅烧过程中样品两端的电场强度随时间的变化如图 19.5 所示。由图可以看出,当煅烧温度为 600 ℃ 和 700 ℃ 时,在样品两端施加电场的瞬间,其电场强度突然增大,随后迅速减小并达到稳定阶段。当煅烧温度超过 800 ℃ 时,样品两端的电场强度迅速增长到最大并趋于稳定。在 800 ℃ 之前,样品中主要组分是结晶性不好的 CaO 和 Al_2O_3,不容易导电,需要较大的电场强度将其导通。样品导通的瞬间,功率耗散较高,样品两端的电场强度变化较大。由图 19.4 可以看出,煅烧温度为 800 ℃ 时,样品中生成了容易导电的 $C_{12}A_7$,这使得样品很容易导通,需要的功率耗散较小,样品两端的电场强度直接达到稳态阶段。随着煅烧温度的升高,达到稳态阶段时,样品两端的平均电场强度下降。煅烧温度为 600 ℃、700 ℃、800 ℃、900 ℃ 和 1 000 ℃ 时,其对应的平均电场强度为 79.67 V/cm、72.50 V/cm、62.33 V/cm、49.33 V/cm 和 40.83 V/cm。随着温度的升高,样品中生成导电的铝酸钙矿物增多,样品整体的电阻下降,其两端的电场强度降低,而且温度越高,非金属物质的电阻越小,这也使得样品在高温下更容易导通,达到稳态阶段时样品两端的电场强度更小。

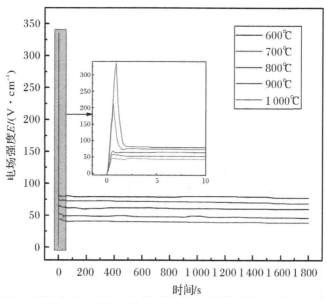

图 19.5　煅烧过程中样品两端的电场强度变化

图 19.6 所示是不同温度下电流快速烧成 $C_{12}A_7$ 的 XRD 图谱。由图可以看出,煅烧温度为 600 ℃ 时,样品中就出现了强度很高的 $C_{12}A_7$ 的 XRD 衍射峰,同时没有观测到其他铝酸钙矿物晶体的衍射峰;进一步提高煅烧温度,制备得到的 $C_{12}A_7$ 的 XRD 衍射峰基本没有变化。对比图 19.4 中无电流直接煅烧制备的 $C_{12}A_7$ 的 XRD 图谱,说明在电流作用下,600 ℃ 就可以煅烧得到结晶良好的 $C_{12}A_7$。

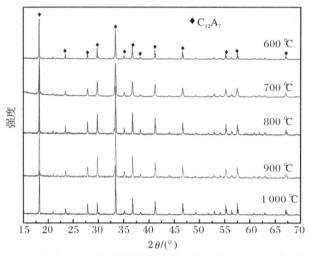

图 19.6　不同温度下电流快速烧成 $C_{12}A_7$ 的 XRD 图谱

电流通过样品内部时会产生焦耳热,产生的热量全部用于 $C_{12}A_7$ 的烧成,在焦耳热的作用下,样品中的实际温度远高于炉体内部的温度。利用黑体辐射模型可以计算出样品的实际温度。通过计算,得到在电流作用下煅烧过程中样品的实际温度,见表 19.3。由表可以看出,样品的实际温度都高于煅烧温度。煅烧温度为 600℃ 时,样品的实际温度在 1 100 ℃以上,随着煅烧温度的升高,样品的实际温度也不断升高。当煅烧温度为 1 000 ℃时,样品的实际温度最高可达 1 154.62 ℃,而 1 100 ℃以上的高温也足以使 $C_{12}A_7$ 晶体生成。

表 19.3　不同煅烧温度下样品的实际温度

煅烧温度/℃	600	700	800	900	1 000
稳态电压/V	47.8	43.5	37.4	29.6	24.5
电流/A	3	3	3	3	3
真实温度/℃	1 100.73	1 105.28	1 109.93	1 117.55	1 154.62

由于 $C_{12}A_7$ 属于立方晶系,其晶格常数可以通过以下公式计算,即

$$\frac{1}{d_{hkl}^2} = \frac{h^2 + k^2 + l^2}{a^2} \qquad (19.2)$$

式中:d_{hkl} 为密勒指数(hkl)对应的晶面间距;a 是晶格常数。如图 19.7 所示,煅烧温度为 600 ℃、700 ℃、800 ℃、900 ℃和 1 000 ℃时,制备得到的样品对应的晶格常数分别为 11.978 Å、11.980 Å、11.981 Å、11.992 Å 和 12.015 Å,这与文献计算结果 11.98 Å 基本一致。随着煅烧温度的增大,在电流的作用下,样品的实际温度在升高,样品的晶格常数也逐渐增大。煅烧温度为 600 ℃、700 ℃和 800 ℃时,样品的晶格常数变化不大,这主要是因为样品的实际温度比较接近。煅烧温度为 900 ℃和 1 000 ℃时,样品的实际温度差距较明显,其晶格常数变化也比较大。晶格常数增大,说明 $C_{12}A_7$ 晶体中笼的内径增大,意味着笼中有较高的电子浓度,样品的导电性也有所提高。

图 19.8 所示是样品电阻率和煅烧温度之间的关系。由图可以看出,煅烧温度为 600℃、700℃、800℃、900℃和 1 000℃时,制备得到的样品的电阻率分别为 0.839 3 Ω·m、

0.786 4 Ω·m、0.755 3 Ω·m、0.640 1 Ω·m 和 0.597 7 Ω·m。随着煅烧温度的升高,样品的电阻率减小,导电性增强。

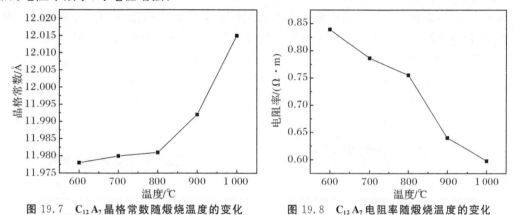

图 19.7　$C_{12}A_7$ 晶格常数随煅烧温度的变化　　　图 19.8　$C_{12}A_7$ 电阻率随煅烧温度的变化

不同的煅烧温度会对 $C_{12}A_7$ 样品的微观形貌产生一定的影响。如图 19.9 所示,当煅烧温度为 600 ℃时,样品颗粒尺寸较小,颗粒表面粗糙并存在一些孔隙,随着煅烧温度的升高,颗粒尺寸逐渐变大,颗粒表面变得较为平整且边缘清晰。当煅烧温度达 900 ℃ 和 1 000 ℃ 时,样品颗粒尺寸明显增大,颗粒之间开始出现熔融团聚的现象,这是由于随着煅烧温度的升高,颗粒之间的熔化程度加剧,颗粒之间出现大面积的黏结。

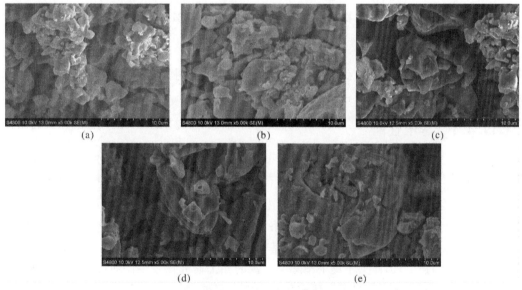

图 19.9　不同煅烧温度下电流快速烧成 $C_{12}A_7$ 的 SEM 图
(a)600 ℃;(b)700 ℃;(c)800 ℃;(d)900 ℃;(e)1 000 ℃

19.3.3　$C_{12}A_7$ 的电子结构

图 19.10 所示是 $C_{12}A_7$:O^{2-} 和 $C_{12}A_7$:e^- 的能带结构图。由图可以计算出 $C_{12}A_7$:O^{2-} 的能隙为 1.882 eV,为半导体。对于 $C_{12}A_7$:O^{2-},其费米能级下方有两条相距很窄的能带,这主要来自笼内自由氧离子的 p 轨道。当 $C_{12}A_7$:O^{2-} 中的自由氧离子被电子取代后形成了

$C_{12}A_7:e^-$,对应的自由氧离子 p 轨道相应的能带消失。可以明显看到,笼导带中出现了能带的简并,这是由于当笼内的自由氧离子被移除后,晶格因与氧离子之间存在强相互作用而导致形变减弱,这使得原来由晶格形变引起的能带在某些 k 点处消除的简并又得以恢复。此外,其费米能级穿过笼导带并位于笼导带底上方约 1 eV 处,这意味着在笼导带中,有一部分空带已经被额外引入的电子所占据,所以此时的笼导带是一个半满带,这一特征直接导致 $C_{12}A_7:e^-$ 具备了类似金属的导电性,并实现了从半导体向导体的转变。

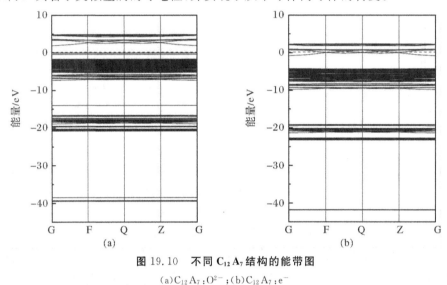

图 19.10　不同 $C_{12}A_7$ 结构的能带图

(a)$C_{12}A_7:O^{2-}$；(b)$C_{12}A_7:e^-$

19.4　七铝酸十二钙对水泥性能的影响

19.4.1　导电性能

水泥基材料本身不导电,在其中加入导电材料后,导电材料在其内部形成导电网络,或通过离子导电、隧道效应等使水泥基材料具备一定的导电性能。水泥基材料内部的导电分为两种：①自由离子定向移动形成的离子导电；②导电化合物内部的电子导电。离子型导电水泥是在水泥基材料中添加适量的电解质溶液离子,离子在溶液中迁移从而达到使水泥基材料导电的目的。离子型导电水泥对水泥基中的含水率要求较高,而且电解质溶液的掺入会影响水泥基的强度,因此关于离子型导电水泥的相关研究比较少。通过导电化合物内部的电子导电实现水泥基材料导电的研究相对较多。目前,掺入水泥基材料中的导电材料主要有碳纤维、钢纤维、石墨、炭黑、碳纳米管等。碳纤维容易在水泥基材料中产生团聚,导电均匀性不好；钢纤维会随着龄期的延长而逐渐生锈；石墨和炭黑会影响水泥基材料的强度。因此,需要寻找一种导电材料避免上述情况的发生。

$C_{12}A_7$ 是一种水化凝结速度较快的铝酸钙矿物,其水化初期主要生成了 C_2AH_8 和 CAH_{10}。随着反应的进行,最终的水化产物都转变为 C_3AH_6。$C_{12}A_7$ 还可以促进 C_4AF、CA、C_3S 和 C_2S 的早期水化。因此,$C_{12}A_7$ 可以作为水泥矿物组成的一部分,参与水泥的水化反应。上述通过电流快速煅烧技术制备的 $C_{12}A_7$ 导电性良好,可将其掺入水泥中提高水泥基材料的导电性。图 19.11 所示是不同 $C_{12}A_7$ 掺量的水泥水化 7 d 后的电阻率。

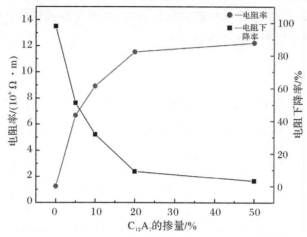

图 19.11　不同 $C_{12}A_7$ 掺量的水泥水化 7 d 后电阻率的变化

由图 19.11 可以看出,随着 $C_{12}A_7$ 掺量的增加,水泥水化后的电阻率减小。纯水泥水化 7 d 的电阻率高达 $13.5 \times 10^6\ \Omega \cdot m$,掺加 5% 的 $C_{12}A_7$ 可以使其电阻率降低 43.41%。当掺量为 10% 时,电阻率为 $5.22 \times 10^6\ \Omega \cdot m$,下降了 61.33%。当掺量为 20% 时,电阻率下降了 82.22%,为 $2.4 \times 10^6\ \Omega \cdot m$。随着掺量的继续增大,电阻率的下降幅度大大降低,掺量为 50% 时,电阻率为 $1.65 \times 10^6\ \Omega \cdot m$,下降了 87.78%。

19.4.2　抗压强度

图 19.12 所示是不同 $C_{12}A_7$ 掺量的水泥水化 7 d 的抗压强度。由图可以看出,随着 $C_{12}A_7$ 掺量的增大,水泥水化 7 d 的抗压强度先增大后减小。普通的 525 水泥 7 d 的抗压强度为 46.2 MPa,掺 5% $C_{12}A_7$ 的水泥抗压强度为 46.8 MPa。当 $C_{12}A_7$ 掺量为 10% 时,抗压强度稍有下降,为 45.3 MPa。随着掺量的增加,其抗压强度下降明显。20% 和 50% $C_{12}A_7$ 掺量的水泥水化 7 d 的抗压强度分别为 39.6 MPa 和 32.5 MPa。

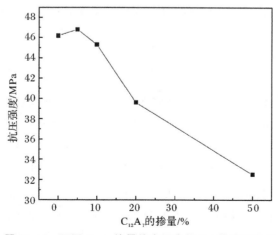

图 19.12　不同 $C_{12}A_7$ 掺量的水泥水化 7 d 的抗压强度

$C_{12}A_7$可以单独与水反应生成C_3AH_6,少量的$C_{12}A_7$还能促进C_3S和C_2S的水化,生成大量的C-S-H凝胶,同时也可以促进水泥早期水化生成钙矾石,针状的钙矾石与早期生成的C-S-H凝胶相互填充,使水泥水化产物结构密实,从而提高其强度。$C_{12}A_7$掺量过多,生成较多的C_3AH_6,则会影响水化产物的强度。

19.4.3 XRD

图19.13所示是不同$C_{12}A_7$掺量的水泥水化7 d后样品的XRD图谱。

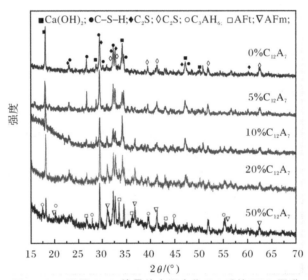

图19.13 不同$C_{12}A_7$掺量的水泥水化7 d后的XRD图谱

由图19.13可以看出,纯水泥水化7 d后样品中主要有C_3S、C_2S、$Ca(OH)_2$和C-S-H凝胶。当$C_{12}A_7$的掺量为5%时,$C_{12}A_7$可以促进C_3S和C_2S的水化,水泥的水化产物主要仍是C-S-H、$Ca(OH)_2$和未水化完的C_3S、C_2S。随着$C_{12}A_7$掺量的增加,$C_{12}A_7$在与水单独反应生成$C_{12}A_7$的同时,还可以与石膏反应生成三硫型水化硫铝酸钙(AFt)和单硫型水化硫铝酸钙(AFm),当$C_{12}A_7$的掺量为50%时,样品水化产物除了C_3S、C_2S、$Ca(OH)_2$和C-S-H凝胶外,还有C_3AH_6、AFt和AFm。

19.4.4 SEM

图19.14所示是不同$C_{12}A_7$掺量的水泥水化7 d后样品的SEM图。由图可以看出,当不掺$C_{12}A_7$时纯水泥水化7 d后主要是形成不定形的水化硅酸钙。当掺入$C_{12}A_7$时,可以明显地观察到水泥水化产物中出现了针状的钙矾石AFt。当$C_{12}A_7$的掺量为10%时,水化产物中出现了大量的AFt和单硫盐AFm,AFm具有六方层状结构,但一般看起来是小片状体。随着$C_{12}A_7$掺量的增大,在水泥水化产物中可以观察到具有立方体状的C_3AH_6。当$C_{12}A_7$掺量为50%时,水化产物中除了C-S-H凝胶、AFt、AFm和C_3AH_6等物质外,还可以看到六方片状的C_2AH_8和C_4AH_{13}。

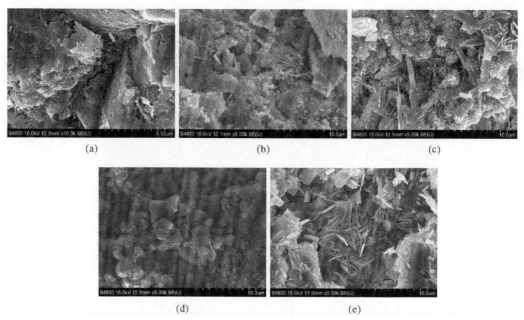

图 19.14 不同 $C_{12}A_7$ 掺量的水泥水化 7 d 后的 SEM 图

(a)0；(b)5%；(c)10%；(d)20%；(e)50%

19.5 七铝酸十二钙烧成小结

本章利用电流快速煅烧技术在较低温度下制备出了 $C_{12}A_7$，采用第一性原理对 $C_{12}A_7$ 的两种结构 $C_{12}A_7:O^{2-}$ 和 $C_{12}A_7:e^-$ 进行模拟计算，分析了其能带结构和态密度的变化。将制备得到的 $C_{12}A_7$ 掺入水泥中，研究 $C_{12}A_7$ 对水泥石导电性能的影响。得到的主要结论如下：

（1）将电流快速烧成技术与溶胶-凝胶法相结合，当电流密度为 1.18 A/cm^2 时，在 600 ℃下煅烧 30 min 就可以合成结晶性良好的 $C_{12}A_7$。

（2）当电流密度为 1.18 A/cm^2，煅烧温度为 600 ℃、700 ℃、800 ℃、900 ℃ 和 1 000 ℃时，在焦耳热的作用下，样品的实际温度都在 1 100 ℃以上。煅烧温度升高，$C_{12}A_7$ 晶格常数和晶体颗粒尺寸增大，$C_{12}A_7$ 的电阻率下降，导电性增强。

（3）相比绝缘氧化物 $C_{12}A_7:O^{2-}$，电子化合物 $C_{12}A_7:e^-$ 具有类似金属的导电性的原因在于其费米能级位于笼导带中，这使得其笼导带形成了半满带，因而具备了导电性。

（4）$C_{12}A_7$ 可以改善水泥石的导电性能，当 $C_{12}A_7$ 的掺量为 5% 时，水泥水化 7 d，电阻率下降 43.41%，抗压强度为 46.8 MPa。$C_{12}A_7$ 掺量增大，导电性提高，但抗压强度下降。

第 20 章　电流快速烧成硅酸三钙

20.1　硅　酸　三　钙

C_3S 作为硅酸盐水泥熟料的主要矿物组成被广泛地用于建筑材料领域。近年来，C_3S 由于具有良好的物理性能、生物活性和生物相容性，被用作一种自固化生物活性材料，并越来越受到研究者的关注。然而，C_3S 的合成一般较为困难。常规的合成方法是高温固相法，一般是通过简单的物理和化学反应过程（扩散、结晶、分解反应和界面反应等）合成产物。这种方法工艺简单，可以直接合成产物，产量高。然而，生成 C_3S 的固相反应速率较慢，需要 CaO（或 $CaCO_3$）与 SiO_2 在高于 $1\,450\,^{\circ}C$ 的温度下长时间反复煅烧多次才可得到纯度较高的 C_3S。C_3S 晶体结构中 O 的不规则分布导致其存在较大的"空穴"，这为外掺其他离子提供了条件。研究表明，在煅烧过程中掺加适量的重金属 Ba、Ni、Cr 和 Cd 等会降低 C_3S 的煅烧温度，重金属进入 C_3S 晶体结构中的"空穴"形成固溶体，提高了煅烧过程中的液相含量，从而利于 C_3S 的烧成。为了降低煅烧温度和缩短煅烧时间，研究者在煅烧过程中加入了助熔剂 CaF_2，在 $1\,450\,^{\circ}C$ 下煅烧 4 h 制备出了游离氧化钙含量小于 1% 的 C_3S。外掺的重金属和助熔剂在一定程度上可以降低合成 C_3S 固相反应的温度并缩短煅烧时间，但是这种掺杂影响 C_3S 的纯度、结构与性能，在生产和使用过程中可能导致重金属和氟化物污染环境。

为了降低水泥熟料烧成过程中的煅烧温度并缩短煅烧时间，有研究者引入了微波辅助煅烧方法，这种方法除了可以制备水泥熟料外，还能合成熟料单矿物。微波是一种频率在 $300\,MHz \sim 300\,GHz$ 范围内，波长在 $1\,mm \sim 1\,m$ 之间的电磁波，相比可见光、紫外光和红外光，微波的波长更长，可用能量量子更低。在微波辅助煅烧过程中，放入微波场的物质与微波耦合，将电磁能量转化为热量，对物质进行加热并促进其反应。传统的高温煅烧是热源通过辐射、对流和传导的方式将热量传递给物质，物质的表面最先受热，随后热量向内部传递，而微波加热是物质的内部先产生热量，从而加热整体。相比传统的高温煅烧，微波辅助煅烧可以提高物质的加热效率，从而缩短煅烧时间、降低煅烧温度、减少煅烧能耗。

有研究采用微波辅助煅烧法，以 $CaCO_3$ 和 SiO_2 为主要原料合成了 C_3S，发现微波加热可以提高化学反应速率，从而促进 C_3S 的烧成。通过三种数学模型和理论分析，模拟了微波加热合成 CaO-SiO_2 体系内的无机胶凝材料，并用实验论证了微波加热技术烧成无机胶凝材料的可行性。然而，在微波辅助煅烧过程中，当加热温度高于材料的临界温度时，损耗因子快速增大导致材料本身的升温速率过大，会出现热失控的现象。

湿化学合成的方法由于可以解决材料合成过程中温度高、时间长和纯度低等问题，近年

来被应用到 C_3S 的制备中。湿化学法的主要过程是：将可溶性的金属盐、氧化物或其他物质配制成溶液，通过水解、蒸发和升华等操作或选择合适的沉淀剂，使金属离子结晶或沉淀，再经过处理得到粉体。合成 C_3S 的湿化学法主要包括共沉淀法和溶胶-凝胶法等。以 $Ca(NO_3)_2 \cdot 4H_2O$、$Na_2SiO_3 \cdot 9H_2O$ 和 Na_2CO_3 为原料，采用共沉淀法在 1 400 ℃下可合成 C_3S。以 $CaCO_3$ 和 $C_8H_{20}O_4Si$ 为原料，采用溶胶-凝胶法在 1 300～1 450 ℃的温度范围内煅烧 6 h 合成 C_3S，并发现 C_3S 的晶粒尺寸随着温度的升高而增大。

在溶胶-凝胶法的基础上，通过外掺锶(Sr)在 1 400 ℃下煅烧 4 h 成功合成掺 Sr 的 C_3S ($Sr_xCa_{3-x}SiO_5$，Sr 占 0%～2%)骨水泥。除了 C_3S 外，溶胶-凝胶法还能合成 C_2S 和 C_3A。为了进一步降低合成 C_3S 的煅烧温度并缩短煅烧时间，将溶胶-凝胶法和电流快速烧成技术相结合，合成纯度较高的 C_3S。首先采用溶胶-凝胶法制备出 C_3S 前驱体，以前驱体为原料压制样品，并进行电流快速煅烧，研究电场强度、电流密度、煅烧温度和煅烧时间对烧成 C_3S 的影响，计算电场和温度场下 C_3S 的烧成动力学，并模拟煅烧过程中样品的实际温度分布。

20.2　硅酸三钙电流烧成实验

20.2.1　实验试剂与仪器

本实验所需的实验试剂见表 20.1。

表 20.1　实验过程中所使用的试剂

试　剂	分子式	纯度	产地
四水硝酸钙	$Ca(NO_3)_2 \cdot 4H_2O$	分析纯,纯度 99%	国药集团化学试剂有限公司
正硅酸乙酯	$C_8H_{20}O_4Si$	分析纯,纯度 99%	国药集团化学试剂有限公司
乙二醇	$(CH_2OH)_2$	分析纯,纯度 99%	国药集团化学试剂有限公司
硝酸	HNO_3	分析纯,纯度 99%	国药集团化学试剂有限公司
无水乙醇	C_2H_6O	分析纯,纯度 99%	国药集团化学试剂有限公司
苯甲酸	$C_7H_6O_2$	分析纯,纯度 99%	国药集团化学试剂有限公司
氢氧化钠	$NaOH$	分析纯,纯度 99%	国药集团化学试剂有限公司
酚酞	$C_{20}H_{14}O_4$	分析纯,纯度 99%	国药集团化学试剂有限公司

实验中使用的主要仪器见第 19 章中的表 19.2 和图 19.1。

20.2.2　实验过程

1.溶胶-凝胶的制备

以 $C_8H_{20}O_4Si$ 和 $Ca(NO_3)_2 \cdot 4H_2O$ 为主要原料,按照 Ca、Si 摩尔比为 3∶1 确定 $C_8H_{20}O_4Si$ 和 $Ca(NO_3)_2 \cdot 4H_2O$ 的用量。将 $C_8H_{20}O_4Si$、C_2H_6O 和超纯水按一定比例混合均匀,并将装有混好有机溶液的烧杯放在磁力搅拌器上,在连续搅拌下逐滴加入配好的稀 HNO_3 溶液,使 $C_8H_{20}O_4Si$ 完全水解得到透明清澈液体。而后加入溶解在 C_2H_6O 中的 $Ca(NO_3)_2 \cdot 4H_2O$

溶液,不断搅拌得到 C_3S 溶胶。C_3S 溶胶在 60 ℃真空干燥箱中干燥 24 h 变为 C_3S 凝胶,所得凝胶在 110 ℃下干燥形成 C_3S 干凝胶。将干凝胶用玛瑙研钵磨成粉末,在箱式炉中 600 ℃下煅烧 2 h,样品冷却后磨细得到合成 C_3S 的前驱体。

2. 电流快速煅烧制备 C_3S

称取一定量的 C_3S 前驱体粉末,放入专用的圆柱体模具中,并使用水泥胶砂抗折抗压试验机,在 10 MPa 的压力下保压 2 min,压制成 $\phi 6$ mm $\times H6$ mm 的圆柱体。将压制的圆柱体试样放入改装的电流快速煅烧管式炉中,连接导线保证开启电源时样品中有电流通过。管式炉以 5 ℃/min 的速度升温。当管式炉达到设定温度时,开启电源向样品施加直流电场。在电场和温度场的作用下保温一定时间。待保温结束,使管式炉迅速降温,取出烧制好的样品,以待进一步的测试和分析。通过改变设定温度、限值电流、起始电压和保温时间,研究不同的煅烧温度、电流密度、电场强度和煅烧时间对样品烧成的影响。

3. 传统煅烧制备 C_3S

称取一定量的 C_3S 前驱体粉末,放入专用的圆柱体模具中,并使用水泥胶砂抗折抗压试验机,在 10 MPa 的压力下保压 2 min,压制成 $\phi 6$ mm $\times H6$ mm 的圆柱体。将压制的圆柱体试样放入箱式炉中,箱式炉以 5 ℃/min 的速度升温,对比电场辅助煅烧,设置相同的煅烧时间和煅烧温度,从而研究电场对样品烧成过程的影响。待保温结束,使箱式炉迅速降温,取出煅烧好的样品,以待进一步的测试和分析。

20.2.3　表征方法

根据 GB/T 176—2017《水泥化学分析方法》,采用乙二醇法测定烧成样品中的游离氧化钙(f-CaO)含量。称取 0.5 g 待测样品放入 250 mL 锥形瓶中,并加入 30 mL 乙二醇乙醇溶液。将锥形瓶放置在电炉上,并将溶液加热至轻微沸腾 4 min。用乙醇过滤并洗涤样品 3 次。然后在锥形瓶中收集滤液,并用苯甲酸-无水乙醇标准滴定溶液滴定。当滤液从淡红色变为无色时,设定终点。f-CaO 的量可通过使用消耗的苯甲酸无水乙醇标准滴定溶液的量来计算,即

$$\omega = \frac{T_{CaO} \times V \times 0.1}{m} \tag{20.1}$$

式中:ω 是样品中的 f-CaO 含量;T_{CaO} 是苯甲酸无水乙醇标准滴定溶液对 CaO 的滴定度;V 是消耗的苯甲酸无水乙醇标准滴定溶液的量;m 是称取待测样品的质量。

使用德国布鲁克公司的 D8-ADVANCE 型 X 射线衍射仪(XRD)对 $C_{12}A_7$ 进行物相分析,仪器的工作参数:Cu - Kα 射线,波长 λ 为 0.154 06 nm,管电压为 40 kV,管电流为 40 mA,步宽为 0.02°,扫描速率为 8 °/min,扫描范围为 15°～70°。使用日本日立公司 S - 4800 型冷场发射扫描电子显微镜(Scanning Electronic Microscopy,SEM)观察烧成样品的微观形貌,分辨率为 1.5 nm,加速电压为 0.2～30 kV,低倍模式放大 30～2 000 倍,高倍模式放大 350～10^5 倍。使用德国布鲁克公司 Tensor 11 型傅里叶变换红外光谱仪(Fourier Transform-Infrared Spectroscopy,FT-IR)分析样品的分子结构,分辨率优于 0.25 cm^{-1},信噪比优于 50 000:1,谱区 8 000～350 cm^{-1},精度 0.005 cm^{-1}。FT-IR 主要用于分析 C_3S 煅烧前后的分子结构变化。

20.2.4　计算方法

1. 烧成动力学

水泥熟料的主要矿物组成有 C_3S、C_2S、铝酸三钙（$3CaO \cdot Al_2O_3$，C_3A）和铁铝酸四钙（$4CaO \cdot Al_2O_3 \cdot Fe_2O_3$，$C_4AF$），其中生成 C_2S、C_3A 和 C_4AF 的反应较容易发生，均是固相反应，而生成 C_3S 的反应较为困难，在较高的温度下由固液相反应形成。因此，水泥熟料的烧成动力学一般由 C_3S 的形成过程决定。

（1）转化率。转化率可以通过熟料烧成过程中反应前、后 CaO 的含量来表示，则有

$$a = 1 - \frac{w}{w_{max}} \tag{20.2}$$

式中：a 为转换率；w_{max} 是煅烧前样品中 CaO 的含量；w 是煅烧后样品中 CaO 的含量。

（2）活化能。在得到水泥熟料烧成过程中 CaO 的转化率后，熟料烧成活化能可以根据金斯特林格（Gentling）方程和阿仑尼乌斯（Arrhenius）方程计算，则有

$$1 - \frac{2}{3}a - (1-a)^{\frac{2}{3}} = Kt \tag{20.3}$$

$$K = Ae^{-\frac{E}{R_c T}} \tag{20.4}$$

将 Arrhenius 方程代入 Gentling 方程，并对公式两边同时取对数，简化后可得

$$\ln\left[\frac{1 - \frac{2}{3}a - (1-a)^{\frac{2}{3}}}{t}\right] = \ln A - \frac{E}{R_c T} \tag{20.5}$$

式中：a 是 CaO 的转化率；t 是煅烧过程中的保温时间；A 为常数；$R_c = 8.3145 \text{ J/(mol} \cdot \text{K)}$，为摩尔气体常数；$E$ 为活化能。

根据式（20.5），对 $\ln K$ 和 $1/T$ 进行线性相关分析，然后再根据直线的斜率计算出活化能 E 的值。

2. 黑体辐射模型

在电流快速煅烧的过程中，由于有电流通过样品产生焦耳热，导致样品的实际温度要高于管式炉内的环境温度，为了分析样品在电场和温度场作用下的实际温度，利用黑体辐射模型进行计算，则有

$$T = \left(T_0^4 + \frac{w}{A\varepsilon\sigma}\right)^{1/4} \tag{20.6}$$

式中：T 为样品的实际温度；T_0 为设定的管式炉环境温度，即样品的烧成温度；w 为烧成过程中稳态阶段的功率耗散；A 为圆柱体样品的表面积，即 $1.6956 \times 10^{-4} \text{ m}^2$；$\varepsilon$ 为辐射常数，假设为 $0.8 \sim 1.0$；σ 为 Stefan-Boltzmann 常数，为 $5.67 \times 10^{-8} \text{ W/(m}^2 \cdot \text{K}^4)$。

3. 电场温度场模拟

黑体辐射模型只能计算样品整体的一个平均温度值，不能反映样品中的实际温度分布。因此，采用有限元法对煅烧过程中样品的实际温度分布进行模拟计算，所使用的软件是 COMSOL Multiphysics v5.4。

首先,利用 COMSOL 软件建立三维仿真物理模型,即按照所压制的样品 1∶1 比例建立圆柱体模型,如图 20.1 所示。在电场和温度场耦合作用下,对该模型进行加热。为了求解模型的热扩散方程,对模型的传热和电流传输设置适当的边界条件。煅烧过程中,样品周围存在空气气氛。因此,假设热流边界条件来对对流空气冷却进行调整,则有

$$q_0 = h(T_{ext} - T) \qquad (20.7)$$

式中:q_0 单位面积的固体表面与流体之间在单位时间内交换的热量,单位为 W/m^2;T_{ext} 是固体表面温度,单位为 K;T 是流体的温度,单位为 K。

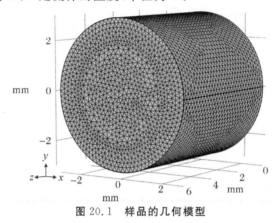

图 20.1 样品的几何模型

考虑到样品表面较高的温度对周围环境产生热辐射的影响,辐射热损失可以通过以下公式计算,即

$$-nq = \varepsilon\sigma(T_{amb}^4 - T^4) \qquad (20.8)$$

式中:ε 是样品的表面辐射系数,其值取 $0.8 \sim 1.0$;T_{amb} 是环境温度,单位为 K;T 是温度场,单位为 K;q 是热通量,单位为 W/m^2;n 是折射率。

假设模型是理想的,传热界面的边界条件是绝热的。电流传输分别由电气绝缘和电气隔离决定,即

$$-\boldsymbol{n}(-k\,\nabla T) = 0 \qquad (20.9)$$
$$-\boldsymbol{n}J = 0 \qquad (20.10)$$

式中:$\boldsymbol{n}$ 是边界的单位法向量;k 为导热系数 $[W/(m \cdot K)]$;J 是电流密度 (A/m^2)。

设置好各种分析条件之后,对建立的模型进行网格划分,输入参数对所建立的模型进行求解。也就是将数学模型离散化成有限个小单元,再利用有限元分析初始条件和边界条件,最终求解线性或者非线性的微分方程。

20.3 烧成过程中的电学行为分析

20.3.1 电流密度的变化

电流快速煅烧过程一般分为 3 个阶段:①在环境温度和电压达到一定的阈值之前,电流缓慢增加,称之为"潜伏阶段";②当环境温度或者电压到达阈值时,样品的电阻率显著减小,电流急剧增加,称为"闪烧阶段";③随着闪烧阶段的结束,电流达到设定的限值保持不变,样

品的电阻率基本保持恒定,电压也降到一个稳定的范围。图 20.2 所示是当电场强度和煅烧温度一定时,不同限值电流密度度随时间的变化。

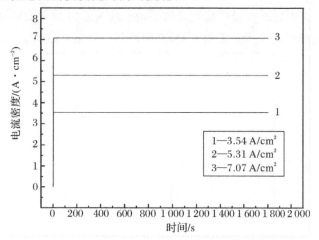

图 20.2 煅烧过程中电流密度随时间的变化

由图 20.2 可以看出,样品中电流密度的变化和陶瓷闪烧过程基本一致,当达到阈值温度时,样品中的电流密度急剧增大,到达设定的电流限值密度之后不再变化。

图 20.3 所示是煅烧过程中功率耗散随时间的变化。从图中可以看出,在样品未导通之前,电场不做功,功率耗散为 0。当达到阈值温度时,电流密度迅速增大到设定限值,同时功率耗散也从 0 增加到最大值。随着电流密度稳定在设定限值,电流快速煅烧进入稳态阶段,功率耗散也随之降低并在一定范围内保持稳定。电流限值不同,稳态阶段的功率耗散也不同。通过计算可得,在 3.54 A/cm² 、5.31 A/cm² 和 7.07 A/cm² 的电流密度作用下,稳态阶段的平均功率耗散为 208.81 W/cm³ 、393.34 W/cm³ 和 576.6 W/cm³。由此可见,当电场强度一定时,稳态阶段的功率耗散随着限值电流密度的增大而增大。

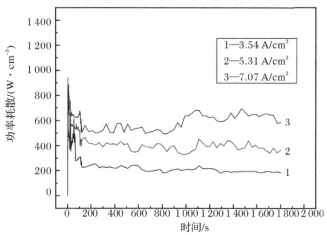

图 20.3 煅烧过程中功率耗散随时间的变化

20.3.2 电场强度的变化

图 20.4 所示是煅烧过程中电场强度随时间的变化。由图可以看出,样品两端电场强度的变

化趋势和功率耗散的变化趋势一致。当样品导通时,两端的电场强度急剧增大,达到最大值后迅速降低并在一定范围内保持稳定。当电流密度限值分别为 3.54 A/cm² 、5.31 A/cm² 和 7.07 A/cm² 时,达到稳态阶段样品两端的平均电场强度为 58.04 V/cm、74.14 V/cm 和 81.51 V/cm。设定的电流密度限值越大,稳态阶段的电场强度越大。

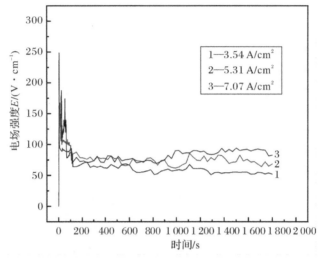

图 20.4　煅烧过程中电场强度随时间的变化

当起始电场强度或者煅烧温度达到一定阈值时,样品的电阻率会显著减小进而变为导体,电流通过样品产生焦耳热,从而促进样品的煅烧。设定的电流密度限值一定时,改变初始电场强度,样品中电流密度的变化如图 20.5(a)所示。由图可以看出,不同初始电场强度下,样品导通时的煅烧温度不同。当起始电场强度分别为 600 V/cm、800 V/cm、1 000 V/cm、1 200 V/cm 和 1 400 V/cm 时,煅烧温度为 1 000 ℃、1 100 ℃、1 200 ℃、1 300 ℃ 和 1 400 ℃。图 20.5(b)是起始电场强度和样品导通时的煅烧温度的关系图,从图中可以看出,起始电场强度随着煅烧温度的增加,呈线性降低的趋势。这说明只要起始电场强度足够大,样品导通时的温度就可以降低,从而实现低温下对样品的煅烧合成。

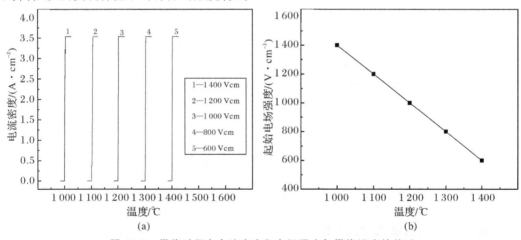

图 20.5　煅烧过程中电流密度和电场强度与煅烧温度的关系

(a)不同起始电场强度下电流密度随煅烧温度的变化;(b)起始电场强度随煅烧温度的变化

当电流密度限值一定,起始电场强度不同时,煅烧过程中的功率耗散随时间的变化如图20.6所示。由图可以看出,煅烧过程到达稳态阶段时,平均功率耗散随着起始电场强度的增加而增加。当起始电场强度分别为 600 V/cm、800 V/cm、1 000 V/cm、1 200 V/cm 和 1 400 V/cm时,稳态阶段的平均功率耗散为 409.97 W/cm^3、353.84 W/cm^3、315.12 W/cm^3、258.59 W/cm^3 和 104.49 W/cm^3。煅烧温度较低时,为了使样品导电,需要较大的电场强度。当处于稳态阶段时,热场的能量较低,而电场的功率耗散就会增大。随着煅烧温度的提高,初始电场强度降低,管式炉提供的热场能量增大,同时煅烧样品需要的电场做功就会降低,从而功率耗散减小。

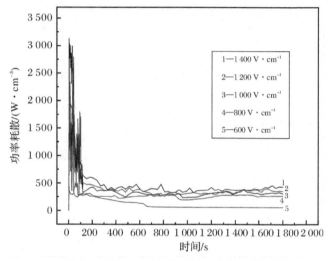

图 20.6　不同起始电场强度下的功率耗散变化

20.4　硅酸三钙的烧成过程

20.4.1　电流密度对 C_3S 烧成的影响

当起始电场强度为 800 V/cm、煅烧温度为 1 300 ℃、煅烧时间为 30 min 时,研究不同电流密度限值对 C_3S 烧成的影响,图20.7所示是不同电流密度限值下烧成 C_3S 的 f-CaO 含量变化和 XRD 图谱。由图可以看出,随着电流密度限值的增加,烧成 C_3S 中的 f-CaO 在下降,但是降低幅度较小。电流密度分别为 3.54 A/cm^2、5.31 A/cm^2 和 7.07 A/cm^2 时,烧成 C_3S 中的 f-CaO 含量为 2.02%、1.95% 和 1.83%,通过样品中的电流越大,产生的焦耳热越多,越有利于 C_3S 的烧成。在相同煅烧温度和煅烧时间下,电流快速烧成的 C_3S 中 f-CaO 含量远小于直接煅烧,直接煅烧得到的 C_3S 中的 f-CaO 含量为 9.89%。对比图 20.7(b)中煅烧前后 C_3S 的 XRD 图谱,可以看出,600 ℃下处理的 C_3S 前驱体中主要包括 C_2S、CaO 和 SiO_2,经过 1 300 ℃煅烧 30 min 后,生成了 C_3S。由于直接煅烧的温度不够高,CaO 没有完全反应,烧成的物质中还包含 C_2S、CaO 和 SiO_2。在电流的作用下,烧成的 C_3S 纯度较高。

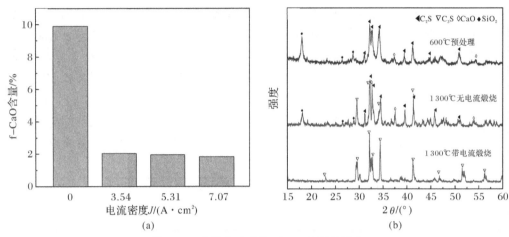

图 20.7　电流密度限值对 C₃S 烧成的影响

(a)f-CaO 含量的变化；(b)XRD 图谱

20.4.2　煅烧时间对 C₃S 烧成的影响

当电流密度限值为 3.54 A/cm²、煅烧温度为 1 300 ℃时，改变煅烧时间，研究煅烧时间对 C₃S 易烧性的影响。由图 20.8(a)可以看出，当煅烧时间相同时，电流快速煅烧过的 C₃S 中 f-CaO 含量远低于直接煅烧的 C₃S。煅烧时间为 1 min 时，直接煅烧的 C₃S 中 f-CaO 含量高达 14.67%，而在电流的作用下，C₃S 中 f-CaO 含量低至 3.19%。随着煅烧时间的增长，C₃S 中 f-CaO 含量降低。当煅烧时间延长至 60 min 时，直接煅烧的 C₃S 中 f-CaO 含量仍高达 7.05%。煅烧时间超过 15 min 时，电场作用下煅烧的 C₃S 中 f-CaO 含量基本不再变化。对比电流快速煅烧和直接煅烧的 C₃S，可以看出，电场可以有效地降低 C₃S 的煅烧时间，提高 C₃S 的烧成效率。图 20.8(b)是不同煅烧时间下，对应的电流快速煅烧 C₃S 的 XRD 图谱。由图可以看出，煅烧时间为 1 min 时，C₃S 中有明显的 CaO 峰。煅烧时间增长到 15 min 时，C₃S 中的 CaO 峰消失。结果表明，在电场作用下，煅烧 15 min，就可以得到纯度较高的 C₃S。

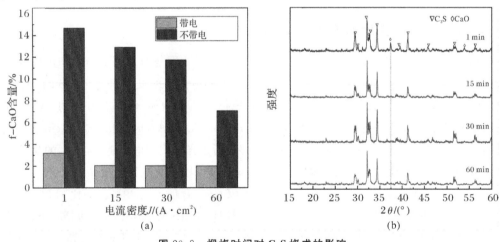

图 20.8　煅烧时间对 C₃S 烧成的影响

(a)f-CaO 含量的变化；(b)XRD 图谱

20.4.3 煅烧温度对 C₃S 烧成的影响

当电流密度限值为 3.54 A/cm²、煅烧时间为 30 min 时,改变煅烧温度,研究煅烧温度对 C₃S 易烧性的影响。由图 20.9(a)可以看出,当煅烧温度相同时,电流辅助煅烧过的 C₃S 中 f-CaO 含量远低于直接煅烧的 C₃S。当煅烧温度为 1 000 ℃时,直接煅烧的 C₃S 中 f-CaO 含量高达18.94%,而在电场的作用下,C₃S 中 f-CaO 含量低至 4.50 %。随着煅烧温度的升高,C₃S 中 f-CaO 含量降低。当煅烧温度升高至 1 400 ℃时,直接煅烧的 C₃S 中 f-CaO 含量仍高达 9.95%。在电场作用下,当煅烧温度低于 1 200 ℃时,C₃S 中 f-CaO 含量明显降低。当煅烧温度高于 1 200 ℃时,C₃S 中 f-CaO 含量基本稳定,最低在 2.02%。图 20.9(b)所示是不同煅烧温度下,对应的电流快速煅烧 C₃S 的 XRD 图谱。由图可以看出,煅烧温度低于 1 200 ℃时,C₃S 中有明显的 CaO 峰,煅烧温度高于 1 200 ℃时,C₃S 中的 CaO 峰消失。这为低温下合成 C₃S 提供了可能。

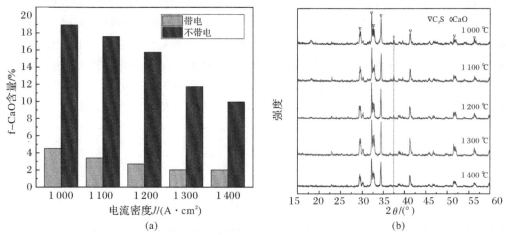

图 20.9 煅烧温度对 C₃S 烧成的影响

(a)f-CaO;(b)XRD 图谱

20.4.4 烧成 C₃S 晶型的确定

C₃S 主要由 C₂S 和 CaO 在高温下反应生成。C₂S 的矿物晶体结构主要有 5 种晶型,即 α-C₂S、α′H-C₂S、α′L-C₂S、β-C₂S 和 γ-C₂S,图 20.10(a)显示了 5 种结构之间的转换关系。C₂S 的主要晶型是 β 型,在室温下稳定的晶型是 γ 型。高温煅烧的过程会出现 α、α′H 和 α′L 型,但在冷却后通常都会转变为 β 型。600 ℃预处理后的 C₃S 凝胶主要矿物组成是 C₂S,其 FT-IR 光谱如图 20.11 所示,可见,其是一个典型的 β-C₂S。β-C₂S 的主峰在 900 cm⁻¹ 和 1 000 cm⁻¹ 处存在 Si-O 拉伸模式,在 997 cm⁻¹ 处有一个明显的识别峰,Si-O 弯曲模式在 460 cm⁻¹ 处,其峰值强度相对较小。

如图 20.10(b)所示,C₃S 有三斜晶型(T₁、T₂、T₃)、单斜晶型(M₁、M₂、M₃)和正交晶型(R)7 种晶型。纯的 C₃S 在室温下为 T₁ 型,当掺杂其他离子或者高温迅速冷却时会出现其他晶型。纯 T₁ 型硅酸三钙中分别存在[SiO₄]四面体的非对称伸缩振动(883 cm⁻¹、906 cm⁻¹、938 cm⁻¹ 和 996 cm⁻¹)、对称伸缩振动(846 cm⁻¹、834 cm⁻¹ 及 812 cm⁻¹)、面外弯曲振动(524 cm⁻¹)和面内弯曲振动(454 cm⁻¹)等红外吸收振动峰。图 20.11 是在电流作用下煅烧合成的 C_3S 的红外光谱测试结果,它与文献中结果较为一致,因此判断合成的 C_3S 为 T_1 型。

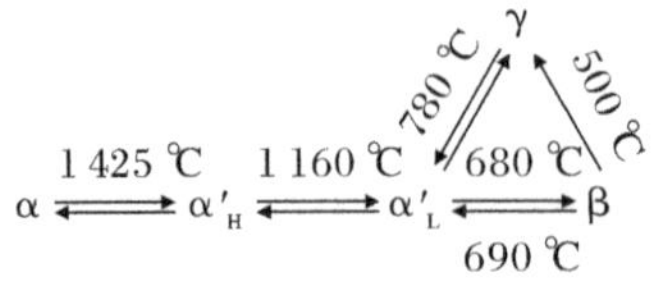

$$\alpha \xleftrightarrow{1425℃} \alpha'_H \xleftrightarrow{1160℃} \alpha'_L \xleftrightarrow[690℃]{680℃} \beta$$
$$\gamma \quad {}^{780℃} \quad {}^{500℃}$$

(a)

$$R \xleftrightarrow{1070℃} M_3 \xleftrightarrow{1060℃} M_2 \xleftrightarrow{990℃} M_1 \xleftrightarrow{980℃} T_3 \xleftrightarrow{920℃} T_2 \xleftrightarrow{620℃} T_1$$

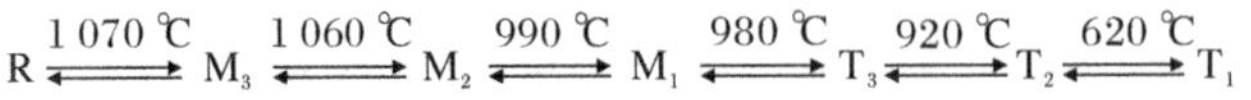

(b)

图 20.10　不同晶型之间的转变关系图

(a)C_2S;(b)C_3S

根据 C_3S 的 XRD 图谱中 31°～33°、51°～52.5°的两个指纹区衍射峰峰形可以确定其晶型。纯的 T_1 型硅酸三钙在 31°～33°区间内 XRD 峰表现为 4 个衍射峰,中间的两个衍射峰有分离或部分重叠趋势,在 51°～52.5°区间内为 3 个完全孤立的衍射峰。电流密度限值为 3.54 A/cm²、起始电场强度为 800 V/cm 时,1 300 ℃煅烧 30 min 而成的 C_3S 的 XRD 如图 20.12 所示,从图中可以看出,烧成的 C_3S 在 31°～33°区间内有 4 个衍射峰,在 51°～52.5°区间内有 3 个衍射峰,与 T_1 型的 C_3S 峰型一致,因此判断合成的 C_3S 为 T_1 型。

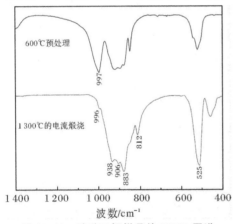

图 20.11　硅酸三钙样品的 FT-IR 图谱

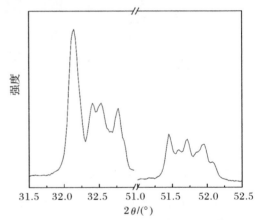

图 20.12　硅酸三钙样品的 XRD 图谱

20.5　硅酸三钙烧成动力学分析

20.5.1　转化率

煅烧前样品中的 f-CaO 含量为 20.45%,通过式(20.2)计算煅烧过程中 CaO 的转化率,结果如图 20.13 所示。图 20.13(a)是 1 300 ℃下样品中 CaO 转化率随煅烧时间的变化,由图可以看出,转化率随着煅烧时间的延长而增大。在电流作用下,煅烧超过 15 min 时,转化率可到达 90%以上,且基本保持不变。这表明 CaO 与 C_2S 反应生成 C_3S,与之前的 XRD 分析一致。不加电流时,煅烧 60 min 后的转化率最高只有 65.77％。如图 20.13(b)所示,当煅烧时间相同时,转化率随着煅烧温度的升高而增加。在直接煅烧的过程中,转化率在 1 300 ℃之前增长较为缓慢,而在 1 300 ℃之后增长较为迅速。这表明 CaO 和 C_2S 的固相反应主要发生在 1 300 ℃之后,而且转化率最高为 51.34％。在相同条件下,电流作用下 C_3S 煅烧过程的转化率明显高于无电流作用下的转化率。煅烧温度为 1 000 ℃时,直接煅烧过程中的转化率仅为 7.38％,而在电流作用下样品的转化率为 78.00％。这表明电流可以促进 CaO 和 C_2S 的固相反应,提高 CaO 的转化率。

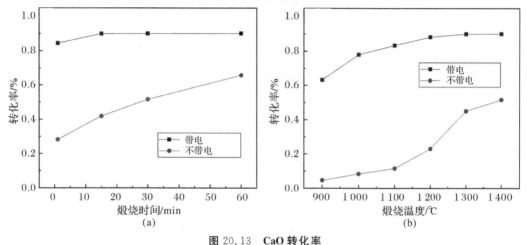

图 20.13　CaO 转化率

(a)转化率随煅烧时间的变化;(b)转化率随煅烧温度的变化

20.5.2　活化能

根据 CaO 转化率的计算结果,C_3S 烧成动力学参数可由式(20.3)～式(20.5)计算。结果见表 20.2。对 lnK_r 和 $10^4/T$ 作线性拟合,R^2 为线性相关系数,结果如图 20.14 所示。经计算,直接煅烧 C_3S 形成的活化能为 190.19 kJ/mol,电流作用下生成 C_3S 的活化能为 21.86 kJ/mol。这说明电流可以降低 C_3S 形成的活化能,有力于 CaO 和 C_2S 的反应。

表 20.2　计算 C_3S 烧成动力学参数

工 艺	$T/℃$	$a/\%$	$T^{-1}/(10^{-4}\cdot K^{-1})$	lnK_r	斜 率	$E/(kJ\cdot mol^{-1})$	R^2
无电流	1 000	7.38	7.854 5	−10.776 4	−22 875	190.19	0.990 9
	1 100	13.98	7.282 5	−9.467 2			
	1 200	22.98	6.788 2	−8.427 4			
	1 300	42.64	6.356 7	−7.075 0			
	1 400	51.34	5.976 7	−6.643 1			
有电流	1 000	77.99	7.854 5	−5.559 3	−2 629	21.86	0.955 7
	1 100	83.42	7.282 5	−5.352 6			
	1 200	86.80	6.788 2	−5.220 9			
	1 300	90.07	6.356 7	−5.087 9			
	1 400	90.12	5.976 7	−5.085 9			

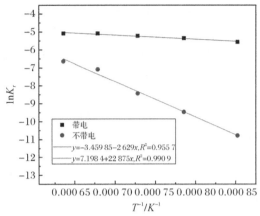

图 20.14　**lnK_r 和 1/T 的线性拟合**

20.6　硅酸三钙烧成过程的温度场

20.6.1　黑体辐射模型

　　传统 C_3S 的制备需要在 1 450 ℃以上反复煅烧多次,而电流快速煅烧所需要的温度显然更低,而且煅烧时间更短。这主要与焦耳热效应有关,电流通过样品会产生焦耳热。传统热辐射煅烧的加热方式是由外向内,通过加热炉体空间对放置其中的样品进行加热煅烧。电流快速煅烧是在传统热辐射煅烧的基础上,通过电-热转换对样品进行加热。在电场和温度场的作用下,当煅烧温度到达某一值时,两端的电压会击穿样品使其成为导体。电流通过样品时会产生焦耳热,产生的热量几乎全部用于 C_3S 的烧成,因此,电流快速煅烧的效率要高于传统煅烧方法。在焦耳热的作用下,样品的实际温度高于管式炉设置的煅烧温度,利用黑体辐射模型[式(20.6)]可以计算出样品的实际温度。

　　通过计算,在电场作用下煅烧过程中的样品实际温度见表 20.3。由表可以看出,样品的实际温度远高于管式炉设置的煅烧温度。电流产生的焦耳热使样品的实际温度更接近传统煅烧 C_3S 所需的温度。当煅烧温度为 1 000 ℃和 1 100 ℃时,样品的实际温度为 1 417.64 ℃和 1 430.84 ℃,低于 1 450 ℃,烧成的 C_3S 中 f-CaO 含量较高。当煅烧温度为 1 200 ℃、1 300 ℃和 1 400 ℃时,样品的实际温度分别为 1 468.29 ℃、1 497.11 ℃和 1 461.40 ℃,高于 1 450 ℃,可以制备出纯度较高的 C_3S。

表 20.3　**不同煅烧温度下样品的实际温度**

煅烧时间/℃	1 000	1 100	1 200	1 300	1 400
稳态电压/V	53.54	47.09	43.27	35.63	11.84
电流/A	1	1	1	1	1
实际温度/℃	1 417.64	1 430.84	1 468.29	1 497.11	1 461.40

20.6.2　温度分布分析

黑体辐射模型只能计算出一个温度值,为了模拟样品中的温度分布,利用有限元的方法,采用 COMSOL 软件模拟计算不同煅烧温度下样品的实际温度分布。

在电场和温度场的耦合作用下对样品进行加热。在煅烧的初始阶段,样品的电阻率不断变化,导致样品两端的电压也发生变化。随着煅烧的进行,电压逐渐稳定。假设稳定状态下样品的电阻率是恒定的,利用稳态时的电压计算模拟样品的实际温度分布,结果如图 20.15 所示。

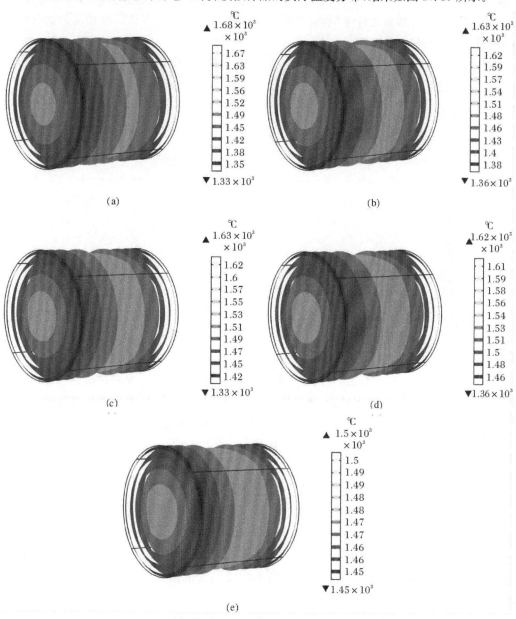

图 20.15　不同煅烧温度下硅酸三钙样品的实际温度分布

(a)1 000 ℃;(b)1 100 ℃;(c)1 200 ℃;(d)1 300 ℃;(e)1 400 ℃

由图 20.15 可以看出,样品中心的温度最高,由内而外温度逐渐降低。当煅烧温度为 1 000 ℃、1 100 ℃ 和 1 200 ℃时,样品中心的温度都高于 1 600 ℃,而样品两端的温度为 1 330 ℃、1 360 ℃ 和 1 410 ℃。当煅烧温度为 1 300 ℃ 和 1 400 ℃时,样品整体的温度分布都在 1 450 ℃ 以上,有利于 C_3S 的烧成。图 20.16 所示是 1 300 ℃ 在电流作用下煅烧 30 min 样品不同区域的 SEM 图。由图可以看出,样品中心附近有一个明显的孔洞,这是由电流击穿形成的。放大该区域后,可以看到样品的形态是平坦、光滑和致密的。这表明在煅烧过程中,该区域的温度最高,样品颗粒熔化在一起。离中心区域较远的地方,样品的实际温度相对较低,样品的形貌比较粗糙,可以看到部分样品颗粒嵌在表面。在样品的边缘位置,温度最低,可以看到大量的样品颗粒。

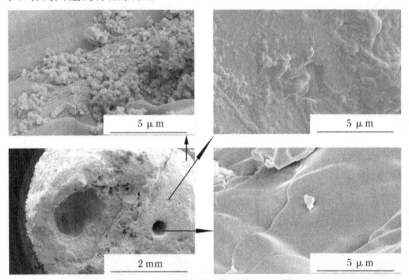

图 20.16　硅酸三钙样品的 SEM 图

当煅烧温度为 1 000 ℃、1 100 ℃、1 200 ℃、1 300 ℃ 和 1 400 ℃时,对应的样品最高温度分别为 1 680 ℃、1 630 ℃、1 630 ℃、1 620 ℃ 和 1 500 ℃。这主要和样品的电阻率有关。煅烧温度越高,样品的电阻率越低,通过样品的电流产生的焦耳热效应也相对降低,从而导致样品的实际最高温度降低,样品的实际温度分布差值也随之降低,分别为 350 ℃、270 ℃、220 ℃、160 ℃ 和 50 ℃。实际温差的缩小有利于 C_3S 的合成。

20.7　硅酸三钙烧成小结

本章利用电流快速煅烧技术在较低的温度下短时间内烧成了纯度较高的 C_3S,研究了煅烧过程中的电场强度和电流密度变化以及电流密度、煅烧温度和煅烧时间对 C_3S 易烧性的影响,并对比了电流快速煅烧和直接煅烧下烧成 C_3S 的活化能,通过计算模拟了电流作用下样品的实际温度分布。主要结论如下:

(1)增大起始电场强度可以降低样品的导通温度,起始电场强度从 600 V/cm 增加到 1 400 V/cm时,导通的煅烧温度从 1 400 ℃ 降低到 1 000 ℃,样品导通之后,电流密度迅速增加到设定的限值,电场强度和功率耗散急剧增大,随后迅速降低并稳定在一定的范围内,煅烧达到稳态阶段。

(2)XRD 和 f-CaO 含量检测结果表明,电流作用下 CaO 的转化率远高于无电流作用下的直接煅烧。随着煅烧温度和煅烧时间的增加,CaO 的转化率增加,C_3S 中的 f-CaO 含量降低。当煅烧温度为 1 300 ℃、煅烧时间为 30 min、起始电场强度为 800 V/cm、电流密度限值为 3.54 A/cm^2 时,可以制备出纯度较高的 T_1 型 C_3S。

(3)C_3S 的烧成动力学表明,电流可以降低烧成 C_3S 的活化能。当起始电场强度为 800 V/cm、电流密度限值为 3.54 A/cm^2 时,C_3S 的烧成活化能为 21.860 kJ/mol,远小于直接煅烧的 190.19 kJ/mol。

(4)煅烧过程中的热场分析和扫描电镜表明,样品的实际温度由内向外降低。当起始电场强度为 800 V/cm、电流密度限值为 3.54 A/cm^2、煅烧温度为 1 300 ℃时,样品中心温度高达 1 620 ℃,边缘温度为 1 460 ℃。煅烧温度越高,样品实际的温度分布差值越小,越有利于 C_3S 的烧成。

(5)与传统的直接煅烧相比,电流快速煅烧的方法可以降低煅烧温度和缩短煅烧时间,不仅延长了炉窑的使用寿命,节约能源,同时能减少化石燃料燃烧造成的污染,减少碳排放,有利于碳中和。

第21章 液相量对电流快速烧成水泥熟料的影响

21.1 水泥熟料烧成中的液相

在加热煅烧的过程中,水泥生料一般经过 6 个方面的物理化学反应形成了水泥熟料,主要包括 150 ℃以下生料中自由水的蒸发、500~800 ℃黏土质原料的脱水分解、600~900 ℃碳酸盐的分解、液相出现之前的固相反应、液相出现后熟料的烧成和熟料的冷却。

固相反应一般在温度升至 800 ℃时开始发生,整个反应过程比较复杂,反应多且不同步,反应物、中间产物和最终产物之间也会发生交叉反应。如:800 ℃左右会有 $CaO \cdot Al_2O_3$(CA)、$CaO \cdot Fe_2O_3$(CF)、C_2S 生成;800~900 ℃形成 $C_{12}A_7$;900~1 000 ℃生成 $2CaO \cdot Al_2O_3 \cdot SiO_2$($C_2AS$)后又分解,生成 C_3A 和 C_4AF;1 100~1 200 ℃大量生成 C_3A 和 C_4AF,C_2S 的含量也达到最大。当温度达到 1 250 ℃时开始出现液相,液相主要由 CaO、Fe_2O_3 和 Al_2O_3 组成。液相可以把分散的粉料黏合起来使其团聚,吸收部分游离的 CaO 和 SiO_2 生成 C_2S。当温度范围在 1 300~1 450 ℃时,C_4AF 和 C_3A 变为熔融状态,产生的液相吸收部分游离 CaO 和 C_2S,生成水泥熟料主要矿物 C_3S。随着煅烧温度的升高和煅烧时间的延长,液相含量增加,黏度降低,CaO 和 C_2S 不断溶解扩散形成 C_3S 晶核,小的晶体逐渐长大,形成发育良好的晶体。由此可见,煅烧过程中出现的液相在一定程度上会影响水泥熟料的烧成。

相比固相,液相有良好的流动性并可以润湿固相,在固相周围形成具有传输能力的毛细管桥,溶解并扩散矿物晶体,最终生成均质化的熟料矿物组成。液相生成的温度点降低、液相含量的增加以及黏度和表面张力的下降都有利于 C_3S 晶体的形成。研究高阿利特水泥熟料的形成动力学发现,在熟料煅烧过程中,液相对于阿利特矿物形成的贡献程度要大于 C_2S 的晶核作用。生成液相所需的煅烧温度过高,会使得整个熟料矿物烧成不彻底并产生黄心料,影响熟料强度;降低生成液相的温度,可以降低熟料的煅烧温度。液相含量过少,煅烧过程中的游离的 CaO 吸收不完全,会导致烧成熟料中 f-CaO 含量增大,影响熟料质量和水泥安定性;液相含量过多,又会使熟料结大块,影响煅烧操作以及 C_3S 晶体发育。液相黏度一般与熟料的化学组成有关,较低的黏度可以减小液相中质点扩散阻力,提高扩散速度,有利于 C_3S 生成的过大的黏度会导致矿物晶体生长困难。影响液相性质的另一个重要因素是表面张力:大的表面张力可以使熟料矿物更容易结粒;小的表面张力利于润湿固相颗粒从而促进反应,促进熟料的烧成。

液相的性质会影响熟料的烧成及质量,而率值和一些杂质离子会改变液相的性质。熟料煅烧过程中，水泥生料会带入一些其他成分(如 MgO 和 Na$_2$O)，虽然含量很少，但可以改变液相性质，从而影响熟料的烧成。研究表明，少量的 MgO 不仅能增加熟料煅烧过程中的液相含量，还能降低液相黏度，促进其烧成。适量 Na$_2$O 中的 O^{2-} 和 Na$^+$ 会破坏液相中硅酸盐网络结构，增加游离 O^{2-}，使硅氧四面体的聚合度下降，液相黏度降低。有研究发现，CaF$_2$ 可以降低熟料煅烧过程中产生液相的温度，从而促进 C$_3$S 的生成。铝率(IM)是 Al$_2$O$_3$ 和 Fe$_2$O$_3$ 含量的比值，一定程度上反映了液相的黏度。IM 越大，液相黏度越大，不利于矿物晶体在液相中的扩散，影响熟料的烧成；IM 越小，黏度越小，烧结范围变窄，不利于煅烧操作。石灰饱和系数(KH)高，CaO 含量较高，Al$_2$O$_3$、Fe$_2$O$_3$ 和 SiO$_2$ 含量相对较少，液相含量少，黏度低。硅率(SM)表示 SiO$_2$ 和 Al$_2$O$_3$、Fe$_2$O$_3$ 含量的比值，说明了熟料矿物中熔剂性矿物的占比。SM 太小，熔剂性矿物含量过多，液相含量过多，熟料烧成过程中易结大块，窑内易结圈，熟料的强度比较低；SM 太大，高温时产生的液相含量少，熟料不易烧成。

在电场中，液相的含量会影响熟料的导电性能。相对于固相，液相中的各种离子容易发生迁移扩散，在电场作用下，离子顺着电场方向运动形成电流。本章将设计不同液相含量的水泥熟料组成，利用电流快速煅烧技术制备熟料，研究液相含量对熟料电流快速煅烧过程中电学行为的影响，研究不同电场强度、电流密度、煅烧温度和煅烧时间对烧成熟料的影响，计算电场和温度场下熟料的烧成动力学，并模拟煅烧过程中样品的实际温度分布。

21.2　不同液相量熟料烧成实验

21.2.1　实验试剂与仪器

本实验所需的实验试剂见表 21.1。

表 21.1　实验过程中所使用的试剂

试 剂	分子式	纯度	产 地
氧化钙	CaO	分析纯,纯度99%	国药集团化学试剂有限公司
氧化硅	SiO$_2$	分析纯,纯度99%	国药集团化学试剂有限公司
氧化铝	Al$_2$O$_3$	分析纯,纯度99%	国药集团化学试剂有限公司
氧化铁	Fe$_2$O$_3$	分析纯,纯度99%	国药集团化学试剂有限公司
无水乙醇	C$_2$H$_6$O	分析纯,纯度99%	国药集团化学试剂有限公司
乙二醇	(CH$_2$OH)$_2$	分析纯,纯度99%	国药集团化学试剂有限公司
苯甲酸	C$_7$H$_6$O$_2$	分析纯,纯度99%	国药集团化学试剂有限公司
氢氧化钠	NaOH	分析纯,纯度99%	国药集团化学试剂有限公司
酚酞	C$_{20}$H$_{14}$O$_4$	分析纯,纯度99%	国药集团化学试剂有限公司

实验中使用的主要仪器如第 19 章中的表 19.2 和图 19.1 所示。

21.2.2　表征方法

f-CaO、XRD 和 SEM 的测试同 20.2.2 小节所述。

21.2.3 实验过程

1.配料

本实验按照熟料的 KH 为 0.98,IM 为 1.2,SM 分别为 1.2、1.6、2、2.4 和 2.8 进行配料。样品的熟料化学组成和矿物组成见表 21.2。

表 21.2 不同 SM 水泥熟料的化学及矿物组成

编号	率值			化学组成/%				矿物组成/%				液相
	KH	SM	IM	Fe_2O_3	Al_2O_3	SiO_2	CaO	C_3S	C_2S	C_3A	C_4AF	L/%
1	0.98	1.2	1.2	6.94	8.33	18.32	66.42	65.42	3.15	10.30	21.09	39.82
2	0.98	1.6	1.2	5.65	6.78	19.88	67.70	71.00	3.42	8.38	17.17	32.41
3	0.98	2.0	1.2	4.76	5.71	20.95	68.58	74.83	3.61	7.07	14.47	27.33
4	0.98	2.4	1.2	4.12	4.94	21.73	69.22	77.62	3.74	6.11	12.51	23.62
5	0.98	2.8	1.2	3.62	4.35	22.32	69.70	79.74	3.84	5.38	11.02	20.80

注:L 为 1 400 ℃样品中液相含量,$L=2.95Al_2O_3+2.2Fe_2O_3+MgO+R_2O$。

根据表 21.2 中的化学组成称取 Fe_2O_3、Al_2O_3、SiO_2 和 CaO,利用球磨机将其磨细混匀。

2.电流快速煅烧制备水泥熟料

称取一定量混匀的生料,放入专用的圆柱体模具中,并使用水泥胶砂抗折抗压试验机,在 10 MPa 的压力下保压 2 min,压制成 ϕ18 mm×H5 mm 的圆柱体。将压制的圆柱体试样放入改装的电流辅助煅烧管式炉中,连接导线保证开启电源时样品中有电流通过。管式炉以 5 ℃/min 的速度加热。当管式炉达到设定温度时,开启电源向样品施加直流电场。在电场和温度场的作用下保温一定时间。待保温结束,使管式炉迅速降温后取出烧制好的样品,以待进一步的测试和分析。通过改变设定温度、限值电流、起始电压和保温时间,研究不同的煅烧温度、电流密度、电场强度和煅烧时间对样品烧成的影响。

3.传统煅烧制备 C_3S

称取一定量混匀的生料,放入专用的圆柱体模具中,并使用水泥胶砂抗折抗压试验机,在 10 MPa 的压力下保压 2 min,压制成 ϕ18 mm×H5 mm 的圆柱体。将压制的圆柱体试样放入箱式炉中,以 5 ℃/min 的速度加热,对比电场快速煅烧,设置相同的煅烧时间和煅烧温度,从而研究电场对样品烧成过程的影响。待保温结束,使箱式炉迅速降温,取出煅烧好的样品,以待进一步的测试和分析。

21.2.4　计算方法

烧成动力学和温度场分布的计算同第 2.3 节所述。

21.3　液相含量对煅烧过程中样品电学行为的影响

21.3.1　电流快速烧成过程中电学行为的变化

以 S3 号样品为例,研究电流快速煅烧过程中样品两端的电场强度和通过其内部电流密度的变化。当煅烧温度为 1 400 ℃,电流密度限值分别为 0.39 A/cm² 、0.58 A/cm² 、0.78 A/cm² 、0.98 A/cm² 和 1.18 A/cm² 时,熟料煅烧过程中的电流密度和电场强度随时间的变化如图 21.1 所示。

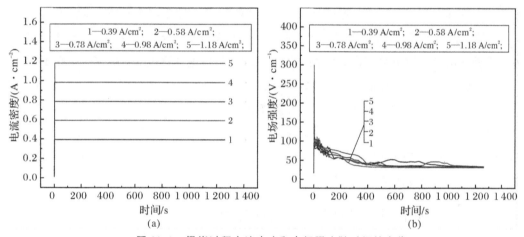

图 21.1　煅烧过程电流密度和电场强度随时间的变化
(a)电流密度;(b)电场强度

由图 21.1(a)可以看出,当在样品两端施加起始电场强度时,样品中的电流密度急剧增大,达到电流密度限值时不再变化。对应的样品两端的电场强度也从 0 开始急剧上升,到达最大值后开始下降,降到一定范围内达到稳态阶段。硅酸盐矿物中存在电子、离子和空位等载流子,在电压电动势的驱动下载流子在材料内部传导形成电流。在反应初期,样品内部的载流子受到周围结构的约束力较大,需要较强的电场强度使其迁移扩散。随着剧烈的化合反应进行和其他物质融入液相中,更多的载流子受到的束缚力减小,需要的电场强度降低,因此,样品两端的电场强度逐渐变低最后趋于稳定。

当电流密度限值为 1.18 A/cm² 时,研究电流快速煅烧过程中样品起始电场强度与温度的关系。当煅烧温度或者电场强度达到一定阈值时,样品才会导通。由图 21.2(a)可以看出,在煅烧温度未达到导通阈值时,样品中没有电流通过,当煅烧温度到达样品导通阈值的瞬间,在一定的起始电场强度下,样品瞬间导通,电流密度达到设定限值。图 21.2(b)所示是样品煅烧温度和起始电场强度之间的关系,由图可以看出,随着煅烧温度的升高,起始电场强度降低。

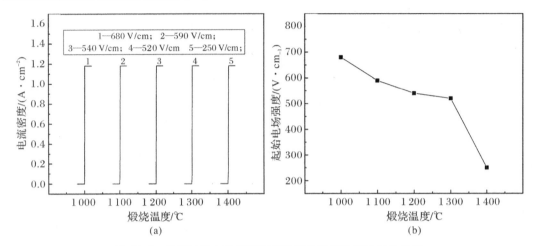

图 21.2　煅烧过程中电流密度和电场强度与煅烧温度的关系

(a)不同起始电场强度下电流密度随煅烧温度的变化;(b)起始电场强度随煅烧温度的变化

温度越高,热扩散作用越强,样品中的载流子受到周围结构约束力越小,电导率会增大,可在较低的外电场作用下呈现出导电性。1 000 ℃时,起始电场强度为 680 V/cm,在 1 000～1 300 ℃的范围内,起始电场强度的下降幅度较小;1 300 ℃时,起始电场强度为 520 V/cm。在 1 300～1 400 ℃的范围内,起始电场强度大幅降低;1 400 ℃时,起始电场强度为 250 V/cm。在 1 300～1 400 ℃的范围内,样品中出现大量的液相。在液相中,熔融的阴、阳离子都成为载流子,受到的周围结构的约束力大大降低,可获得更高的自由度,使得载流子对于较低的电场强度响应更明显,样品更容易导电。

21.3.2　不同液相含量对电学行为的影响

相对于固体状态,熔融状态的硅酸盐矿物中各种离子更容易发生迁移和扩散,在外加电场作用下,其导电能力较高。SM 值可以表示熟料中硅酸盐矿物和熔剂性矿物的占比,即 C_3S、C_2S 和 C_4AF、C_3A 的比值,还可以反映出一定温度下熟料中的液相含量。1 400 ℃时,通过计算得到 S1、S2、S3、S4 和 S5 中的液相含量分别为 39.82%、32.41%、27.33%、23.62% 和 20.80%。当电流密度限值为 1.18 A/cm² 时,不同液相含量的样品在 1 400 ℃的起始电场强度如图 21.3 所示。从图中可以看出,随着液相含量的增加,起始电场强度降低。当液相含量为 39.82% 时,样品在 1 400 ℃的起始电场强度为 150 V/cm;液相含量最低(为 20.80%)时,起始电场强度为 330 V/cm。液相含量增加,样品中容易发生迁移扩散的载流子数量增多的现象,相对较低的电压电动势就可驱动其移动形成电流,起始电场强度也随之降低。

图 21.4 所示是不同液相含量的样品在 1 400 ℃下、电流密度为 1.18 A/cm² 时,煅烧过程中电场强度随时间的变化。由图可以看出,在煅烧过程中,不同液相含量的样品两端的电场强度都是先增大后减小,并趋于稳定。样品在发生导通的瞬间,电场强度达到最大,最大

的电场强度随着液相含量的增大而降低,其达到稳态阶段的平均电场强度也随着液相含量的增大而降低。液相含量分别为 39.82%、32.41%、27.33%、23.62% 和 20.80%,其对应的最大电场强度为 160 V/cm、217.5 V/cm、260 V/cm、300 V/cm 和 332V/cm,稳态阶段的平均电场强度为 60.7 V/cm、65.5 V/cm、68.6 V/cm、72.9 V/cm 和 79.8 V/cm。

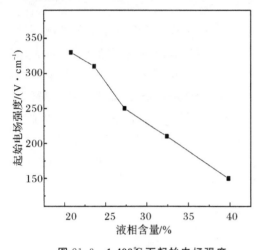

图 21.3　1 400℃下起始电场强度
随液相含量的变化

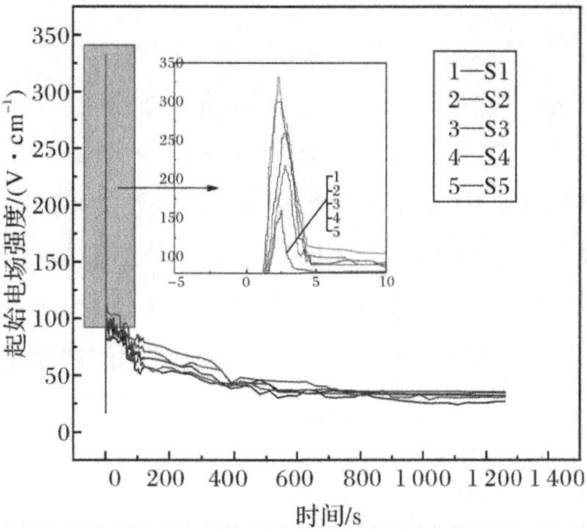

图 21.4　不同液相含量样品中电场强度
随时间的变化

当电流密度限值一定时,在 1 400 ℃下不同液相含量的样品在煅烧过程中的功率耗散随时间的变化如图 21.5 所示。由图可以看出,功率耗散与样品两端的电场强度变化一致,都是随着液相含量的增大而减小。液相含量分别为 39.82%、32.41%、27.33%、23.62% 和 20.80%,其对应的最大功率耗散为 188.80 W/cm³、257.00 W/cm³、306.80 W/cm³、354.00 W/cm³ 和 391.76 W/cm³,稳态阶段的平均功率耗散为 71.68 W/cm³、77.27 W/cm³、80.97 W/cm³、86.08 W/cm³ 和 94.21 W/cm³。液相含量越高,样品中的载流子受到的约束力越小,可以自由移动的载流子数量越多,驱使其扩散迁移的功率耗散越小。

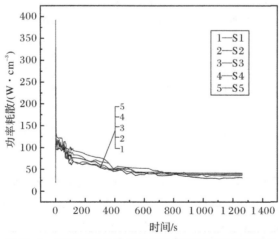

图 21.5　不同液相含量样品中功率耗散随时间的变化

21.4 不同液相量水泥熟料的烧成

21.4.1 液相含量对熟料烧成的影响

当煅烧温度为 1 400℃时,不同液相含量的样品分别在有电流和无电流的情况下煅烧 20 min,烧成熟料中的 f-CaO 含量如图 21.6 所示。由图可以看出,液相含量从 20.80% 增加到 39.82%,直接煅烧烧成的样品中 f-CaO 含量从 5.06% 减小到 3.22%,电流快速煅烧烧成的样品中 f-CaO 含量从 0.86% 减小到 0.44%。无论是直接煅烧,还是电流快速煅烧,烧成熟料中的 f-CaO 含量都随着样品中液相含量的增加而降低。液相含量的增加可以加速熟料矿物的形成,促进熟料的烧成。C_2S、C_3A 和 C_4AF 主要在 1 200 ℃以下形成,在 1 300~1 450 ℃时,C_3A 和 C_4AF 呈熔融状态,产生的液相使 CaO 与 C_2S 溶解扩散,反应形成 C_3S。

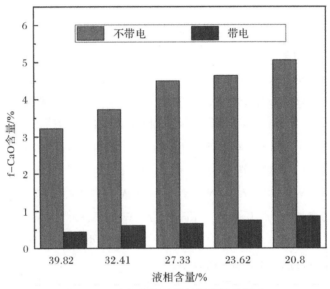

图 21.6 液相含量对熟料易烧性的影响

图 21.7 所示是不同液相含量样品在 1 400 ℃电场作用下煅烧 20 min 后烧成熟料的 XRD 图。从图中可以看出,烧成熟料中的主要矿物组成有 C_3S、C_4AF 和 C_3A。由于所设计的熟料是一种高 C_3S 熟料,其 KH 为 0.98,C_2S 含量较少,所以在烧成熟料的 XRD 中没有检测到 C_2S 矿物。在图中也没有观察到 CaO 的峰,这说明电场作用下,1 400 ℃煅烧 20 min 就可以制备出 f-CaO 含量较低的高 C_3S 熟料。随着液相含量的降低,XRD 图谱中 C_4AF 的峰的强度明显降低,这说明熟料中 C_4AF 矿物的含量降低。根据生料 SM 与熟料矿物组成的关系,SM 越高,生料中熔剂性矿物 Fe_2O_3 和 Al_2O_3 的含量就越低,高温下产生的液相含量越少,生成的 C_4AF 矿物含量越低。从图中还可以看出,随着液相含量的增大,熟料 XRD 峰的强度普遍降低。液相含量过多,会对已经结晶的晶体产生侵蚀,从而导致其结晶性不良,XRD 峰强降低。

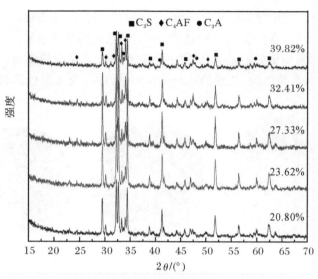

图 21.7　不同液相含量的熟料 XRD 图谱

21.4.2　电流密度对熟料烧成的影响

液相含量越低,熟料的易烧性越差,越不利于 C_3S 的形成;而液相含量越高,熟料中的硅酸盐矿物占比越小,会影响水泥强度,在煅烧过程中熟料易结块且不利于炉窑操作。因此,后续以液相含量为 27.33% 的 S3 号样品为例,研究煅烧时间、煅烧温度以及电流密度对熟料烧成的影响。当煅烧温度为 1 300 ℃、煅烧时间为 20 min 时,S3 样品在不同的电流密度下烧成熟料中的 f-CaO 含量如图 21.8 所示。由图可以看出,随着电流密度限值的增加,烧成熟料中的 f-CaO 含量不断降低。电流密度为 0.39 A/cm^2 时,熟料中的 f-CaO 含量为 2.33%,当电流密度增大到 0.98 A/cm^2 时,f-CaO 含量降低到 1.5% 以下,电流密度最大为 1.18 A/cm^2 时,f-CaO 含量最低为 1.28%。通过样品中的电流越大,产生的焦耳热越多,越有利于熟料的烧成。在相同煅烧温度和煅烧时间下,电流快速烧成的熟料中 f-CaO 含量远小于直接煅烧。

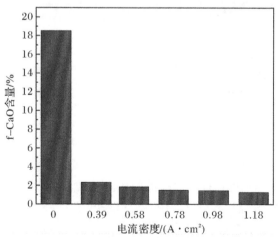

图 21.8　电流密度对熟料易烧性的影响

图 21.9 为煅烧过程中样品的变化。煅烧前压制的样品试块为橘红色,这主要是因为原料中含有 Fe_2O_3。经过 1 300 ℃ 直接煅烧 20 min,试块大部分变为黑色熟料,由于煅烧温度较低,煅烧过程中的固相反应不完全,试块中掺杂着部分未反应的原料。在电流作用下,经过相同的煅烧温度和煅烧时间,烧成的熟料体积明显收缩,变为黑色熟料,熟料表面可以观察到液相的存在。

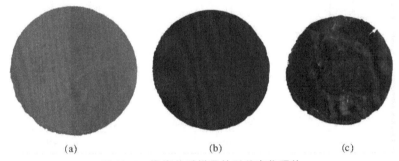

| (a) | (b) | (c) |

图 21.9 煅烧前后样品的形貌变化照片
(a)煅烧前;(b)直接煅烧;(c)电流快速煅烧

图 21.10 所示是煅烧前、后样品的 XRD 图。由图可以看出,样品的主要矿物组成是 CaO、SiO_2、Al_2O_3 和 Fe_2O_3。经过 1 300 ℃ 煅烧 20 min 后,生成了 C_2S、C_3A 和 C_4AF,因为煅烧温度较低,样品中的 CaO 与 C_2S 没有完全反应生成 C_3S,故存在大量的 CaO。而在电流的作用下,C_2S 和 CaO 完全反应生成了 C_3S,电流快速煅烧熟料主要包括 C_3S、C_3A 和 C_4AF。

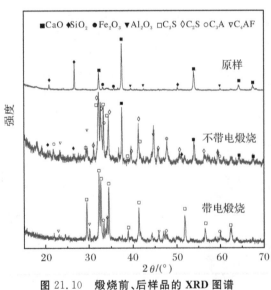

图 21.10 煅烧前、后样品的 XRD 图谱

电流通过样品,在焦耳热的作用下样品的实际温度要高于管式炉设置的煅烧温度。利用黑体辐射模型[式(20.6)]可以计算出样品的实际温度。当煅烧温度为 1 300 ℃ 时,电流密度为 1.18 A/cm^2 时,煅烧过程中样品两端的稳态电压为 48.24 V,通过计算得到样品的实际温度为 1 475.43 ℃,远高于 1 300 ℃ 的煅烧温度。图 21.11 所示是煅烧温度为 1 300 ℃、电流密度为 1.18 A/cm^2 时,S3 样品煅烧 20 min 后烧成熟料的 SEM 图,其中包含了 1 300 ℃ 时样品的实际温度分布。

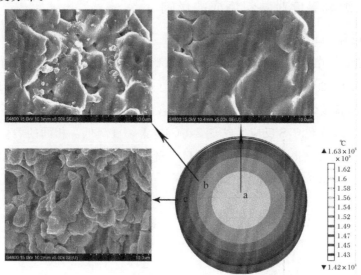

图 21.11　电流作用下烧成熟料的 SEM 图

由图 21.11 以看出,在靠近样品的中心区域的 a 点,煅烧过程中样品的实际温度非常高,到了 1 540℃以上,大部分晶体颗粒都熔在了一起,部分区域可以看到 C_3S 矿物的晶体轮廓。随着与中心区域的距离增大,样品的实际温度也在降低,在 b 点的位置,样品的实际温度为 1 490 ℃左右,可以明显地看到矿物晶体颗粒。在 c 点的位置,样品的实际温度为 1 450 ℃左右。

21.4.3　煅烧时间对熟料烧成的影响

当煅烧温度为 1 300 ℃时,S3 样品分别在有电流和无电流的情况下煅烧 1 min、10 min、20 min、30 min 和 40min,烧成熟料中的 f-CaO 含量如图 21.12 所示。由图可以看出,通过两种方法烧成的熟料中 f-CaO 含量都随着煅烧时间的延长而降低。在 1 300 ℃下煅烧 1 min,烧成熟料中的 f-CaO 含量高达 22.25%,煅烧时间延长至 40 min,f-CaO 含量降低至 9.58%。而在电流作用下,煅烧 1 min 后得到的熟料中 f-CaO 含量为 4.08%,煅烧 20 min 后熟料中的 f-CaO 含量低于 1.5%。

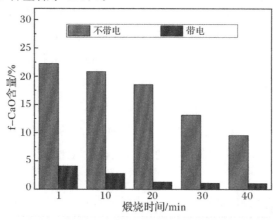

图 21.12　煅烧时间对熟料易烧性的影响

21.4.4　煅烧温度对熟料烧成的影响

当煅烧时间为 20 min,煅烧温度分别为 1 000 ℃、1 100 ℃、1 200 ℃、1 300 ℃和 1 400 ℃时,S3 样品分别在有电流和无电流的情况下煅烧烧成熟料中的 f-CaO 含量如图 21.13 所示。由图可以看出,通过两种方法烧成的熟料中 f-CaO 含量都随着煅烧温度的升高而降低。在 1 300 ℃之前,直接煅烧得到的熟料中 f-CaO 含量都很高,当煅烧温度升高到 1 400 ℃时,样品中的大部分 CaO 和 C_2S 反应生成 C_3S,f-CaO 大幅度降低。相同的煅烧温度和煅烧时间下,通过电流辅助煅烧得到的熟料中 f-CaO 含量只有 0.66%。在 1 300 ℃时,电流快速煅烧得到的熟料中 f-CaO 含量为 1.28%。

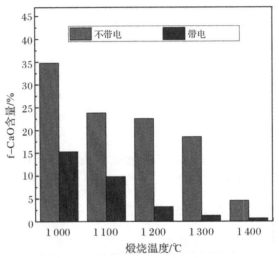

图 21.13　煅烧温度对熟料易烧性的影响

21.4.5　电流快速煅烧对熟料烧成活化能的影响

单矿物中 CaO 的转化率可以通过煅烧前、后样品中 f-CaO 的变化来计算,而熟料体系中成分比较复杂,CaO 可以与 Al_2O_3、Fe_2O_3 和 SiO_2 反应形成多种矿物。生成 C_2S、C_3A 和 C_4AF 的反应相对容易,而生成 C_3S 的反应较为困难,需要较高的温度。假设 C_2S、C_3A 和 C_4AF 等矿物在 1 300 ℃之前已经完全生成,高于 1 300 ℃进行的反应主要是 C_3S 的生成。一般式(20.2)中样品煅烧前的 $f\text{-}CaO_{max}$ 含量是指 1 300 ℃以后参与生成 C_3S 的 CaO,即 $f\text{-}CaO_{max} = CaO_\Sigma - 1.87\ SiO_2 - 1.65\ Al_2O_3 - 0.35\ Fe_2O_3$。对于电流快速煅烧过程,样品的实际温度远高于煅烧温度。煅烧温度为 1 000 ℃时,样品的实际温度已经在 1 300 ℃以上。因此,测量煅烧温度达到 1 000 ℃时样品中的 f-CaO 含量,以此为 $f\text{-}CaO_{max}$,分别计算 1 000 ℃、1 100 ℃、1 200 ℃、1 300 ℃和 1 400 ℃电流快速煅烧 20 min 后样品中的 CaO 转化率,再根据式(20.3)～式(20.5)计算出熟料烧成的动力学参数,结果见表 21.3。

表 21.3　计算熟料烧成动力学参数

工艺	$T/℃$	$a/\%$	$T^{-1}/(10^{-4} \cdot K^{-1})$	$\ln K_r$	斜率	$E/(kJ \cdot mol^{-1})$	R^2
无电流	1 000	24.12	7.854 5	$-7.918\ 8$			
	1 100	36.40	7.282 5	$-7.025\ 8$			
	1 200	49.33	6.788 2	$-6.332\ 1$	$-17\ 216$	160.78	0.996 3
	1 300	69.15	6.356 7	$-5.491\ 6$			
	1 400	91.37	5.976 7	$-4.627\ 3$			
有电流	1 000	81.92	7.854 5	$-5.005\ 0$			
	1 100	85.68	7.282 5	$-4.859\ 3$			
	1 200	92.11	6.788 2	$-4.595\ 1$	$-4\ 840$	40.24	0.992 7
	1 300	96.60	6.356 7	$-4.377\ 9$			
	1 400	98.13	5.976 7	$-4.285\ 6$			

　　为了对比电流快速煅烧对熟料烧成活化能的影响,直接煅烧熟料的煅烧温度也设为 1 000 ℃、1 100 ℃、1 200 ℃、1 300 ℃ 和 1 400 ℃,煅烧时间为 20 min。

　　对 $\ln K_r$ 和 $1/T$ 作线性拟合,R^2 为线性相关系数,结果如图 21.13 所示。经计算,直接煅烧 S3 号熟料形成的活化能为 143.14 kJ/mol,电流作用下烧成熟料的活化能为 34.04 kJ/mol。这说明电流可以降低熟料形成的活化能,有利于熟料的烧成。

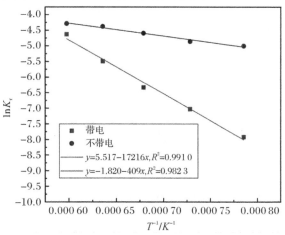

图 21.13　$\ln K_r$ 与 $1/T$ 的线性关系

21.5　液相量对熟料烧成影响小结

　　本章利用电流快速煅烧技术在较低的煅烧温度下短时间内制备水泥熟料,研究了熟料液相含量对煅烧过程中样品的电学行为的影响,以及熟料易烧性随电流密度、煅烧温度和煅烧时间的变化,并对比了电流快速煅烧和直接煅烧下烧成熟料的活化能,通过计算模拟了电流作用下样品的实际温度分布。主要结论如下:

　　(1)导通熟料的起始电场强度随着煅烧温度的升高而降低,熟料中液相含量越高,越容易导通。在煅烧过程中,施加在样品上的电场达到稳态阶段时,电流在样品内部的功率耗散和样品两端的电场强度都随着液相含量的增大而减小。

（2）KH＝0.98、IM＝1.2时，熟料的易烧性随着液相含量的增加而提高。当煅烧温度为 1 400 ℃，煅烧时间为 20 min，SM 为 1.2、1.6、2.0、2.4 和 2.8 时，直接烧成熟料的 f-CaO 含量分别为 3.22％、3.73％、4.5％、4.64％和 5.06％，电流快速烧成熟料的 f-CaO 含量分别为 0.44％、0.61％、0.66％、0.75％和 0.86％。

（3）XRD 和 f-CaO 含量检测结果表明，电流可以促进熟料的烧成。当煅烧温度为 1 300 ℃、煅烧时间为 20 min、起始电场强度为 520 V/cm、电流密度限值为 1.18 A/cm² 时，可以制备出 f-CaO 含量小于 1.5％的高 C_3S 水泥熟料（KH＝0.98，IM＝1.2，SM＝2.0）。

（4）水泥熟料的烧成动力学表明，电流可以降低烧成熟料的活化能。当起始电场强度为 520 V/cm、电流密度限值为 1.18 A/cm² 时，KH 为 0.98、IM 为 1.2、SM 为 2.0 的水泥熟料烧成活化能为 34.04 kJ/mol，远小于直接煅烧的 143.14 kJ/mol。

（5）煅烧过程中的热场分析和扫描电镜分析表明，样品的实际温度由内向外降低。当起始电场强度为 520 V/cm、电流密度限值为 1.18 A/cm²、煅烧温度为 1 300 ℃时，样品的实际温度高达 1 475.43 ℃。

第22章 电流快速煅烧不同配比的硅酸盐水泥熟料

22.1 硅酸盐水泥熟料的烧成

自从 1824 年硅酸盐水泥发明以来,已经经历了近 200 年的发展。有研究总结了近 100 年来水泥熟料的组成变化,4 种主要矿物 C_3S、C_2S、C_3A 和 C_4AF 的波动范围是 $48\% \sim 58\%$、$18\% \sim 28\%$、$7\% \sim 11\%$ 和 $9\% \sim 14\%$。其中,C_3S 是硅酸盐水泥熟料的主要组成,也是水泥强度的主要来源,提高 C_3S 的含量可以增强水泥熟料的胶凝特性。有研究设计并煅烧制备了 KH 为 0.92、IM 为 1.5、SM 为 2.5 的水泥熟料,其中 C_3S 的含量可达 65.1%。C_3S 含量为 70.6% 以上的高硅酸三钙硅酸盐水泥熟料的 3 d 强度可达 42.8 MPa。在 1 450 ℃ 下煅烧制备了 C_3S 含量为 73.73% 的高硅酸三钙水泥熟料,掺加 50% 的粉煤灰和 5% 的石膏,水泥强度等级仍可达到 32.5 MPa。

以 C_3S 为主的传统硅酸盐水泥具有各种优良性能,同时也存在着许多缺点。例如,其水化热较高,容易产生温差裂缝,抗化学侵蚀性差,干缩性强等。这些缺点对于大体积混凝土建筑结构十分不利,于是人们又研发了一种以 C_2S 为主要矿物的低热水泥。低热水泥中的 C_2S 含量一般在 40% 以上,具有水化热低、后期强度高、抗干缩性能好、需水量低等优点。以 C_3S 为主的传统硅酸盐水泥熟料烧成温度比较高,一般都在 1 450 ℃ 以上,而且煅烧过程中石灰石的分解不仅能耗高,还会产生大量的 CO_2,环境负荷高。低热水泥熟料中的 C_2S 含量远高于 C_3S,一方面 C_2S 的烧成温度较低,另一方面生成 C_2S 所需的 CaO 含量降低,这样减少了石灰石的用量,还可减少 CO_2 的排放。有研究表明,烧成 C_3S 的能耗约为 1 810 kJ/kg,而生成 C_2S 的能耗为 1 350 kJ/kg,相比传统的硅酸盐水泥生产,制备低热水泥的能耗可以降低 $15\% \sim 20\%$。

在 1 400 ℃ 下煅烧 60 min 制备低热水泥熟料,测得其 7 d 的水化热小于 72.1 J/g,60 d 的抗压强度为 71.5 MPa。如在煅烧低热硅酸盐水泥熟料的过程加入了助熔剂 CaF_2,熟料烧成温度降低到 1 250 ℃。

改变传统硅酸盐水泥熟料的矿物组成和添加助熔剂等方式都可以在熟料的煅烧过程中实现节能减排,但这都是基于传统的加热方式。在传统加热的基础上,希望通过电流快速煅烧技术实现水泥熟料烧成的进一步节能降耗。

本章设计了 3 种硅酸盐水泥熟料,即高 C_3S 水泥熟料、普通硅酸盐水泥熟料和低热硅酸盐水泥熟料,并利用电流快速煅烧技术制备 3 种不同的熟料,研究不同硅酸盐水泥熟料在电流快速煅烧过程中的电学行为,研究不同电场强度、电流密度、煅烧温度和煅烧时间对烧成熟料的影响,计算电场和温度场下熟料的烧成动力学,并模拟煅烧过程中样品的实际温度分布。

22.2   不同配比水泥熟料电流烧成实验

22.2.1   配料

本实验按照熟料的 SM 为 2.4,IM 为 1.2,KH 分别为 0.98、0.88 和 0.78 进行配料。样品的熟料化学组成和矿物组成见表 22.1。

表 22.1   不同 KH 水泥熟料的化学及矿物组成

编 号	率 值			化学组成/%				矿物组成/%				液 相
	KH	SM	IM	Fe_2O_3	Al_2O_3	SiO_2	CaO	C_3S	C_2S	C_3A	C_4AF	L/%
K1	0.98	2.4	1.2	4.12	4.94	21.73	69.22	77.62	3.74	6.11	12.51	23.62
K2	0.88	2.4	1.2	4.38	5.26	23.14	67.22	56.27	23.91	6.50	13.32	25.15
K3	0.78	2.4	1.2	4.69	5.62	24.74	64.95	31.96	46.86	6.95	14.24	26.90

注:L 为 1 400 ℃样品中液相含量,$L = 2.95Al_2O_3 + 2.2Fe_2O_3 + MgO + R_2O$。

根据表 22.1 中的化学组成称取一定量的 Fe_2O_3、Al_2O_3、SiO_2 和 CaO,利用球磨机将其磨细混匀。

22.2.2   电流辅助煅烧制备水泥熟料

称取一定量混匀的生料,放入专用的圆柱体模具中,并使用水泥胶砂抗折抗压试验机,在 10 MPa 的压力下保压 2 min,压制成 $\phi18 \text{ mm} \times H5 \text{ mm}$ 的圆柱体。将压制的圆柱体试样放入改装的电流快速煅烧管式炉中,连接导线,保证开启电源时样品中有电流通过。管式炉以 5 ℃/min 的速度升温。当管式炉达到设定温度时,开启电源向样品施加直流电场。在电场和温度场的作用下保温一定时间。待保温结束,使管式炉迅速降温后取出烧制好的样品,以待进一步的测试和分析。通过改变设定温度、限值电流、起始电压和保温时间,研究不同的煅烧温度、电流密度、电场强度和煅烧时间对样品烧成的影响。

22.2.3   传统煅烧制备水泥熟料

称取一定量混匀的生料,放入专用的圆柱体模具中,并使用水泥胶砂抗折抗压试验机,在 10 MPa 的压力下保压 2 min,压制成 $\phi18 \text{ mm} \times H5 \text{ mm}$ 的圆柱体。将压制的圆柱体试样放入箱式炉中,箱式炉以 5 ℃/min 的速度升温,对比电场辅助煅烧,设置相同的煅烧时间和煅烧温度,从而研究电场对样品烧成过程的影响。待保温结束,使箱式炉迅速降温,取出煅烧好的样品,以待进一步的测试和分析。

22.3　不同硅酸盐水泥熟料在煅烧过程中的电学行为

22.3.1　煅烧过程中起始电场强度的变化

图 22.1 所示是电流快速烧成过程中,不同硅酸盐水泥熟料导通时起始电场强度随煅烧温度的变化。由图可以看出,对于 KH 不同的 3 种硅酸盐水泥熟料,在不同的煅烧温度下,起始电场强度都是随着 KH 的增加而升高,即 K1>K2>K3。在熟料的煅烧过程中,CaO 与氧化物 Fe_2O_3、Al_2O_3 饱和生成 C_4AF、C_3A 后,剩余的 CaO 与使 SiO_2 饱和生成 C_3S 所需的 CaO 的比值被称为石灰饱和系数 KH。它在一定的程度上反映了熟料中 C_3S 与 C_2S 的相对含量。当 KH=1 时,表示烧成熟料的矿物组成为 C_3S、C_4AF 和 C_3A,无 C_2S。当 KH =0.667 时,表示烧成熟料中只包含 C_2S、C_4AF 和 C_3A,无 C_3S。从表 22.1 的熟料化学及矿物组成可以看出,当 SM 和 IM 相同时,KH 越高,熟料配料中的 CaO 含量越高,烧成熟料中的 C_3S 占比越高,而配料中的 Fe_2O_3 和 Al_2O_3 的含量会降低,烧成熟料中的熔剂性矿物(C_4AF 和 C_3A)占比减少,体系中的离子载流子减少,电场导通样品时的起始电场强度增大。1 400 ℃时,产生的液相量也随着 KH 的增大而减小,KH 分别为 0.98、0.88 和 0.78时,熟料中的理论液相含量分别为 23.62%、25.15% 和 26.90%,为电场中载流子提供便利的液相含量降低,其导电性进一步下降,起始电场强度相对增加。

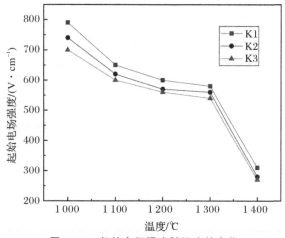

图 22.1　起始电场强度随温度的变化

对于不同 KH 值的硅酸盐水泥熟料,其起始电场强度随煅烧温度的变化趋势都是一致的,煅烧温度越高,起始电场强度越低。在 1 000～1 300 ℃内,起始电场强度的下降幅度较小,对于 K1、K2 和 K3 样品,煅烧温度每升高 100 ℃,起始电场强度分别平均降低 70 V/cm、60 V/cm 和 53 V/cm。超过 1 300 ℃时,煅烧温度每升高 100 ℃,K1、K2 和 K3 样品的起始电场强度降幅都高达 270 V/cm 以上,远高于 1 300 ℃之前的降幅。煅烧温度超过 1 300 ℃时,随着温度的升高,样品中生成的液相含量越来越多,样品的导电性越来越好,起始电场强度相对降低。

22.3.2 煅烧过程中功率耗散的变化

当电流密度为 1.18 A/cm^2 时,不同硅酸盐水泥熟料在煅烧过程中的功率耗散随时间的变化如图 22.2 所示。

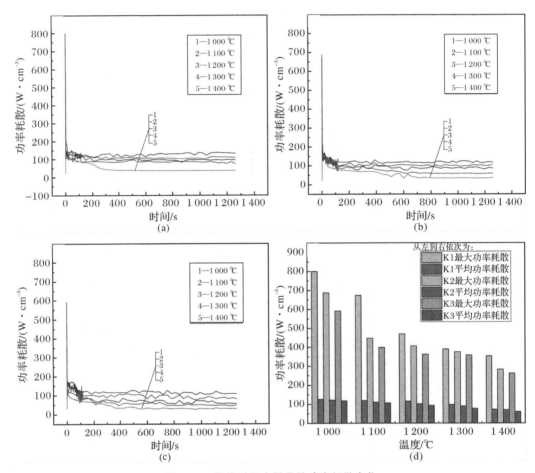

图 22.2 煅烧过程中样品的功率耗散变化

(a)K1 中功率耗散随时间的变化;(b)K2 中功率耗散随时间的变化;

(c)K3 中功率耗散随时间的变化;(d)不同温度下样品的最大功率耗散和平均功率耗散

由图 22.2 可以看出,在样品导通的瞬间,功率耗散从 0 急剧增加到最大,随后降低并达到稳态阶段。对于同一样品而言,其最大功率耗散和达到稳态阶段的平均功率耗散都随着煅烧温度的升高而降低。煅烧温度越高,热扩散作用越强,样品内部的载流子受到的约束力越低,驱使载流子移动的做功就越小,样品导通瞬间的最大功率耗散和其达到稳态阶段时的平均功率耗散越小。对于不同样品而言,不同煅烧温度下,最大功率耗散和平均功率耗散最高的都是 K1,最低的都是 K3,与导通 K1、K2 和 K3 样品的起始电场强度变化趋势一致。

22.4　不同硅酸盐水泥熟料的烧成

22.4.1　电流密度对熟料烧成的影响

当煅烧温度为 1 300 ℃,煅烧温度为 20 min 时,K1、K2 和 K3 样品在不同电流密度下,烧成熟料中的 f-CaO 含量如图 22.3 所示。由图可以看出,在无电流作用下,高硅酸三钙水泥熟料 K1 中的 f-CaO 含量为 14.36%,普通硅酸盐水泥熟料 K2 中的 f-CaO 含量为 11.85%,低热水泥熟料 K3 中的 f-CaO 含量为 8.39%,随着烧成熟料中的 C_3S 含量降低,熟料的易烧性也显著提高。当电流密度为 0.39 A/cm^2 时,K1 中的 f-CaO 含量为 2.45%,K2 中的 f-CaO 含量为 1.88%,K3 中的 f-CaO 含量为 1.42%。随着电流密度的增大,不同种类的硅酸盐水泥熟料中 f-CaO 含量不断降低,当电流密度达到 1.18 A/cm^2 时,K1、K2 和 K3 中的 f-CaO 含量最低,分别为 1.14 %、1.04 % 和 0.78 %。不同种类的硅酸盐水泥熟料,其 f-CaO 含量降低到 1.5% 以下时需要的电流密度不同。电流密度为 0.98 A/cm^2 时,烧成 K1 熟料的 f-CaO 含量为 1.48%;电流密度为 0.78 A/cm^2 时,烧成 K2 熟料的 f-CaO 含量为 1.43%;电流密度为 0.39 A/cm^2 时,烧成 K3 熟料的 f-CaO 含量为 1.42%。

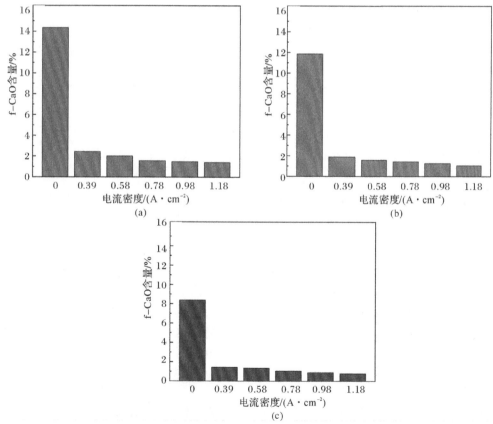

图 22.3　电流密度对不同硅酸盐水泥熟料易烧性的影响

(a)K1;(b)K2;(c)K3

图 22.4 所示是煅烧前后样品的 XRD 图谱。

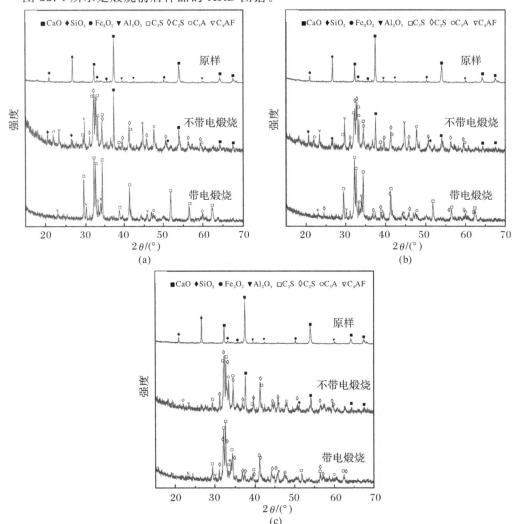

图 22.4　煅烧前后样品的 XRD 图谱
(a)K1;(b)K2;(c)K3

由图 22.4 可以看出,3 种熟料配比的样品主要矿物组成都是 CaO、SiO_2、Al_2O_3 和 Fe_2O_3。经过 1 300 ℃煅烧 20 min 后,生成了 C_2S、C_3A 和 C_4AF,因为煅烧温度较低,样品中的 CaO 与 C_2S 没有完全反应生成 C_3S,故存在大量的 CaO,还有少量的 SiO_2 和 C_3S。而相同的煅烧温度和煅烧时间下,电流密度为 1.18 A/cm^2 时,煅烧过程中 C_2S 和 CaO 在电流的作用下完全反应生成了 C_3S。电流快速煅烧得到的 K1 熟料主要成分为 C_3S、C_3A 和 C_4AF,是一种高 C_3S 水泥熟料;K2 熟料的组成主要包括 C_3S、C_2S、C_3A 和 C_4AF,这是一种普通硅酸盐水泥熟料;K3 是低热水泥熟料,其矿物主要有 C_3S、C_2S、C_3A 和 C_4AF,其中 C_2S 含量最多。

电流通过样品,在焦耳热的作用下样品的实际温度要高于管式炉设置的煅烧温度。利用黑体辐射模型可以计算出样品的实际温度。当煅烧温度为 1 300 ℃、电流密度为 1.18 A/cm^2 时,计算得到的样品实际温度见表 22.2,由表可以看出,样品的实际温度远高于煅烧温度。

表 22.2　煅烧过程中样品的实际温度

样 品	煅烧温度/℃	电流/A	稳态电压/V	实际温度/℃
K1	1 300	3	46.1	1 468.71
K2	1 300	3	43.88	1 461.65
K3	1 300	3	37.7	1 441.52

图 22.5 所示是煅烧温度为 1 300 ℃、电流密度为 1.18 A/cm² 时,K1、K2 和 K3 样品煅烧 20 min 后烧成熟料的 SEM 图,其中包含了 1 300 ℃时样品的实际温度模拟分布。

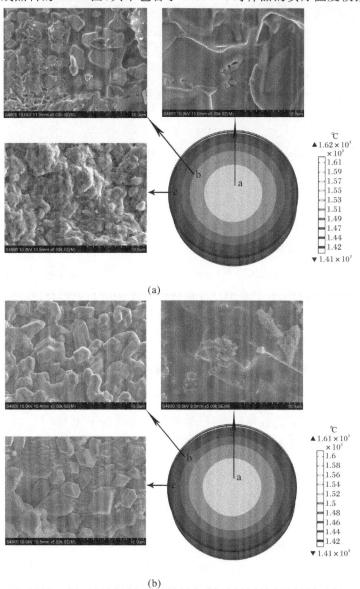

图 22.5　电流烧成熟料的 SEM 图及断面温度场模拟
(a)K1;(b)K2;

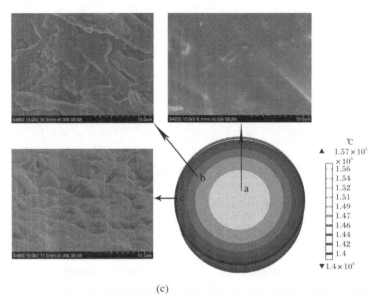

(c)

续图 22.5　电流烧成熟料的 SEM 图及断面温度场模拟

(c)K3

样品的实际温度模拟分布用 COMSOL 软件模拟得到,不同于黑体辐射模型为平均温度,该软件模拟得到的是断面温度分布。从图中可以看出,在靠近样品的中心区域,煅烧过程中样品的实际温度非常高,a 点处 K1、K2 和 K3 样品的实际温度都到了 1 500 ℃以上,烧成的熟料中的矿物晶体都熔成了液相。随着与中心区域的距离增大,样品的实际温度也在降低,b 点处 K1 样品的实际温度在 1 510 ℃左右,此时可以明显地看到熟料中的 C_3S 矿物晶体。靠近样品边缘的 c 点,实际温度也达到了 1 440 ℃。b 点处 K2 样品的实际温度在 1 480 ℃左右,可以看出,C_3S 矿物晶体颗粒与颗粒熔在一起,晶体轮廓比较模糊,而到 c 点处,可以明显地看到,C_3S 晶体轮廓多为六角形或棱柱形,结晶良好,还有一些圆粒状的 C_2S 晶体熔在一起,该晶体轮廓比较模糊,此处的实际温度达到了 1 440 ℃。b 点处 K3 样品的实际温度在 1 470 ℃左右,大致可以看出一些晶体轮廓,距中心越远,实际温度越低,c 点处的温度在 1 420 ℃左右,在此处可以看到大量的 C_2S 圆粒状的晶体颗粒。

22.4.2　煅烧时间对熟料烧成的影响

当煅烧温度为 1 300 ℃时,K1、K2 和 K3 样品分别在有电流(电流密度 1.18 A/cm^2)和无电流的情况下煅烧 1 min、10 min、20 min、30 min 和 40 min,烧成熟料中的 f-CaO 含量如图 22.6 所示。

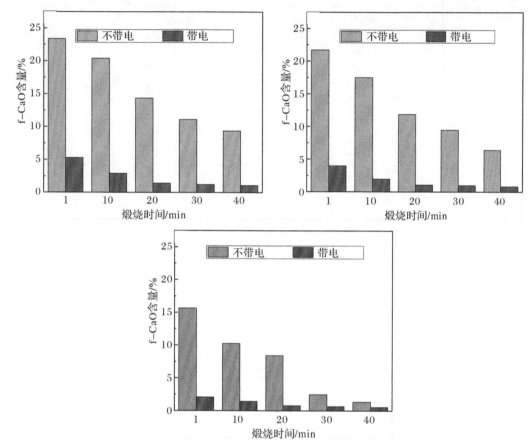

图 22.6　煅烧时间对不同硅酸盐水泥熟料易烧性的影响

(a)K1;(b)K2;(c)K3

由图 22.6 可以看出,两种方法烧成的熟料中 f-CaO 含量都随煅烧时间的延长而降低。在 1 300 ℃下煅烧 1 min,K1 样品中的 f-CaO 含量高达 23.38%,K2 样品中的 f-CaO 含量为 21.69%,K3 样品中的 f-CaO 含量为 15.63%。而在电流作用下,煅烧 1 min 后 K1 中 f-CaO 含量为 5.27%,K2 中 f-CaO 含量为 3.97%,K1 中 f-CaO 含量为 2.05%。煅烧 20 min 后,K1 和 K2 中的 f-CaO 含量降至 1.5%以下,分别为 1.41%和 1.04%。在电流作用下,只需煅烧 10 min,K3 的 f-CaO 含量就降至 1.5%以下了。

22.4.3　煅烧温度对熟料烧成的影响

根据计算熟料烧成动力学的方法,可得 3 种水泥熟料烧成动力学参数,见表 22.3。

表 22.3 计算熟料烧成动力学参数

样品	工艺	$T/\mathrm{^\circ C}$	$a/\%$	$T^{-1}/(10^{-4} \cdot \mathrm{K}^{-1})$	$\ln K_r$	斜率	$E/(\mathrm{kJ} \cdot \mathrm{mol}^{-1})$	R^2
K1	不带电	1 000	19.63	7.854 5	−8.351 4	−19 337	160.78	0.996 3
		1 100	30.48	7.282 5	−7.415 3			
		1 200	46.43	6.788 2	−6.473 6			
		1 300	64.43	6.356 7	−5.677 1			
		1 400	90.49	5.976 7	−4.665 0			
	带电	1 000	78.12	7.854 5	−5.149 5	−4 840	40.59	0.992 7
		1 100	83.75	7.282 5	−4.934 3			
		1 200	90.71	6.788 2	−4.655 6			
		1 300	96.51	6.356 7	−4.382 9			
		1 400	98.02	5.976 7	−4.292 8			
K2	不带电	1 000	27.93	7.854 5	−7.605 1	−15 642	130.06	0.979 8
		1 100	41.41	7.282 5	−6.736 1			
		1 200	52.19	6.788 2	−6.198 9			
		1 300	69.16	6.356 7	−5.491 2			
		1 400	93.51	5.976 7	−4.531 9			
	带电	1 000	81.75	7.854 5	−5.011 0	−4 040	33.59	0.985 8
		1 100	99.62	7.282 5	−4.742 1			
		1 200	93.39	6.788 2	−4.537 9			
		1 300	97.29	6.356 7	−4.338 1			
		1 400	98.28	5.976 7	−4.275 1			
K3	不带电	1 000	40.40	7.854 5	−6.792 1	−14 351	119.32	0.973 9
		1 100	47.90	7.282 5	−6.401 1			
		1 200	68.79	6.788 2	−5.505 6			
		1 300	90.33	6.356 7	−4.671 8			
		1 400	98.29	5.976 7	−4.274 7			
	带电	1 000	92.35	7.854 5	−4.584 6	−1 734	14.42	0.959 4
		1 100	95.63	7.282 5	−4.429 3			
		1 200	96.97	6.788 2	−4.356 6			
		1 300	97.78	6.356 7	−4.308 6			
		1 400	98.72	5.976 7	−4.243 8			

当煅烧温度分别为 1 000 ℃、1 100 ℃、1 200 ℃、1 300 ℃和 1 400 ℃时，K1、K2 和 K3 分别在有电流(电流密度 1.18 A/cm²)和无电流的情况下煅烧 20 min 后样品中的 f-CaO 含

量如图 22.7 所示。

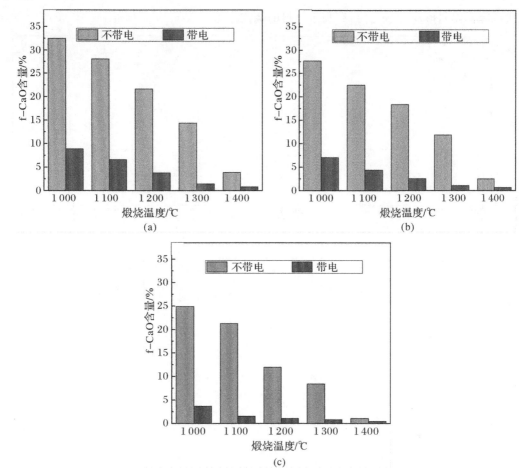

图 22.7　煅烧温度对不同硅酸盐水泥熟料易烧性的影响
(a)K1;(b)K2;(c)K3

由图 22.7 可以看出,通过两种方法烧成的熟料中 f-CaO 含量都随着煅烧温度的升高而降低。在 1 300 ℃ 之前,直接煅烧得到的熟料中 f-CaO 含量都很高,当煅烧温度升高到 1 400 ℃时,样品中的大部分 CaO 和 C_2S 反应生成 C_3S,f-CaO 含量大幅度降低。相同的煅烧温度和煅烧时间下,通过电流快速煅烧 K1、K2 和 K3 中的 f-CaO 含量分别为 0.8%、0.66% 和 0.45%。在电流作用下,煅烧温度为 1 300℃ 时,K1、K2 熟料中的 f-CaO 就可以降到 1.5% 以下,煅烧温度为 1 200 ℃ 时,K3 熟料中的 f-CaO 含量为 1.06%。

22.4.4　电流快速煅烧对熟料烧成活化能的影响

对 $\ln K_r$ 和 $1/T$ 作线性拟合,R^2 为线性相关系数,结果如图 22.8 所示。经计算,直接煅烧 K1、K2 和 K3 熟料形成的活化能分别为 160.78 kJ/mol、130.06 kJ/mol 和 119.32 kJ/mol,由于 KH 值降低,熟料中的 C_3S 的含量减小,熟料的活化能也随之降低。在电流作用下,K1、

K2 和 K3 熟料烧成活化能分别为 40.59 kJ/mol、33.59 kJ/mol 和 14.42 kJ/mol。这说明电流可以降低熟料形成的活化能,有利于熟料的烧成。

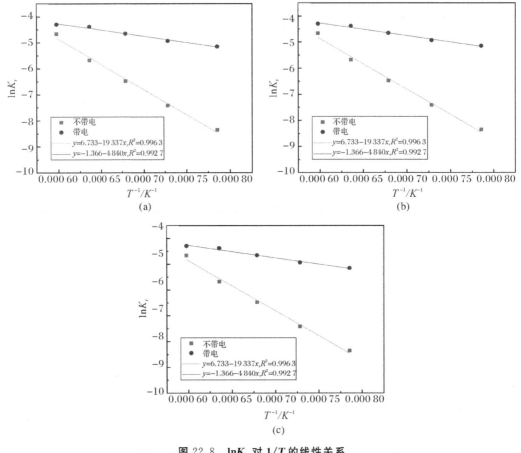

图 22.8　**$\ln K_r$ 对 $1/T$ 的线性关系**

(a)K1;(b)K2;(c)K3

22.5　电流辅助煅烧水泥熟料小结

本章利用电流快速煅烧技术在较低的煅烧温度下短时间内制备不同配比的硅酸盐水泥熟料,包括高 C_3S 水泥熟料、普通硅酸盐水泥熟料和低热硅酸盐水泥熟料,研究不同种类的硅酸盐水泥熟料在煅烧过程中的电学行为,以及电流密度、煅烧温度和煅烧时间对熟料易烧性的影响,并对比了电流快速煅烧和直接煅烧下烧成熟料活化能,通过计算模拟了电流作用下样品的实际温度分布。主要结论如下:

(1)在同一煅烧温度下,当硅率和铝率相同时,随着石灰饱和系数增加,导通熟料的起始电场强度增大,导通之后电场对熟料做功的最大功率耗散和平均功率耗散也增大。

(2)当煅烧温度为 1 300 ℃、煅烧时间为 20 min、电流密度为 1.18 A/cm² 时,制备得到

的高 C_3S 水泥熟料($KH=0.98$、$IM=1.2$、$SM=2.4$)的 f-CaO 含量为 1.41%,相同温度和时间下直接煅烧得到的熟料 f-CaO 含量为 14.36%。

(3)当煅烧温度为 1 300 ℃、煅烧时间为 20 min、电流密度为 1.18 A/cm^2 时,制备得到的普通硅酸盐水泥熟料($KH=0.88$、$IM=1.2$、$SM=2.4$)的 f-CaO 含量为 1.04%,相同温度和时间下直接煅烧得到的熟料 f-CaO 含量为 11.85%。

(4)当煅烧温度为 1 200 ℃,煅烧时间为 20 min、电流密度为 1.18 A/cm^2 时,制备得到的低热硅酸盐水泥熟料($KH=0.78$、$IM=1.2$、$SM=2.4$)的 f-CaO 含量为 1.06%,相同温度和时间下直接煅烧得到的熟料 f-CaO 含量为 11.94%。

(5)水泥熟料的烧成动力学表明,电流可以降低烧成熟料的活化能。无电流作用下高 C_3S 水泥熟料($KH=0.98$、$IM=1.2$、$SM=2.4$)、普通硅酸盐水泥熟料($KH=0.88$、$IM=1.2$、$SM=2.4$)和低热硅酸盐水泥熟料($KH=0.78$、$IM=1.2$、$SM=2.4$)的烧成活化能分别为 160.78 kJ/mol、130.06 kJ/mol 和 119.32 kJ/mol;在电流作用(电流密度为 1.18 A/cm^2)下,三者的烧成活化能分别为 40.59 kJ/mol、33.59 kJ/mol 和 14.42 kJ/mol。

电流烧成水泥熟料总结与展望

本篇利用电流快速煅烧技术研究了电场-温度场耦合制备无机胶凝材料的新方法,该法有效降低了传统制备方法所需的窑炉温度。本篇分别制备了 $C_{12}A_7$、C_3S、普通硅酸盐水泥熟料、低热硅酸盐水泥熟料、高 C_3S 水泥熟料以及不同液相含量的高 C3S 水泥熟料,得到的主要结论如下:

(1)当电流密度为 1.18 A/cm^2 时,600 ℃下煅烧 30 min 就可以合成结晶良好的 $C_{12}A_7$,在焦耳热的作用下,样品的实际温度达到了 1 100℃以上。随着煅烧温度的提高,合成的 $C_{12}A_7$ 晶格常数和晶粒尺寸增大,电阻率减小,导电性能提高。相比绝缘氧化物 $C_{12}A_7:O^{2-}$,电子化合物 $C_{12}A_7:e^-$ 具有类似金属的导电性,将 5% 的 $C_{12}A_7$ 掺入水泥中,可以使其水化 7 d 后的电阻率下降 43.41%,抗压强度为 46.8 MPa。

(2)当煅烧温度为 1 300℃、煅烧时间为 30 min、起始电场强度为 800 V/cm、电流密度限值为 3.54 A/cm^2 时,可以制备出纯度较高的 T_1 型 C_3S。电流不仅能提高 CaO 的转化率,还可以降低烧成 C_3S 的活化能,电流作用下 C_3S 的烧成活化能为 21.860 kJ/mol,远小于直接煅烧的 190.19 kJ/mol。模拟显示样品的实际温度由内向外降低,中心温度可高达 1 620 ℃,边缘温度为 1 460 ℃。

(3)煅烧过程中导通样品的起始电场强度随着煅烧温度的升高和液相含量的增加而降低,电流快速煅烧达到稳态阶段时,电流在样品中做功的功率耗散也随着液相含量的增加而减小。KH=0.98、IM=1.2 时,熟料的易烧性随着液相含量的增加而提高。当煅烧温度为 1 400 ℃,煅烧时间为 20 min,SM 为 1.2、1.6、2.0、2.4 和 2.8 时,直接烧成熟料的 f-CaO 含量分别为 3.22%、3.73%、4.5%、4.64% 和 5.06%,电流快速烧成熟料的 f-CaO 含量分别为 0.44%、0.61%、0.66%、0.75% 和 0.86%.

(4)当煅烧温度为 1 300 ℃、煅烧时间为 20min、电流密度为 1.18 A/cm^2 时,制备得到的高 C_3S 水泥熟料(KH=0.98、IM=1.2、SM=2.4)的 f-CaO 含量为 1.41%,普通硅酸盐水泥熟料(KH=0.88、IM=1.2、SM=2.4)的 f-CaO 含量为 1.04%。当煅烧温度为 1 200 ℃,煅烧时间为 20 min,电流密度为 1.18 A/cm^2 时,制备得到的低热硅酸盐水泥熟料(KH=0.78、IM=1.2、SM=2.4)的 f-CaO 含量为 1.06%。电流作用下,3 种熟料的烧成活化能分

别为 40.59 kJ/mol、33.59 kJ/mol 和 14.42 kJ/mol,远低于直接煅烧的 160.78 kJ/mol、130.06 kJ/mol 和 119.32 kJ/mol。

　　传统硅酸盐熟料矿物的制备方法都需要在高温下才能进行,借助电流快速煅烧作用可以在低炉温下完成制备过程。与传统热辐射方法相比,采用内热法可提高能量的转换效率,节约能耗,减少化石燃料燃烧造成的污染和 CO_2 的排放,同时该低温工艺也可以延长传统窑炉的使用寿命。此外,电流越大,产生的焦耳热量就会越高,目前所使用的直流电源最高电流为 3 A,在 1 300 ℃的煅烧条件下就可以制备出 C_3S、高 C_3S 水泥熟料和普通硅酸盐熟料。为了更进一步降低硅酸盐矿物的煅烧温度,后续实验可以采用更大电流限值的直流电源。

参 考 文 献

[1] 张雅文,王秀峰,伍媛婷,等.文物保护用无机胶凝材料的研究进展[J].材料导报,2012, 26(3):51-56

[2] ZHANG X,SHEN J,WANG Y,et al. An environmental sustainability assessment of China's cement Industry based on emergy[J]. Ecological Indicators,2017,72:452-458.

[3] SOUSA V,BOGAS J A. Comparison of energy consumption and carbon emissions from clinker and recycled cement production[J]. Journal of Cleaner Production,2021, 306:127277.

[4] SORRENTINO F. Chemistry and engineering of the production process:State of the art[J]. Cement and Concrete Research,2011,41(7):616-623.

[5] SHANKS W,DUNANT C F,DREWNIOK M P,et al. How much cement can we do without? Lessons from cement material flows in the UK[J]. Resources,Conservation and Recycling,2019,141:441-454.

[6] HEEDE P V D,BELIE N D. Environmental impact and Life Cycle Assessment (LCA) of traditional and "green" concretes:Literature review and theoretical calculations[J]. Cement and Concrete Composites,2012,34(4):431-442.

[7] 侯贵华,沈晓东,许仲梓.高硅酸三钙硅酸盐水泥熟料组成及性能的研究[J].硅酸盐学报,2004,3(1):85-89.

[8] 马先伟,贺孝一,傅蓉,等.BaO 对高 C_3S 熟料烧成的影响[J].材料科学与工程学报, 2006,24(4):574-577.

[9] HOU G H,SHEN X D,XU Z Z. Composition design for high C_3S cement clinker and its mineral formation[J]. Journal of Wuhan University of Technology,2007,22(1):56-60.

[10] KATYAL N K,AHLUWALIA S C,PARKASH R. Effect of Cr_2O_3 on the formation of C_3S in $3CaO:1SiO_2:xCr_2O_3$ system[J]. Cement and Concrete Research,2000,30 (9):1361-1365.

[11] 李辉,范潇,丁松雄,等.用富氧燃烧技术减少水泥生产过程 NO_x 排放的可行性分析 [J].西安建筑科技大学学报(自然科学版),2014,46(2):292-296

[12] D AOOD S. S,NIMMO W,EDGE P,et al. Deep-staged,oxygen enriched combustion of coal[J]. Fuel,2012,101:187-196.

[13] 朱文尚,颜碧兰,王俊杰,等.富氧燃烧技术及在水泥生产中的研究利用现状[J].材料导报,2014,28(增刊1):336-338.

[14] MARIN O,CHARON O,DUGUE J,et al. Simulating the impact of oxygen enrich-ment in a cement rotary kiln using advanced computational methods[J]. Combustion Science and Technology,2001,164:193.

[15] 张春丽. C_3S 的制备及其水化产物抗碳化腐蚀性能研究[D]. 济南:济南大学,2016.

[16] SHAHZAD M K,DINGY XUAN Y,et al. Energy efficiency analysis of a multifunc-tional hybrid open absorption system for dehumidification,heating,and cooling:An industrial waste heat recovery application[J]. Energy Conversion and Management,2021,243:114356.

[17] MITTAL A,RAKSHIT D. Utilization of cement rotary kiln waste heat for calcina-tion of phosphogypsum [J]. Thermal Science and Engineering Progress,2020,20:100729.

[18] SANEIPOOR P,NATERER G F,DINCER I. Heat recovery from a cement plant with a marnoch heat engine[J]. Applied Thermal Engineering,2011,31(10):1734 – 1743.

[19] SÖĜÜT Z,OKTAY Z,KARAKOÇ H. Mathematical modeling of heat recovery from a rotary kiln[J]. Applied Thermal Engineering,2010,30(8/9):817 – 825.

[20] BENHELAL E,ZAHEDI G,HASHIM H. A novel design for green and economical cement manufacturing[J]. Journal of Cleaner Production,2012,22(1):60 – 66.

[21] BUTTRESS A,JONES A,KINGMAN S. Microwave processing of cement and con-crete materials-towards an industrial reality? [J]. Cement and Concrete Research,2015,68:112 – 123.

[22] MAKUL N,RATTANADECHO P,AGRAWAL D K. Applications of microwave energy in cement and concrete:A review[J]. Renewable and Sustainable Energy Reviews,2014,37:715 –733.

[23] LONG S,YAN C,DONG J. Microwave-promoted burning of portland cement clinker [J]. Cement and Concrete Research,2002,32(1):17 – 21.

[24] KAEWWICHIT P,JUNSOMBOON J,CHAKARTNARODOM P,et al. Development of microwave-assisted sintering of portland cement raw meal[J]. Journal of Cleaner Production,2017,142:1252 – 1258.

[25] OLIVEIRA F A C,FERNANDES J C,GALINDO J,et al. Portland cement clinker production using concentrated solar energy:A proof of concept approach[J]. Solar Energy,2019,183:677 – 688.

[26] SKTANI Z D I,ARAB A,MOHAMED J J,et al. Effects of additives additions and sintering techniques on the microstructure and mechanical properties of zirconia toughened alumina (ZTA):a review[J]. International Journal of Refractory Metals and Hard Materials,2022,106:105870.

[27] BIESUZ M,SGLAVO V M. Flash sintering of alumina:effect of different operating conditions on densification[J]. Journal of the European Ceramic Society,2016,36 (10):2535 – 2542.

[28] SCITI D,GALIZIA P,REIMER T,et al. Properties of large scale ultra-high tempera-ture ceramic matrix composites made by filament winding and spark plasma sintering [J]. Composites Part B:Engineering,2021,216:108839.

[29] GAUDON M,DJURADO E,MENZLER N H. Morphology and sintering behaviour of yttria stabilized zirconia (8 - ysz) powders synthesised by spray pyrolysis[J]. Ceramics International,2004,30(8):2295 - 2303.

[30] POTH J,HABERKORN R,BECK H P. Combustion-synthesis of $SrTiO_3$ Part Ⅱ: sintering behaviour and surface characterization[J]. Journal of the European Ceramic Society,2000,20(6):715 - 723.

[31] VOZDECKY P,ROOSEN A,MA Q,et al. Properties of tape-cast y-substituted stron-tium titanate for planar anode substrates in sofc applications [J]. Journal of Materials Science,2011,46:3493 - 3499.

[32] HUI S Q,PETRIC A. Electrical conductivity of yttrium-doped $SrTiO_3$:Influence of transition metal additives[J]. Materials Research Bulletin,2002,37:1215 - 1231.

[33] KOLI D K,AGNIHOTRI G,PUROHIT R. Advanced aluminium matrix composites: the critical need of automotive and aerospace engineering fields[J]. Materialstoday: Proceedings,2015,2(4/5):3032 - 3041.

[34] 王海兵,刘咏,羊建高,等. 电火花烧结的发展趋势[J]. 粉末冶金材料科学与工程, 2005,3:138 - 143.

[35] BALA G N,VAMSI M K,ANTHONY M X. A review on processing of particulate metal matrix composites and its properties [J]. International Journal of Applied Engineering Research,2013,8:647 - 666.

[36] 闫秋实. 放电等离子烧结的研究进展[J]. 科技创新导报,2016,13(31):36 - 37.

[37] LIU J,CHEN,W CHEN L,et al. Microstructure and mechanical behavior of spark plasma sintered TiB_2/Fe-15Cr-8Al-20Mn composites [J]. Journal of Alloys and Compounds,2018,747:886 - 894.

[38] NOUDEM J. G,DUPONT L,GOZZELINO L,et al. Superconducting properties of MgB_2 bulk shaped by spark plasma sintering[J]. Materials Today Proceedings,2016, 3(2):545 - 549.

[39] COLOGNA M,PRETTE A L G,RAJ R. Flash-sintering of cubic yttria-stabilized zirconia at 750 ℃ for possible use in SOFC manufacturing[J]. Journal of the Ameri-can Ceramic Society,2011,94(2):316 - 319.

[40] 罗帅,于成伟,鲁仰辉,等. 四方相氧化锆分步加压辅助闪烧烧结制备及性能[J]. 硅酸盐学报,2021,49(4):702 - 707.

[41] CHAIM R. Insights into photoemission origins of flash sintering of ceramics[J]. Scripta Materialia,2021,196:113749.

[42] 傅正义,季伟,王为民. 陶瓷材料闪烧技术研究进展[J]. 硅酸盐学报,2017,45(9):1211 -1219.

[43] JHA S K,RAJ R. Electric fields obviate constrained sintering[J]. Journal of the

American Ceramic Society,2014,97(10):3103 - 3109.

[44] CALIMAN L B,BOUCHET R,GOUVEA D,et al. Flash sintering of ionic conductors:the need of a reversible electrochemical reaction[J]. Journal of the European Ceramic Society,2016,36(5):1253 - 1260.

[45] COLOGNA M,FRANCIS J S C,RAJ R. Field assisted and flash sintering of alumina and its relationship to conductivity and MgO-doping[J]. Journal of the European Ceramic Society,2011,31(15):2827 - 2837.

[46] ZAPATA-SOLVAS E,BONILLA S,WILSHAW P R,et al. Preliminary investigation of flash sintering of SiC[J]. Journal of the European Ceramic Society,2013,33(13/14):2811 - 2816.

[47] PRETTE A L G,COLOGNA M,SGLAVO, V, et al. Flash-sintering of Co_2MnO_4 spinel for solid oxide fuel cell applications[J]. Journal of Power Sources,2011,196(4):2061 - 2065.

[48] TODD R I,ZAPATA-SOLVAS E,BONILLA R S,et al. Electrical characteristics of flash sintering:thermal runaway of joule heating[J]. Journal of the European Ceramic Society,2015,35(6):1865 - 1877.

[49] COLOGNA M,RASHKOVA B,RAJ R. Flash sintering of nanograin zirconia in <5 s at 850 ℃[J]. Journal of the American Ceramic Society,2010,93(11):3556 - 3559.

[50] CHAIM R. Liquid film capillary mechanism for densification of ceramic powders during flash sintering[J]. Materials,2016,9(4):280.

[51] JI W,PARKER B,FALCO S,et al. Ultra-fast firing:effect of heating rate on sintering of 3ysz,with and without an electric field[J]. Journal of the European Ceramic Society,2017,37(6):2547 - 2551.

[52] NARAYAN J. Grain growth model for electric field - assisted processing and flash sintering of materials[J]. Scripta Materialia,2013,68(10):785 - 788.

[53] RAJ R,COLOGNA M,FRANCIS J S. Influence of externally imposed and internally generated electrical fields on grain growth, diffusional creep, sintering and related phenomena in ceramics[J]. Journal of the American Ceramic Society,2011,94(7):1941 - 1965.

[54] ROY S,HEGDE M S. Pd Ion substituted CeO_2:A superior de-NO_x catalyst to Pt or Rh metal Ion doped ceria[J]. Catalysis Communications,2008,9(5):811 - 815.

[55] SCHRÖDINGER E. An undulatory theory of the mechanics of atoms and molecules [J]. Physical Review,1926,28(6):1049 - 1070.

[56] BORN M,OPPENHEIMER R. Zur quantentheorie der molekeln[J]. Annalen der Physik,1927,389 (20):457 - 484.

[57] SLATER J C. Magnetic effects and the hartree-fock equation[J]. Physical Review,1951,82(4):538 - 541.

[58] FERMI E. Un metodo statistico per la determinazione di alcune priorieta dell atome

[J]. Rend Accad Lincei,1927,6:602－607.

[59] DIRAC P A M. Note on exchange phenomena in the thomas-fermi atom[J]. Proceedings of the Cambridge Philosophical Royal Society,1930,26:376－380.

[60] HOHENBERG P,KOHN W. Inhomogeneous electron gas[J]. Physical Review,1964,136(3B):864－871.

[61] KOHN W,SHAM L J. Self-consistent equations including exchange and correlation effects[J]. Physical Review,1965,140(4A):A1133－A1138.

[62] SLATER J C. A simplification of the Hartree-Fock method[J]. Self-Consistent Fields in Atoms,1975,81(3):215－230.

[63] PERDEW J P,CHEVARY J A,VOSKO S H,et al. Atoms,molecules,solids,and surfaces-applications of the generalized gradient approximation for exchange and correlation[J]. Physical Review B,1992,46(11):6671－6687.

[64] LANGLET J,BERGES J,REINHARDT P. An interesting property of the perdew-wang 91 density functional[J]. Chemical Physics Letters,2004,396(1/2/3):10－15.

[65] HAMMER B,HANSEN L B,NØRSKOV J K. Improved adsorption energetics within density-functional theory using revised perdew-burke-ernzerhof functionals [J]. Physical Review B,1999,59(11):7413－7421.

[66] MAI N L,HOANG N H,DO H T,et al. Elastic and thermodynamic properties of the major clinker phases of portland cement: insights from first principles calculations [J]. Construction and Building Materials,2021,287:122873.

[67] WANG Q,LI F,SHEN X,et al. Relation between reactivity and electronic structure for α'_L-,β- and γ-dicalcium silicate: a first-principles study[J]. Cement and Concrete Research,2014,57:28－32.

[68] TAO Y,MU Y,ZHANG W,et al. Screening out reactivity-promoting candidates for γ-Ca_2SiO_4 carbonation by first-principles calculations [J]. Frontiers in Materials,2020,7:299－305.

[69] MOON J,YOON S,WENTZCOVITCH R M,et al. Elastic properties of tricalcium aluminate from high-pressure experiments and first-principles calculations[J]. Journal of the American Ceramic Society,2012,95(9):2972－2978.

[70] QI C,SPAGNOLI D,FOURIE A. Structural,electronic,and mechanical properties of calcium aluminate cements:insight from first－principles theory[J]. Construction and Building Materials,2020,264:120259.

[71] 夏中升,王茂国,王发洲,等. 含锰中间相矿物形成及其固溶分布[J]. 硅酸盐学报,2017,45(5):614－622.

[72] TAO Y,ZHANG W,SHANG D,et al. Comprehending the occupying preference of manganese substitution in crystalline cement clinker phases:a theoretical study[J]. Cement and Concrete Research,2018,109:19－29.

[73] DENG Q,ZHAO M,RAO M,et al. Effect of CuO-doping on the hydration mechanism

and the chloride-binding capacity of C_4AF and high ferrite portland clinker[J]. Construction and Building Materials,252:119119.

[74] ZHU J,YANG K,CHEN Y,et al. Revealing the substitution preference of zinc in ordinary portland cement clinker phases:a study from experiments and DFT calculations[J]. Journal of Hazardous Materials,2020,409:124504.

[75] SARITAS K,ATACA C,GROSSMAN J C. Predicting electronic structure in tricalcium silicate phases with impurities using first-principles[J]. The Journal of Physical Chemistry C,2015,119(9):5074 − 5079.

[76] HUANG J,VALENZANO L,SANT G. Framework and channel modificationsin mayenite (12CaO · 7Al$_2$O$_3$) nanocages by cationic doping[J]. Chemistry of Materials, 2015,27(13):4731 − 4741.

[77] ADACHI Y,KIM S. W,KAMIYA T,et al. Bistable resistance switching in surface-oxidized $C_{12}A_7$:e$^-$ single-crystal[J]. Materials Science and Engineering:B,2009,161 (1/2/3):76 − 79.

[78] YANG S,KONDO J. N,HAYASHI K,et al. Partial oxidation of methane to syngas over Promoted $C_{12}A_7$[J]. Applied Catalysis A:General,2004,277(1/2):239 − 246.

[79] FUJITA S,SUZUKI K,OHKAWA M,et al. Oxidative destruction of hydrocarbons on a new zeolite-like crystal of $Ca_{12}Al_{10}Si_4O_{35}$ including O$_2^-$ and O$_2^{2-}$ radicals[J]. Chemistry of Materials,2003,15(1):255 − 263.

[80] MATSUISHI S,TODA Y,MIYAKAWA M,et al. High − density electron anions in a nanoporous single crystal:[Ca$_{24}$Al$_{28}$O$_{64}$]$^{4+}$(4e$^-$)[J] Science,2003,301:626 − 629.

[81] HAYASHI K,MATSUISHI S,UEDA N,et al. Maximum incorporation of oxygen radicals,O$^-$ and O$_2^-$,into 12CaO · 7Al$_2$O$_3$ with a nanoporous structure[J]. Chemistry of Materials,2003,15(9):1851 − 1854.

[82] HAYASHI K,MATSUISHI S,KAMIYA T,et al. Light-induced conversion of an insulating refractory oxide into persistent electronic conductor[J]. Nature,2002,419: 462 − 465.

[83] SONG C,SUN J,QIU S,et al. Atomic fluorine anion storage emission material $C_{12}A_7$ − F$^-$ and etching of Si and SiO$_2$ by atomic fluorine anions[J]. Chemistry of Materials,2008,20 (10):3473 − 3479.

[84] 孙剑秋,宋崇富,宁珅,等. 微孔晶体材料 $C_{12}A_7$ − Cl$^-$ 的表面氯负离子发射性能和机理 [J]. 物理化学学报,2009,25(9):1713 − 1720.

[85] VOLODIN A M,ZAIKOVSKII V I,KENZHIN R M,et al. Synthesis of nanocrystalline calcium aluminate $C_{12}A_7$ under carbon nanoreactor conditions[J]. Materials Letters,2017,189:210 − 212.

[86] ZHANG M,LIU Y,ZHU H,et al. Enhancement of encaged electron concentration by Sr^{2+} doping and improvement of Gd^{3+} emission through controlling encaged anions in conductive $C_{12}A_7$ phosphors[J]. Physical Chemistry Chemical Physics,2016,18(28):

18697 - 18704.

[87] DYE J L, CHEMISTRY. Electrons as anions[J]. Science, 2003, 301:607 - 608.

[88] KHAN K, TAREEN A. K, ASLAM M, et al. A comprehensive review onsynthesis of pristine and doped inorganic room temperature stable mayenite electride, [Ca$_{24}$ Al$_{28}$ O$_{64}$]$^{4+}$ (e$^-$)$_4$ and its applications as a catalyst[J]. Progress in Solid State Chemistry, 2019, 54:1 - 19.

[89] ELLABOUDY A, DYE J L, SMITH P B. Cesium 18-crown-6 compounds. A crystalline ceside and a crystalline electride[J]. Journal of the American Chemical Society, 1983, 105(21):6490 - 6491.

[90] 陈闻斌. C$_{12}$A$_7$:e$^-$ 的制备及其电学特性研究[D]. 成都:电子科技大学, 2020.

[91] MATSUISHI S, HAYASHI K, HIRANO M, et al. Hydride ion as photoelectron donor in microporous crystal[J]. Journal of the American Chemical Society, 2005, 127 (36):12454 - 124553.

[92] 吴思萦,钱艳楠,张海燕. C$_{12}$A$_7$:Yb^{3+} /Eu^{3+} 多晶粉制备及上转换光学性能的研究[J]. 材料研究与应用, 2021, 15(2):89 - 93, 101.

[93] 沈静,宫璐,李全新. Na$_2$O 掺杂 C$_{12}$A$_7$ 材料的结构及其抗菌性能[J]. 无机化学学报, 2011, 27(2):353 - 360.

[94] 佟志芳,谢森林,张立恒,等. 七铝酸十二钙材料的制备及应用现状[J]. 有色金属科学与工程, 2011, 2(6):16 - 21.

[95] HAYASHI K, HIRANO M, HOSONO H. Thermodynamics and kinetics of hydroxide ion formation in 12CaO · 7Al$_2$O$_3$ [J]. Journal of Physical Chemistry B, 2005, 109(24): 11900 - 11906.

[96] 范庆新,余其俊,韦江雄. 高温下 C$_{11}$A$_7$ · CaF$_2$ 矿物稳定性的研究[J]. 硅酸盐通报, 2007, 26(5):905 - 909.

[97] 陈闻斌,祁康成,王小菊,等. C$_{12}$A$_7$:e$^-$ 的制备及其热发射性能研究[J]. 电子器件, 2020, 43(4):715 - 719.

[98] 刘秩桦. Tm^{3+} /Er^{3+} /Yb^{3+} :C$_{12}$A$_7$ 单晶的制备及其上转换白光性能研究[D]. 哈尔滨: 哈尔滨工业大学, 2017.

[99] WATAUCHI S, TANAKA I, HAYASHI K, et al. Crystal growth of Ca$_{12}$ Al$_{14}$ O$_{33}$ by the floating zone method [J]. Journal of Crystal Growth, 2002, 237/238/ 239:801 - 805.

[100] MOROZOVA L P, TAMáS F D, KUZNETSOVA T V. Preparation of calcium aluminates by a chemical method[J]. Cement and Concrete Research, 1988, 18(3): 375 - 388.

[101] 孙剑秋,宫璐,沈静,等. 溶胶-凝胶法制备多孔晶体材料 C$_{12}$A$_7$ - Cl$^-$[J]. 物理化学学报, 2010, 26(3):795 - 798.

[102] 沈静. 溶胶-凝胶法合成掺杂纳米 C$_{12}$A$_7$ - O$^-$ 材料及其应用研究[D]. 合肥:中国科学技术大学, 2011.

[103] WANG Y, WANG R, JIANG J, et al. Synthesis, simulation and luminescence performances of macroporous terbium-doped $Ca_{12}Al_{14}O_{32}Cl_2$ Monoliths for Ag^+ Fluorescence Sensor[J]. Journal of Alloys and Compounds, 2020, 818: 152820.

[104] 史建华. 导电水泥复合材料接地模块的制备及性能研究[D]. 太原: 中北大学, 2014.

[105] TODA Y, HIRAYAMA H, KUGANATHAN N, et al. Activation and splitting of carbon dioxide on the surface of an inorganic electride material[J]. Nature Communications, 2013, 4: 2378.

[106] SALASIN R J, RAWN C. Structure property relationships and cationic doping in $[Ca_{24}Al_{28}O_{64}]^{4+}$ framework: a Review[J]. Crystals, 2017, 7(5): 143 - 168.

[107] BERTONI M I, MASON T O, MEDVEDEVA J E. Conductivity and conduction mechanism in an ultraviolet light activated electronic conductor [J]. Applied Physics, 2005, 97: 103713 - 103716.

[108] ZHAO J P, ZHANG X, LIU H L, et al. Synthesis and characterization of $(Ca_1 - xSr_x)_{12}Al_{14}O_{33}$ electrides[J]. Crystal Research & Technology, 2017, 53(1): 1700201.

[109] FORDE M C, MCCARTER J, WHITTINGTON H W. The conduction of electricity through concrete[J]. Magazine of concrete Research, 1981, 33: 48 - 60.

[110] KIM H S, SONG M, SEO J W, et al. Preparation of electrically conductive bucky-sponge using CNT-cement: Conductivity control using room temperature ionic liquids[J]. Synthetic Metals, 2014, 196: 92 - 98.

[111] 翁余斌. 基于离子导电的水泥基复合材料性能研究[D]. 广州: 广州大学, 2019.

[112] HAN B, ZHANG L, ZHANG C, et al. Reinforcement effect and mechanism of carbon fibers to mechanical and electrically conductive properties of cement-based materials[J]. Construction and Building Materials, 2016, 125: 479 - 489.

[113] SI T, XIE S, JI Z, et al. Synergistic effects of carbon black and steel fibers on electro-magnetic wave shielding and mechanical properties of graphite/cement composites [J]. Journal of Building Engineering, 2022, 45: 103561.

[114] WANG D, WANG Q, HUANG Z. Investigation on the poor fluidity of electrically conductive cement-graphite paste: Experiment and simulation[J]. Materials & Design, 2019, 169: 107679.

[115] ABOLHASANI A, PACHENARI A, RAZAVIAN S M, et al. Towards new generation of electrode-free conductive cement composites utilizing nano carbon black[J]. Construction and Building Materials, 2022, 323: 126576.

[116] KIM G M, YANG B J, LEE H K. The electrically conductive carbon nanotube (CNT)/cement composites for accelerated curing and thermal cracking reduction [J]. Composite Structures, 2016, 158: 20 - 29.

[117] PHROMPET C, SRIWONG C, MAENSIRI S, et al. Optical and dielectric properties of nano-sized tricalcium aluminate hexahydrate (C_3AH_6) cement[J]. Construction and Building Materials, 2018, 179: 57 - 65.

[118] 严生,蔡安兰,周际东. $C_3S - C_{12}A_7 - H_2O$ 和 $C_3S - C_{12}A_7 - CaSO_4 \cdot 2H_2O - H_2O$ 系统的水化及其性能研究[J]. 硅酸盐学报,2003,31(2):199 - 204.

[119] 严生,蔡安兰,周际东. $C_2S - C_{12}A_7 - CaSO_4 \cdot 2H_2O - H_2O$ 系统水化机理[J]. 硅酸盐学报,2004,32(4):520 - 523.

[120] 王奕仁,王栋民,张江涛,等. 非晶态 $C_{12}A_7$ 矿物对水泥早期凝结硬化的影响及作用机理[J]. 硅酸盐学通报,2017,36(5):1548 - 1555.

[121] FORMOSA L M,MALLIA B,BULL T,et al. The microstructure and surface morphology of radiopaque tricalcium silicate cement exposed to different curing conditions[J]. Dental Materials,2012,28(5):584 - 595.

[122] WU S,WANG X,SHEN D,et al. Simulation analysis on hydration kinetics and microstructure development of tricalcium silicate considering dissolution mechanisms[J]. Construction and Building Materials,2020,249:118535.

[123] WU M,TAO B,WANG T,et al. Fast-setting and anti-washout tricalcium silicate/disodium hydrogen phosphate composite cement for dental application[J]. Ceramics International,2019,45(18):24182 - 24192.

[124] LI X,PEDANO M S,LI S,et al. Preclinical effectiveness of an experimental tricalcium silicate cement on pulpal repair[J]. Materials Science and Engineering:C,2020,116:111167.

[125] DING Z,XI W,JI M,et al. The improvement of the self-setting property of the tricalcium silicate bone cement with acid and its mechanism[J]. Journal of Physics and Chemistry of Solids,2021,150:109825.

[126] STEPHAN D,MALEKI H,KNöFEL D,et al. Influence of Cr,Ni,and Zn on the properties of pure clinker phases:Part I. C_3S[J]. Cement and Concrete Research,1999,29(4):545 - 552.

[127] LU Z,XU X,XIAO X. Effect of grain size of $CaCO_3$ and SiO_2 on the formation of C_3S under different conditions[J]. Journal of Wuhan University of Technology (Materials Science),2007,22 (3):533 - 536.

[128] KATYAL N K,AHLUWALIA S C,PARKASHC R. Effect of Cr_2O_3 on the formation of C_3S in $3CaO:1SiO_2:xCr_2O_3$ System[J]. Cement and Concrete Research,2000,30(9):1361 - 1365.

[129] 柯凯,马保国,谭洪波,等. Ni_2O_3 对 C_3S 形成过程的影响及其固溶效应[J]. 材料科学与工程学报,2011,29(1):12 - 16.

[130] KATYAL N K,AHLUWALIA S C,PARKASHC R. Effect of barium on the formation of tricalcium silicate[J]. Cement and Concrete Research,1999,29(11):1857 - 1862.

[131] 王茂国,王发洲,商得辰,等. CdO 对硅酸三钙形成的影响及其固溶效应[J]. 材料科学与工程学报,2016,34(2):208 - 212.

[132] 林青,李延报,兰祥辉,等. 对硅酸三钙的制备及其生物活性的影响[J]. 无机化学学报,2008,24(12):1937 - 1942.

[133] 龙世宗,董健苗,严彩霞. 微波强化硫铝酸盐水泥熟料烧成研究[J]. 硅酸盐学报,2001,29(4):309 - 312.

[134] OGHBAEI M,MIRZAEE O. Microwave versus conventional sintering:a review of fundamentals,advantages and applications[J]. Journal of Alloys and Compounds, 2010,494(1/2):175 - 189.

[135] THOSTENSON E T,CHOU T W. Microwave processing:fundamentals and applications[J]. Composites Part A:Applied Science and Manufacturing,1999,30(9): 1055 - 1071.

[136] YADOJI P,PEELAMEDU R,AGRAWAL D,et al. Microwave sintering of Ni-Zn ferrites:comparison with conventional sintering[J]. Materials Science and Engineering:B,2003,98(3):269 - 278.

[137] LI H,AGRAWAL D K,CHENG J,et al. Microwave sintering of sulphoaluminate cement with utility wastes[J]. Cement and Concrete Research,2001,31(9):1257 - 1261.

[138] 姜洪舟. 无机胶凝材料微波加热过程的数学模拟研究[D]. 武汉:武汉理工大学,2006.

[139] 郑仕远,陈健,潘伟. 湿化学方法合成及应用[J]. 材料导报,2000,14(9):25 - 27.

[140] ZHAO W,CHANG J. Two-step precipitation preparation and self-setting properties of tricalcium silicate[J]. Materials Science and Engineering:C,2008,28(2):289 - 293.

[141] WU M,WANG T,WANG Y,et al. A novel and facile route for synthesis of fine tricalcium silicate powders[J]. Materials Letters,2018,227(15):187 - 190.

[142] LIU W C,HU C C,TSENG Y Y,et al. Study on strontium doped tricalcium silicate synthesized through sol-gel process[J]. Materials Science and Engineering:C,2020, 108:110431.

[143] 陈红霞,王培铭. 溶胶-凝胶法制备 C_2S 粉末[J]. 材料科学与工程,2000,18(2):53 - 56.

[144] 陈红霞. 水泥熟料矿物溶胶-凝胶法制备及其水化研究[D]. 上海:同济大学,2003.

[145] 胥连举,简森夫. 硅酸二钙烧成过程动力学参数测定[J]. 硅酸盐通报,2011,30(3): 710 - 713.

[146] 王春芳,周宗辉,刘彩霞,等. 含 MgO 的硅酸盐水泥熟料的形成动力学[J]. 硅酸盐学报,2011,39(4):714 - 717.

[147] CAO L,SHEN W,HUANG J,et al. Process to utilize crushed steel slag in cement industry sirectly:multi-phased clinker sintering technology[J]. Journal of Cleaner Production,2019,217:520 - 529.

[148] WU Y,SU X,AN G,et al. Dense $Na_{0.5}K_{0.5}NbO_3$ ceramics produced by reactive flash sintering of $NaNbO_3$-$KNbO_3$ mixed powders[J]. Scripta Materialia,2020,174:49 - 52.

[149] ANAGNOSTOPOULOS A,CAMPBELL A,GARCIA H A. Modelling of the thermal performance of SGSP using COMSOL multiphysics[J]. Computer Aided Chemical Engineering,2017,40:2575 - 2580.

[150] 傅正义,季伟,王为民. 陶瓷材料闪烧技术研究进展[J]. 硅酸盐学报,2017,45(9): 1211 - 1219.

[151] OUYANG T,PU Y,LI X,et al. Influence of current density on microstructure and dielectric properties during the flash sintering of strontium titanate ceramics[J]. Journal of Alloys and Compounds,2022,903:163843.

[152] YAO S,LIU D,LIU J,et al. Ultrafast preparation of Al_2O_3-ZrO_2 multiphase ceramics with eutectic morphology via flash sintering[J]. Ceramics International,2021,47 (22):31555 - 31560.

[153] MU Y,LIU Z,WANG F,et al. Carbonation characteristics of γ-dicalcium silicate for low-carbon building material[J]. Construction and Building Materials,2018,177: 322 - 331.

[154] MOLLAH M Y A,YU W,SCHENNACH R,et al. A fourier transform infrared spectroscopic investigation of the early hydration of portland cement and the influence of sodium lignosulfonate[J]. Cement and Concrete Research,2000,30(2):267 - 273.

[155] RODRIGUE F A. Synthesis of chemically and structurally modified dicalcium silicate,cement and concrete research,2003,33 (6):823 - 827.

[156] MA X W,CHEN H X,WANG P M. Effect of CuO on the formation of clinker minerals and the hydration properties[J]. Cement and Concrete Research,2010,40 (12):1681 - 1687.

[157] REN X,ZHANG W,YE J. FTIR Study on the polymorphic structure of tricalcium silicate[J]. Cement and Concrete Research,2017,99:129 - 136.

[158] DA Y,HE T,SHI C,et al. Studies on the formation and hydration of tricalcium silicate doped with CaF_2 and TiO_2[J]. Construction and Building Materials,2021,266: 121128.

[159] JIA Y,SU X,WU Y,et al. Fabrication of lead zirconate titanate ceramics by reaction flash sintering of PbO - ZrO_2 - TiO_2 mixed oxides[J]. Journal of the European Ceramic Society,2019,39(13):3915 - 3919.

[160] 秦守婉.高阿利特含量水泥熟料形成动力学[D].北京:中国建筑材料科学研究总院,2007.

[161] 王春芳.高温液相对水泥熟料形成动力学的影响[D].济南:济南大学,2012.

[162] 朱金阳.率值、外加剂和粘土组成对水泥生料煅烧阶段电导的影响[D].南宁:广西大学,2020.

[163] DOMINGUEZ O,TORRES-CASTILLO A,FLORES-VELEZ L M,et al. Charac - terization using thermomechanical and differential thermal analysis of the sinterization of Portland clinker doped with CaF_2[J]. Materials Characterization,2010,61:459 - 466.

[166] 郭随华,陈益民,管宗甫,等.铝率及液相性质对高硅酸三钙含量硅酸盐水泥熟料烧成过程的影响[J].硅酸盐学报,2004,32(3):340 - 345 .

[167] 侯贵华,沈晓冬,许仲梓.高硅酸三钙硅酸盐水泥熟料组成及性能的研究[J].硅酸盐学报,2004,1:85 - 89.

[168] WANG L,YANG H Q,ZHOU S H,et al. Hydration,mechanical property and C-S-

H structure of early-strength low-heat cement-based materials [J]. Materials Letters,2018,217:151 - 154.

[169] XIN J,ZHANG G,LIU Y,et al. Environmental impact and thermal cracking resistance of low heat cement (LHC) and moderate heat cement (MHC) concrete at early ages[J]. Journal of Building Engineering,2020,32:101668.

[170] DAHHOU M,BARBACH R,MOUSSAOUITI M E L. Synthesis and characterization of belite-rich cement by exploiting alumina sludge[J]. KSCE Journal of Civil Engineering,2019,23:1150 - 1158.

[171] GARCÍA-DÍAZA I,PALOMO J G,PUERTAS F. Belite cements obtained from ceramic wastes and the mineral pair $CaF_2/CaSO_4$ [J]. Cement and Concrete Composites,2011,33(10):1063 - 1070.

[172] ÁVALOS-RENDÓN T L,CHELALA E A P,ESCOBEDO C J M,et al. Synthesis of belite cements at low temperature from silica fume and natural commercial zeolite [J]. Materials Science and Engineering:B,2018,229:79 - 85.

[173] MA Z,YAO Y,LIU Z,et al. Effect of calcination and cooling conditions on mineral compositions and properties of high-magnesia and low-heat portland cement clinker [J]. Construction and Building Materials,2020,260:119907.

[174] JIAN S,GAO W,LV Y,et al. Potential utilization of copper tailings in the preparation of low heat cement clinker[J]. Construction and Building Materials,2020,252:119130.

[175] DAHHOU M,HAMIDI A E,MOUSSAOUITI M E,et al. Synthesis and characterization of belite clinker by sustainable utilization of alumina sludge and natural fluorite (CaF_2)[J]. Materialia,2021,20:101204.